国家出版基金资助项目
"十三五"国家重点图书
材料研究与应用著作

气体分离膜材料科学

THE SCIENCE OF MATERIAL ON GAS SEPARATION MEMBRANE

藏 雨　程伟东　兰天宇　贾宏葛　王雅珍　编著

哈爾濱工業大學出版社
HARBIN INSTITUTE OF TECHNOLOGY PRESS

内 容 简 介

本书主要介绍气体分离膜材料相关基础知识和材料制备方法等内容,详细阐述各类气体分离膜的主要材料、制备方法、分离机理、发展历史及最新研究进展等。本书力求内容的系统性和全面性,着重介绍了几种已成为研究热点的高分子膜、无机膜和有机-无机杂化膜的合成方法以及应用前景。

本书可作为材料工程、化学工程与工艺、环境工程、食品工程等相关专业高年级本科生、研究生的教材或教学参考书,也可供相关专业的工程技术人员参考。

图书在版编目(CIP)数据

气体分离膜材料科学/藏雨等编著. —哈尔滨:哈尔滨工业大学出版社,2017.1
ISBN 978－7－5603－5906－9

Ⅰ.①气… Ⅱ.①藏… Ⅲ.①气体分离-扩散膜-材料科学 Ⅳ.①TL25

中国版本图书馆 CIP 数据核字(2016)第 057273 号

材料科学与工程
图书工作室

策划编辑 张秀华 许雅莹
责任编辑 何波玲 郭 然
封面设计 卞秉利
出版发行 哈尔滨工业大学出版社
社 址 哈尔滨市南岗区复华四道街 10 号 邮编 150006
传 真 0451－86414749
网 址 http://hitpress.hit.edu.cn
印 刷 哈尔滨市石桥印务有限公司
开 本 660mm×980mm 1/16 印张 17.25 字数 306 千字
版 次 2017 年 1 月第 1 版 2017 年 1 月第 1 次印刷
书 号 ISBN 978－7－5603－5906－9
定 价 88.00 元

前　言

气体分离是把某些气体的混合物转化成为成分各不相同的两个或多个单一气体组分的过程。气体纯化是从某些气体的混合物中脱出对后续工艺有害和不利的气体成分，或导致环境污染的气体成分的过程。分离和纯化过程几乎渗入了所有的工业和研究领域，特别是在气体分离、水法冶金、高纯或超纯材料制备、环境保护等领域中，分离过程更是具有举足轻重的地位。近年来，人们认识到了分离和纯化过程在工业生产过程中的重要性。

国内关于气体分离膜的图书较少，大多数气体分离膜的应用偏重于富氧技术及其应用与开发，没有涉及关于膜材料的内容；而国外发行的关于气体分离膜的外文版图书则偏重于材料较多，未涉及气体分离膜的基础知识和膜组件等内容。因此将气体分离膜分离机理、常用膜材料的制备、膜组件、气体分离膜的应用前景和发展现状集中撰写于本书中，以满足材料工程、化学工程与工艺、环境工程、食品工程等相关专业高年级本科生、研究生对此类图书的需求，同时本书也可供相关专业的工程技术人员作为参考用书。

本书共13章，第1章介绍了几种气体分离方法，其中膜分离方法则作为发展最快的新技术受到广泛关注，并简单介绍了气体分离膜在国内外的发展状况。第2～4章从分离机理、材料制备、膜结构表征和测试等几个方面进行了基础知识的介绍。第5～11章从膜材料角度着重介绍了应用前景最广的高分子材料、无机材料、有机-无机杂化材料的制备和国内外研究进展，此部分为本书的特色内容。第12章和第13章介绍膜组件和膜分离技术的应用及发展趋势。

全书由藏雨统稿，具体分工如下：第1、5、7、10、11章由藏雨撰写，第2、12、13章由兰天宇撰写，第3、4、6章由程伟东撰写，第8章由贾宏葛撰写，第9章由王雅珍撰写。

由于作者水平有限，本书在内容选择和文字表达上可能存在不妥之处，希望并欢迎广大读者提出宝贵意见。

作　者

2016年1月

目　　录

第1章 绪 论

在繁多的气体产品中,有的要求 99.999 9% 以上的高纯度,有的要求特定的成分配比,有的要求相当大的产量,因此气体分离技术对现代工业发展的影响越来越大。C. J. King 等 13 位科学家在向美国政府提交的报告中指出,分离科学和技术研究的进展对保持和提高美国在一系列领域内的经济竞争力是至关重要的。近十几年来,气体分离技术产生了许多新工艺,如深冷分离技术、变压吸附技术、气体膜分离技术、化学吸附分离技术、混合物热声技术以及多种分离工艺结合的分离技术等。

1.1 气体分离方法

1.1.1 深冷分离法

深冷分离法又称低温精馏法,1902 年由林德教授发明,实质就是气体液体化技术。通常采用机械方法,如用节流膨胀或绝热膨胀等方法,把气体压缩、冷却后,利用不同气体沸点上的差异进行精馏,使不同气体得到分离。其特点是产品气体纯度高,但压缩、冷却的能耗很大。该法适用于大规模气体分离过程,如空气制氧。目前,我国制氧量的 80% 是采用该法完成的,经过多年的努力,我国在降低能耗上已取得很大的进步。

1.1.2 变压吸附法

变压吸附法是一种新型气体吸附分离技术。Skarstrome 等人于 1960 年发明,最初在工业上主要用于空气干燥和氢气纯化。1970 年后开发用于空气制氧或制氮,1976 年后逐渐开发出用炭分子筛或用沸石分子筛的真空变压吸附法,从空气中制氧或制氮。1980 年实现了用单床变压吸附法制取医用氧。

变压吸附法有如下优点:

①产品纯度高。

②一般可在室温和不高的压力下工作,床层再生时不用加热,节能、经济。

③设备简单,操作、维护简便。

④连续循环操作,可完全达到自动化。

因此,当这种新技术问世后,就受到各国工业界的关注,各国竞相开发和研究,发展迅速,并日益成熟。

吸附分离是利用吸附剂只对特定气体吸附和解析能力上的差异进行分离的。为了促进这个过程的进行,常用的有加压法和真空法等。分子筛变压吸附分离空气制氧的机理为:一是利用分子筛对氮的吸附亲和能力大于对氧的吸附亲和能力以分离氧、氮;二是利用氧在碳分子筛微孔系统狭窄空隙中的扩散速度大于氮的扩散速度,在远离平衡的条件下可分离氧、氮。

变压吸附法制氧、氮在常温下进行,其工艺有加压吸附/常压解析或常压吸附/真空解析两种,通常选用沸石分子筛制氧,炭分子筛制氮。1991年,日本三菱重工制成世界上最大的变压吸附法制氧设备,其氧产量可达 $8\,650\ m^3/h$,我国的变压吸附制氧设备已初步系列化,产量最高可达 $2\,600\ m^3/h$,氧纯度≥90%,德国林德公司 20 世纪 80 年代以来的单位氧产品能耗最低可达 $0.42\ kW \cdot h/m^3$。

1.1.3 膜分离法

膜分离法是 20 世纪 70 年代开发成功的新一代"绿色"气体分离技术,其原理是在压力驱动下,借助气体中各组分在高分子膜表面上的吸附能力以及在膜内溶解-扩散上的差异,即渗透速率差来进行分离的。现已成为比较成熟的工艺技术,并广泛用于许多气体的分离、提浓工艺。工业发达国家称之为"资源的创造性技术",主要有两种工艺流程,即正压法和负压法,前者适用于氧、氮同时应用或对氧浓度要求较高的场合。早在 20 世纪80 年代初,许多发达国家都投入了大量人力和物力来研究膜法富氧技术,特别是日本,其通产省就资助了旭硝子等 7 家公司和研究所参加"膜法富氧燃烧技术研究组"。由于能源紧张,日本先后有近 20 家企业推出膜法富氧装置。

膜分离法的主要特点是无相变、能耗低,装置规模根据处理量的要求可大可小,而且设备简单,操作方便、安全,启动快,运行可靠性高,不污染环境,投资少,用途广等。在常温和低压下进行分离与浓缩,因而能耗低,从而使设备的运行费用降低。设备体积小、结构简单,故投资费用低。膜分离过程只是简单的加压输送液体,工艺流程简单,易于操作管理。膜作为过滤介质是由高分子材料制成的均匀连续体,纯物理方法过滤,物质在分离过程中不发生质的变化(即不影响物料的分子结构)。

目前已有工业规模的气体分离体系有空气中氧、氮分离,合成氨弛放气中氢的分离,以及天然气中二氧化碳与甲烷的分离等。另外渗透汽化也通常出现在气体分离膜的过程中,是所有膜过程中唯一有相变的过程,在组件和过程设计中均有其特殊的地方。渗透汽化膜技术主要用于蒸汽-气体、有机物-水、有机物-有机物分离,是最有希望取代某些高能耗的精馏技术的膜过程。20 世纪 80 年代初,有机溶剂脱水的渗透汽化膜技术已进入工业规模的应用。

1.1.4 水合物分离法

气体水合物(简称水合物)是小分子气体(氮气、二氧化碳、甲烷、乙烷、丙烷等)和水在一定的温度和压力条件下生成的一种晶体。不同相对分子质量的气体分子在不同的条件下会形成不同结构的水合物。现已发现的气体水合物晶体构型有三种,即结构 I 型、结构 II 型和结构 H 型。水合物分离法的基本原理是根据气体在水合物相和气相中的组分浓度的差异而进行气体分离的。例如,在相同的温度条件下,相对于氢气和氮气,二氧化碳形成水合物的相平衡压力要低很多,二氧化碳相对于氢气或氮气更容易进入水合物相形成气体水合物,从而达到从二氧化碳/氮气混合气或者二氧化碳/氢气混合气中分离二氧化碳的目的。与传统气体分离工艺(吸收法、吸附法、低温分离、膜分离等)相比,水合物分离法具有反应条件温和(0 ℃以上可生成水合物)、能耗低、对环境无害、工艺流程简单等优点。目前,水合物分离法主要用于二氧化碳、甲烷、硫化氢、六氟化硫和制冷剂 R-134a 等温室气体,以及氢气、氮气、乙烷气体组分等。

1.1.5 集成分离技术

在诸多气体和液体的分离纯化过程中,由于被分离物质的性质、来源不同,含有各种各样的组分或杂质,并且随制备方法不同,杂质的组成和含量也不尽相同,要求分离和净化程度及纯度不相同。各种分离手段在不同的分离对象和情况条件(如压力、温度、组成及含量等)下有其独特优势。但在一些特定环境下,只靠单一分离手段难以达到最佳分离效果,其能耗及经济性也不尽如人意。例如,对于从低浓度气体中获取高纯度气体,仅用膜分离技术,由于分离原理所限,要达到分离要求,必然造成装置过大,投资费用过高;若仅用变压吸附技术,由于浓度低、组分复杂,不仅装置过大,而且复杂组分对吸附剂本身也有较大的影响。因此,开发多种分离过程的集成技术,达到最佳分离效果和最佳经济性是当前分离技术发展的重要方向。

一般来说,集成技术视分离对象与条件不同有如下几种形式:

①两种或两种以上分离过程的组合。例如固体脱硫、膜法脱水用于天然气净化,采用膜法、催化反应及变压吸附技术组合从低浓度、复杂组分原料中制取高浓度或高纯物质。

②转化过程与分离过程的耦合。例如生物发酵与膜法分离耦合、无机膜反应分离一体化等。

③同一种技术的多级集成。例如二级膜法提取高浓氢、多级吸附过程以及变压与变温吸附相结合的吸附分离技术等。净化技术的实质是"变有害为无害",纯化技术的实质是"无杂质"。净化与纯化的集成方式与路线是不同的,集成过程应注意分离净化序列的合理性、系统的可操作性以及能量的综合利用性。由于环境问题日益突出,任何集成过程都必须是"无害"的技术组合,不能产生二次污染。各种气体分离方法比较见表1.1。

表 1.1 各种气体分离方法比较

特征	深冷分离法	变压吸附法	膜分离法	水合物分离法
分离原理	利用液化后各组分沸点差异进行精馏分离	利用吸附剂只对特定气体吸附和解析能力上的差异进行分离	利用气体渗透速率差进行分离	利用气体在水合物相和气相中的组分浓度的差异进行分离
技术阶段	历史悠久,技术成熟	处于技术革新	处于技术开发和市场开发	处于技术开发和市场开发
装置规模	大规模	中、小规模	小、超小规模	小规模
气体种类	O_2,N_2,Ar,Kr,Xe 等	O_2,N_2,H_2,CO_2,CO 等	O_2,N_2,H_2,CO_2,CO 等	H_2,N_2,C_2H_6,CO_2,CH_4,H_2S,SF_6 等
产品形态	液体、气体	气体	气体	气体
其他特征	适用于大规模生产,具有液体冷却的功能,产品气为干气	产品处于加压状态,塔阀自动切换可无人运行,吸附剂寿命10年以上,有噪声,产品气为干气	可间歇或连续式操作,操作简单可无人运行,膜寿命可达数年,无噪声,清洁生产,产品气为干气或湿润气体(在氧的情况下)	反应条件温和(0 ℃以上可生成水合物)、能耗低、对环境无害、工艺流程简单,产品气为干气或湿润气体

1.2 膜分离技术的发展概况

1.2.1 膜分离技术发展史

膜分离在生物体内广泛存在,而人们对其的认识、利用、模拟以及人工合成的过程却是极其漫长而曲折的。膜科学发展史见表 1.2。膜分离技术发展大致可分为以下 3 个阶段:

表 1.2 膜科学发展史

时间/年	科学家	主要内容
1748	Abbe Nollet	发现渗透现象:水能自发地穿过猪膀胱进入酒精溶液
1827	Dutrochet	引入渗透(Osmosis)概念
1831	J. V. Mitchell	气体透过橡胶膜的研究
1855	Fick	发现扩散定律;制备了早期的人工半渗透膜
1861~1966	Graham	发现渗析(Dialysis)现象,发现气体通过橡胶有不同的渗透率
1867	Moritz Traube	第一张合成膜制成
1860~1977	Van't Hoff, Tranbe, Preffer	渗透压定律
1906	Kahlenberg	观察到烃/乙醇溶液选择透过橡胶薄膜
1911	Donnan	Donnan 分布定律
1917	Kober	引入渗透汽化(Pervaporation)概念
1920	Mangold, Michaels, Mobain 等	观察到反渗透现象(膜材料为赛璐珞和硝酸纤维膜)
1922	Zsigmondy, Bachman, Fofirol 等	微孔膜用于分离极细粒子;初期的超滤和反渗透
1930	Teorell, Meyer, Sievers	膜电势的研究为电渗析和膜电极提供基础
1944	William Kolff	初次成功使用人工肾
1950	Juda, Mcrae	合成膜的研究,发明电渗析、微孔过滤和血液透析等分离过程
1960	Loeb-Sourirajan	制备非对称反渗透膜(相转化法)
1968	N. N. Li	制备液膜
1980	Cadotte, Peterson	制备反渗透超薄复合膜(RO-TFC 膜)(界面聚合法)

①20世纪50年代,奠定基础的阶段,主要是对膜分离科学的基础理论研究和膜分离技术的初期工业开发。

②20世纪60~80年代,发展阶段,主要是使一些膜分离技术实现工业化生产。

③20世纪90年代至今,发展深化阶段,主要是不断提高已实现工业化的膜分离水平,扩大使用范围,一些难度较大的膜分离技术的开发得到突飞猛进的发展,并开拓了新的膜分离技术。

膜分离技术的应用已从早期的脱盐发展到化工、轻工、石油、冶金、电子、纺织、食品、医药等工业废水、废气的处理,原材料及产品的回收与分离和生产高纯水等,是适应当代新产业发展的重要高新技术。膜分离技术不但在工业领域得到广泛应用,同时正在成为解决能源资源和环境污染问题的重要技术和可持续发展的技术基础。

膜分离是借助于膜,在某种推动力的作用下,利用流体中各组分对膜的渗透速率的差别而实现组分分离的过程。目前常见的膜分离过程可分为以下几种:微滤(Micro-Filtration,MF)、电渗析(Electro-Dialysis,ED)、超滤(Ultra-Filtration,UF)、纳滤(Nano-Filtration,NF)、反渗透(Reverse Osmosis,RO)、气体分离(Gas Separation,GS)、渗透汽化(Per Vaporation,PV)等。膜技术具有分离效率高、能耗低、无相变、操作简便、无二次污染、分离产物易于回收、自动化程度高等优点,在水处理领域具有相当强的技术优势,是现代分离技术中一种效率较高的分离手段。在环境工程中,膜分离技术以其独特的作用而被广泛用于水的净化与纯化过程中。几种主要的膜分离过程见表1.3。

1.2.2　国外发展概况

早在20世纪30年代,硝酸纤维素微滤膜已商品化,近年来开发出聚四氟乙烯为材料的微滤膜新品种,它使用范围非常广,销售额居于各类膜的首位。从20世纪70年代,超滤应用于工业领域,现在应用领域非常广泛。20世纪80年代,新型含氟离子膜在氯碱工业应用成功。第三代低压反渗透复合膜,性能大幅度提高,已在药液浓缩、化工废液、超纯水制造等领域得到广泛应用。1979年,Monsanto公司成功研制出H_2/N_2分离系统。渗透汽化于20世纪80年代后期进入工业应用,主要用于醇类等恒沸物脱水,该过程节约能源,不使用挟带剂,使用起来比较经济。此外,用渗透汽化分离有机混合物,近年也有中试规模研究的报道。

表 1.3 几种主要的膜分离过程

膜过程	透过组分	传递机理	推动力	透过物	膜类型	时间
微滤	溶液、气体	筛分	压力差	液体或气体	多孔膜	1925 年
电渗析	小离子组分	反离子经离子交换膜的迁移	电位差	液体	离子交换膜	1950 年
反渗透	溶剂,可被电渗析节流组分	优先吸附、毛细管流动、溶解-扩散	压力差	液体	非对称膜或复合膜	1965 年
超滤	小分子溶液	筛分	压力差	液体	非对称膜	1970 年
气体分离	气体、较小组分或膜中易溶组分	溶解-扩散、分子筛分、努森扩散	压力差、浓度差	气体	均质膜、复合膜、非对称膜、多孔膜	1980 年
渗透汽化	膜中易溶组分或易挥发组分	溶解-扩散	分压差、浓度差	气体	均质膜、复合膜、非对称膜	1990 年
纳滤	溶剂、低价小分子溶质	溶解、扩散、Donna效应	压力差	液体	非对称膜或复合膜	20 世纪90 年代

注 其他膜分离过程还有渗析(Dialysis, D)、液膜分离(Liquid Membrane Separation, LM)、膜蒸馏(Membrane Distillation, MD)等

1.2.3 国内发展概况

我国膜技术始于 20 世纪 50 年代末,1966 年聚乙烯异相离子交换膜在上海化工厂正式投产。1967 年用膜技术进行海水淡化工作。我国在 20 世纪 70 年代对其他膜技术相继进行研究开发(如电渗析、反渗透、超滤和微滤膜),20 世纪 80 年代进入应用推广阶段。中国科学院大连化学物理研究所在 1985 年首次成功研制中空纤维 H_2/N_2 分离器,现已投入批量生产。我国在 1984 年进行渗透汽化研究,1988 年我国在燕山化工建立第一个千吨级苯脱水示范工程。中国科技部把渗透汽化透水膜、低压复合膜、无机陶瓷膜和天然气脱湿膜等列入"九五"重点科技攻关计划,分别由清华大

学、南京化工大学及中国科学院大连化物所、杭州水处理中心承担,进行重点开发攻关。1998 年 10 月国家发改委在大连投资兴建国家膜工程中心,技术上以中国科学院大连化物所为依托。

1.3　气体分离膜的发展概况

气体分离膜作为发展最快的新技术,用于分离混合气体和气体的净化,其与传统、工艺成熟的深冷分离和变压吸附分离相比,具有分离效率高、无相变、能耗低、污染小、工艺简单、操作简单、设备紧凑、维修保养容易、制作运行成本低和易集约化等优点,受到越来越多的研究者的关注。气体分离膜技术主要应用于富氧、富氮、天然气的分离和除湿、合成氨驰放气和石油炼厂尾气回收氢气、有机蒸汽脱除和回收、净化工业废气以及酸性气体中脱除硫化氢等方面。我国的气体分离膜研究始于 20 世纪 80 年代,与国外差距最小的膜分离技术,已成功应用于多处工业领域,但生产的产品相对较为单一,分离性能还有待提高,使用寿命还应加长。2010 年,世界气体分离膜市场规模达 3.5 亿美元,2020 年预计可达 7.6 亿美元,而我国的气体分离膜市场以每年 30% 的速率在增长,2010 年我国气体分离膜市场规模达 4.5 亿元人民币,由此可以看出,气体分离膜已经进入高速发展、工业化和大型化阶段。

1.3.1　气体分离膜技术的发展史

早在 200 多年前,人们就开始认识并研究膜有选择地透过物质的现象。但直到 1831 年,J. V. Mitchell 系统地研究了天然橡胶的透气性,用高聚物膜进行了氢气和二氧化碳混合气的渗透实验,发现了不同种类气体分子透过膜的速率不同的现象,首先提出了用膜实现气体分离的可能性。1866 年,T. Craham 研究了橡胶膜对气体的渗透性能,并提出了现在广为人知的溶解-扩散机理。虽然在 100 多年前就发现了利用膜实现气体分离的可能性,但由于当时的膜渗透速率很低,膜分离难以与传统的分离技术如深冷分离法、吸附分离法等竞争,未能引起产业界的足够重视。

从 20 世纪 50 年代起,科研工作者开始进行气体分离膜的应用研究。1950 年,S. Weller 和 W. A. Steier 用厚度为 25 μm 的乙基纤维素平板膜进行空气分离,得到氧浓度为 32% ~36%(体积分数)的富氧空气。1954 年,P. Mears 进一步研究了玻璃态聚合物的透气性,拓宽了膜材料的选择范围。D. W. Bubaker 和 K. Kammermeyer 发现硅橡胶膜对气体的渗透速率比乙基纤维素大 500 倍,具有优越的渗透性。1965 年,S. A. Stern 等人为从天然气中分离出氦进行了含氟高分子膜的试验,并进行了工业规模的设计,采用三级膜分离从天然气中浓缩氦气。同年美国杜邦(Du Pont)公司首创了中空纤维膜及其分离装置,申请了从混合气体中分离氢气、氦气的专利。

气体分离膜技术的真正突破是在 20 世纪 70 年代末。1979 年,美国的 Monsanto 公司研制出"Prism"气体膜分离装置,"Prism"装置采用聚砜-硅橡胶复合膜,以聚砜非对称膜中空纤维为底膜,在其中空纤维的外表面真空涂覆一层致密的硅橡胶膜。聚砜底膜起分离作用,底膜的皮层仅有 0.2 μm 左右,远比均质膜薄,因此其渗透速率大大提高;橡胶涂层起到修补底膜皮层上孔缺陷的作用,以保证气体分离膜的高选择性。"Prism"气体膜分离装置自 1980 年商业应用以来,至今已有上百套装置在运行,用于合成氨驰放气中氢回收和石油炼厂气中氢回收。气体分离膜科学发展史见表 1.4。

表 1.4　气体分离膜科学发展史

时间/年	科学家	主要内容
1831	J. V. Mitchell	气体透过橡胶膜的研究
1866	T. Craham	研究了橡胶膜对气体的渗透能力
1950	S. Weller, W. A. Steier	用乙基纤维素平板膜进行空气分离
1954	P. Mears	研究了玻璃态聚合物的透气性
1954	D. W. Bubaker, K. Kammermeyer	发现硅橡胶膜具有优越的渗透性
1960	Loeb-Sourirajan	制备了第一张整体皮层非对称膜
1965	S. A. Stern	进行了膜分离试验(从天然气中浓缩氦气)
1965	Du Pont 公司	发明中空纤维膜及其分离装置从混合气体中分离氢气、氦气
1979	Monsanto 公司	研制出"Prism"气体膜分离装置

1.3.2　国外发展概况

气体膜分离技术早在 1970 年初就有工业应用,但真正确定在气体分离市场中的地位是在美国 Monsanto 公司于 1979 年推出"Prism"氮氢膜分离装置以后。目前"Prism"装置除在合成氨驰放气中回收氢气外,在石油化工、天然气提氦、天然气净化、三次采油中甲烷/二氧化碳分离中都有广泛应用。空气富氧装置可用在医疗、燃烧等领域,该技术已经成熟,但目前应用市场尚处于发展阶段。富氮分离技术已在油井、化学装置的保护和蔬菜、果品保鲜中开始应用。美国 Monsanto 公司在原来的"Prism"装置基础上,改进了氢氮分离膜的制膜工艺,开发出梯度密度膜,其富氮装置的透过性能比原来的"Prism"装置提高了 2 ~ 3 倍。目前,在所有膜过程应用中,气体膜约占 9.32%,国外主要生产气体膜的公司及其产品性能见表 1.5。

表 1.5　国外主要生产气体膜的公司及其产品性能

国家或地区	公司	主要产品	性能指标	商业目标
美国	Monsanto	合成氨驰放气中氢回收	$5\ 000\ m^3/h$	全球市场
		乙烯气中氢分离	$6\ 000\ m^3/h$	全球市场
		裂解排放气、二甲苯异构化废气、加氢脱硫排放气中氢回收	$3\ 000\ m^3/h$	全球市场
	Air Products	富氮气	$500\ m^3/h$, $w(氮)=99\%$	全球市场
	Perma Pure	富氮气	$10 \sim 1\ 000\ m^3/h$, $w(氮)=95\% \sim 99.5\%$	全球市场
	W. R. Grace	二氧化碳	未公开	美国炼油厂
日本	旭硝子	富氮空气	$1\ 000\ m^3/h$	储备技术,应付能源危机
	宇部兴产	聚酰亚胺膜氢、氮、二氧化碳分离器	高分离系数,高稳定性,氢/氮分离系数大于 40	长期发展
	帝人	医用富氧器	$w(氧)=35\% \sim 40\%$	全球市场
欧洲	GKSS	氮气分离器	$w(氮)\geqslant 99\%$	市场开发
	BOC	富氧、富氮分离器	$30 \sim 50\ m^3/h$, $w(氧)=30\% \sim 35\%$	市场开发
	Air Liquide	富氮、富氧	$w(氮)\geqslant 99\%$	全球市场

注　w 是质量分数,取代旧时的百分浓度

1.3.3 国内发展概况

我国自 20 世纪 80 年代初开始气体膜分离技术的研究与开发,目前从事气体膜分离技术的研究与开发的单位主要分布在中国科学院有关研究所和部委属研究单位等。在膜科学与技术领域涉及了材料的应用以及产品开发等各方面。经过多年的努力,我国在气体膜分离技术的研究开发方面,已涌现出一批具有开发应用价值、接近或达到国际水平的成果,目前已成熟和正在开发的应用技术如下:

①中空纤维膜法提氢技术。可用于从合成氨驰放气和石油炼厂气中氢的提浓,气体处理量可达几万 m^3/h,氢质量分数大于 95%,回收率大于 85%,已在全国近 60 家企业推广应用,为企业带来了可观的经济效益。

②大型卷式空气膜法富氧技术。可用于各种工业窑炉和民用锅炉的燃烧节能,高原人体呼吸和医疗保健,装置规模可达 1 万 m^3/h,氧质量分数大于 28%,已在全国 20 多家玻璃窑炉推广应用,效果明显。

③中空纤维空气膜法富氮技术。可提供 95% 以上的富氮保护性气体,用于油船、煤炉、油库等安全保护,以及蔬菜水果保鲜,还可用于强化采油。

④工业气体膜法净化技术。可用于各种工业气体的除菌、脱水、脱硫化氢以及脱二氧化碳,如工业发酵气体过滤、天然气膜法净化、工业压缩空气脱湿等。

⑤空气中有机蒸气的膜法脱除与回收。针对我国环境问题,将工业排放气中的烃类蒸气加以回收利用,还可用于天然气及油田伴生气中轻烃的浓缩及回收利用。

⑥无机膜反应分离技术。无机膜和无机膜反应器制备技术基本成熟,完成了 10 t/a 的乙苯脱氢制苯乙烯反应中试,产品收率比传统方法提高 5% 以上,水油比可由 1.5 降至 1.0。同时,还开发了甲醇水解制取纯氢无机膜反应技术,氢质量分数高于 99%,并已研制出样机。

⑦集成分离技术。将不同分离过程结合使用,发挥各自的技术优势,以使效果最佳、经济上较为合理,如采用固体脱硫和膜法脱水相结合,进行天然气外输前的净化处理。

气体膜分离技术具有投资少、能耗低、操作方便等优点,已广泛应用于天然气的分离净化,空气中的富氧、浓氮,有机气体分离等石油、化工领域,并取得了良好的经济效益,是一种高效且经济的分离方法,因此对气体分离膜的研究开发与应用具有十分重要的意义。

参考文献

［1］ 刘茉娥. 膜分离技术［M］. 北京:化学工业出版社,1998.

［2］ KINC C J. Separation & Purification—Critical needs and opportunities—national academy press［R］. Washington D. C.:National Research Council,1987.

［3］ 时钧,袁权,高从堦. 膜技术手册［M］. 北京:化学工业出版社,2001.

［4］ 王学松. 现代膜技术及其应用指南［M］. 北京:化学工业出版社,2005.

［5］ 朱长乐. 膜科学技术［M］. 2版. 北京:高等教育出版社,2004.

［6］ 安树林. 膜科学技术实用教程［M］. 北京:化学工业出版社,2005.

［7］ MULDER M. Basic principles of membrane technology［M］. 2nd ed. Dordrecht:Kluwer Academic Publishers,1996.

［8］ STRATHMANN H. Introduction to membrane science and technology［M］. Weinheim:Wiley-VCH,2011.

［9］ FREEMAN B,YAMPOLSKII Y. Membrane gas separation［M］. United Kingdom:Wiley,2010.

第2章 气体分离膜分离机理

2.1 气体分离膜的定义

膜分离技术是近年才发展起来并逐步应用于工业生产的一种新型高效的分离技术,由于其具有其他许多分离技术无法比拟的优异性能,因而近年来在食品、医药卫生、石油化工、生物技术、环境工程等部门应用越来越广泛,受到了各方面的高度重视。气体膜分离技术是利用原料混合气中不同气体对膜材料具有不同渗透率,以膜两侧气体的压力差为推动力,在渗透侧得到渗透率大的气体富集的物料,在未渗透侧得到不易渗透气体富集的分离气,从而达到气体分离目的。该技术同传统的分离技术相比,具有投资少、设备简单、能耗低、使用方便和易于操作、安全、不污染环境等特点。

气体膜分离技术的基本原理是根据混合气体中各组分在压力的推动下透过膜的传递速率不同,从而达到分离的目的。借助气体中各组分在高分子膜表面上的吸附能力以及在膜内溶解-扩散上的差异,即渗透速率差来实现对某种气体的浓缩和富集。气体通过 Seperex 膜的相对渗透速率如图 2.1 所示。

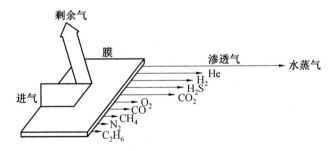

图 2.1　气体通过 Seperex 膜的相对渗透速率

渗透速率高的气体常被称为"快气",而渗透速率低的气体被称为"慢气",因它较多地滞留在原料气体侧而成为剩余气。"快气""慢气"不是绝对的,而是针对不同的气体组成而言。对不同结构的膜,气体通过膜的传递扩散方式不同,分离机理也各异。简单的单级渗透流程如图2.2所示。

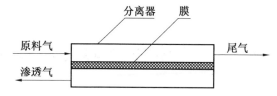

图2.2 简单的单级渗透流程

气体透过膜是一种比较复杂的过程。一般来说,使用材质不同,其分离的机理也不同。在多孔膜中的渗透机理包括分子流、黏性流、表面扩散流、分子筛筛分机理、毛细管凝聚机理等,如图2.3所示。

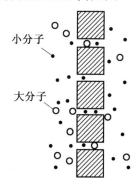

图2.3 多孔膜气体渗透机理

气体在非多孔膜中的渗透机理包括:溶解-扩散机理、气体在橡胶态聚合物中的传递、气体在玻璃态聚合物中的传递和双吸附-双迁移机理等,如图2.4所示。

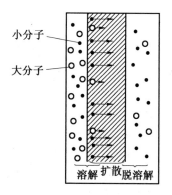

图2.4 非多孔膜气体渗透机理

据此,人们经常利用流动选择性机理,进行膜分离,也就是通过改变聚合物的化学性质,来调节自由产生的通道大小及分布,从而延缓一种组分的运动,让另一种组分更多地通过,从而实现分离。除了选择性机理,膜的选择还受到溶解选择性等因素的影响,也就是根据气体分子在聚合物中的吸附性不同的原理。所以气体膜分离是个比较复杂的过程,有关具体的分离机理将在后面的章节中结合各种膜材质进行更详细的介绍。

2.2　气体分离膜的分类

气体分离膜主要是根据不同的气体在一定的压力推动下透过膜的速率不同,从而能够实现各气体的分离。多年来人们曾对上百种聚合物进行性能测试和改性研究筛选,但是真正可制造成工业上大规模应用的膜材料却很少,目前可用于气体分离的聚合物膜材料主要有聚砜、聚芳酰胺、聚酰亚胺、硅橡胶、四溴聚碳酸酯、聚苯醚和醋酸纤维素系列,以及近些年来利用比重越来越加大的无机材料制成的膜,常见的有金属膜、合金膜和金属氧化膜,例如金属钯膜、金属银膜以及钯-镍、钯-金和氧化钛及氧化锆膜等。在全世界的气体分离装置中,90%是采用这些膜材料制备的,而且大多数是中空纤维式膜和螺旋卷式膜。气体膜使用的材质不同,其分离机理也不同,现将气体分离膜的分类情况和所对应的机理简介如下。

2.2.1　按其化学组成分类

按其化学组成,气体分离膜材料可分为高分子材料、无机材料和有机-无机集成材料。

（1）高分子材料

在气体分离膜领域,早期使用的膜材料主要有聚砜、纤维素类聚合物、聚碳酸酯等。上述材料的最大缺点是或具有高渗透性、低选择性或具有低渗透性、高选择性,使得以这些材料开发的气体分离器的应用受到了一定限制,特别是在制备高纯气体方面,受到变压吸附和深冷技术的有力挑战。为了克服上述缺点,拓宽气体分离膜技术的应用范围,发挥其节能优势,研究人员一直在积极开发兼具高透气性和高选择性、耐高温、耐化学介质的新型气体分离膜材料,聚酰亚胺、含硅聚合物、聚苯胺等就是近年开发的新型高分子气体分离膜材料。纤维素衍生物类、聚砜类、聚酰胺类、聚酰亚胺类、聚酯类、聚烯烃类、乙烯类聚合物、含硅聚合物、含氟聚合物和甲壳素类等可作为气体分离膜材料,目前还在各种分离膜领域中应用。许多科研工作者研究了各类聚合物的分子结构与气体分离性能之间的关系,以聚酰亚胺、聚砜等为代表的芳香杂环高分子具有很高的透气选择性,是一类非常吸引人的气体分离膜材料,已应用在一些具有很强应用背景的分离体系工作上。如用聚醚砜和聚酰亚胺的混合物(质量比为 80∶20),与 N-甲基吡咯烷酮按质量比为 35∶75 配成铸膜液,N-甲基吡咯烷酮(NMP)与水(质量比为 80∶20)作为芯液制得的不对称中空纤维复合膜,在室温下,CO_2 的通量为 $0.837 \sim 1.62$ μL·cm/(m^2·h·Pa),CO_2/N_2 的选择性为 $35 \sim 40$;以氟化聚酰亚胺和间苯二胺(质量比为 5∶3)溶液中,配制成固体总质量分数为 26% 的液体,作为外层铸膜液,在质量比为 10∶1 的 NMP 和水的溶液中,溶解 28%(质量分数)聚醚砜树脂作为内层铸膜液,纺制的双层膜性能为:O_2 通量为 0.756 μL·cm/(m^2·h·Pa),O_2/N_2 的选择性为 4.7;采用聚醚砜树脂与 N-甲基吡咯烷酮(质量比为 80∶20)作为芯液,采用干喷湿纺技术制得膜性能为:O_2 通量为 0.251 μL·cm/(m^2·h·Pa),O_2/N_2 的选择性为 5.8;采用聚砜与 N-甲基吡咯烷酮(质量比为 35∶75)作为膜材料,制得膜的性能为:O_2 通量为 0.251 μL·cm/(m^2·h·Pa),O_2/N_2 的选择性为 6.5,CO_2 通量为 5.40 μL·cm/(m^2·h·Pa),CO_2/N_2 的选择性为 33,He 通量为 7.29 μL·cm/(m^2·h·Pa),He/N_2 的选择性为 45。

(2)无机材料

相对于有机高分子膜,无机材料由于其独特的物理和化学性能,具有耐高温、结构稳定、孔径均一、化学稳定性好、抗微生物腐蚀能力强等优点。它在涉及高温和有腐蚀性的分离过程中的应用方面具有有机高分子膜所无法比拟的优势,具有良好的发展前景。无机膜的不足之处在于:制造成本相对较高,大约是相同膜面积高分子膜的 10 倍;无机材料脆性大、弹性小,需要特殊的形状和支撑系统;膜的成型加工及膜组件的安装、密封(尤其是在高温下)比较困难。

无机膜包括致密膜和多孔膜,多孔膜的结构有对称结构和非对称结构两种。玻璃、金属、铝、氧化锆、沸石、陶瓷膜和碳膜已用于商业多孔无机膜材料。其他如碳化硅、氮化硅、氧化锡和云母也被用于多孔无机膜材料,钯和钯合金、银、镍、稳态氧化锆已用于气体分离。致密膜对氢和氧有很高的选择性,但致密膜由于比多孔膜的渗透性差,其应用受到限制。无机膜虽然价格高于有机膜,但无机膜具有耐温、耐磨和稳定孔结构的优势,如无机碳膜,自从 Koresh 和 Soffer 成功采用碳化纤维素中空膜的方法,制备分子筛中空碳膜,越来越多的研究者使用不同有机高分子材料通过高温裂解制备碳膜,碳膜与有机膜相比不但在热稳定性和化学稳定性方面有优势,而且选择性也较大。分子筛碳膜可采用将高分子材料高温炭化制得,如聚二氯乙烯(PVDC)、聚糠醇(PFA)、聚丙烯腈(PAN)、酚醛树脂和各种煤等。

研究表明,膜的渗透性和选择性与温度、压力孔径范围有关。Youn 等人采用聚酰亚胺(PI)和聚乙烯吡络烷酮(PVP)混合物高温裂解制得的分子筛碳膜,当聚乙烯吡络烷酮的质量分数为 10% 时,在 500 ℃裂解的炭分子筛(CMS)对氧气的通量为 1.70 $\mu L \cdot cm/(m^2 \cdot h \cdot Pa)$,氧气和氮气的分离系数为 14。Fuertes 通过将酚醛树脂在铝管的内表面形成一薄层沉淀,在真空和 700 ℃高温下炭化,用空气氧化(300~400 ℃)后,制得碳膜处理混合气体($x(CH_4) = 16.3\%$,$x(C_2H_6) = 16.1\%$,$x(C_3H_8) = 16.2\%$,$x(N_2) = 31.4\%$),测得的膜性能如下:CH_4通量为 0.864 $\mu L \cdot cm/(m^2 \cdot h \cdot Pa)$,对 N_2分离系数为 9.1;C_3H_6通量为 7.91 $\mu L \cdot cm/(m^2 \cdot h \cdot Pa)$,对 N_2分离系数为 23.4;C_3H_8通量为 7.70 $\mu L \cdot cm/(m^2 \cdot h \cdot Pa)$,对 N_2分离系数为 22.8。

但是碳膜都缺乏足够的机械强度,无机材料制成的膜具有化学和热稳定性较好、机械强度大、抗微生物能力强、孔径分布窄、分离效率高等优点,如陶瓷膜可用于高温气体的净化,可耐高温、耐腐蚀和化学降解。无机膜在气体分离中有独特的优势,如高纯氢的制备、氧和氮的分离富集、氢和烃的分离、氢与一氧化碳的分离、氢与氮的分离以及氢与二氧化碳的分离、水与醇的分离、硫化氢的富集、空气中烃蒸气的回收、氨与氧或氮的分离等。在无机膜中,玻璃膜有其独特的优点,即生产工艺简单,可制备超微细孔径的分离膜,单位体积过滤面积大等。

(3)有机–无机集成材料

有机聚合物膜目前在气体膜分离过程中应用规模较大。聚合物的选择性较高,采用不同制膜条件和工艺,可制得不同分离范围和对象的膜,但也存在不耐高温、抗腐蚀性差等弱点,而无机陶瓷膜热稳定性、化学稳定性好,耐有机溶剂、强碱、强酸,且不被微生物降解,不老化、寿命长等,但制造成本相对较高,大约为 10 倍同面积高分子膜的成本,质脆,需要特殊的形状和支撑系统,所以发展有机和无机集成材料膜,是取长补短、改进膜材料的一种好方法。

分子筛填充有机高分子膜是在高分子膜内引入细小的分子筛颗粒以改善膜的分离性能。分子筛填充聚合物膜结构与一般聚合物复合膜结构相似,存在一个多孔支撑层,上面涂敷一层薄的高性能选择分离层,只是其选择分离层含有大于 40% 紧密填充的分子筛或沸石等无机材料的高性能聚合物薄层。分子筛的作用主要体现在:细小颗粒的存在对膜结构的影响;分子筛的表面活性可能会影响待分离组分在膜内的传递行为,从而改善膜的分离性能。

2.2.2 按气体分离膜的相态分类

膜是一种薄的、具有一定物理和化学特性的屏障物,它可以和一种或两种相邻的流体相之间构成不连续区间并影响流体中各组分的渗透速度,因此膜可以看作是一种具有分离功能的介质。按照气体分离膜的形态来分类,可以分成固态膜、液态膜和气态膜。

(1)固态膜

不溶物单分子膜的压缩系数极小,密度大,类似于固体,以这种膜为分离介质制成的膜称为固态膜,也称为固相膜或固体膜。

(2)液态膜

以液态物质为分离介质形成的膜,称为液态膜,也称为液相膜或液膜。这种膜可以把气相、气液两相或两相不互溶的液体进行分离和促进分离。

(3)气态膜

以气态物质为分离介质制成的膜,称为气态膜,也称为气相膜。它通常以充斥于疏水多孔聚合物膜空隙中的气体为分离介质构成的,当这种载有气体的膜将两种水溶液隔开时,可使一种液体中含有的挥发性溶质迅速扩散通过膜,在另一种溶液中富集或者分离出去。

2.2.3 按膜的来源分类

(1)天然膜

天然膜指在人体或者动植物中,自然形成具有生理功能的膜。

(2)人工膜

人工膜为人工合成的膜,具有可替代或者协助完成人体部分器官生理功能的作用,如人工肾、人工心肺、辅助性人工肝、人工胰、人工皮肤、人造血管以及与输血有关的血液净化膜、血液透析膜、血液过滤膜、血浆分离膜、血浆净化膜等。

(3)合成膜

合成膜指由高聚物和无机物单一或复合制成的具有分离功能的渗透膜。如由聚砜、聚酰亚胺、硅橡胶和乙酸纤维素系列制成的膜。再如,由金属、合金、陶瓷、高分子金属配合物、分子筛、沸石和玻璃等制成的膜。

2.2.4　按膜的形态分类

（1）平板膜

平板膜指外形像平板或纸片状的膜。它通常是把铸膜液刮在无纺布或纤维支撑布上制得的,主要用于制备板框式和螺旋卷式两种膜分离元件。

（2）中空纤维式膜

中空纤维式膜指外形像纤维状,具有自支撑作用的膜。它是非对称膜的一种,其致密层可位于纤维的外表面(如反渗透膜),也可位于纤维的内表面(如微滤膜和超滤膜)。对气体分离膜来说,致密层位于内表面或外表面均可。中空纤维式膜常使用外压式的操作模式,即纤维外侧走原料气,渗透气从纤维外向纤维内渗透,并沿纤维内侧流出膜。根据原料气与渗透气相对流向不同,操作模式又分为逆流流型和错流流型。在逆流流型中,原料气与渗透气流动方向相反;而在径向错流分离器中,原料气首先沿径向流动,流动方向与中空纤维膜垂直。

（3）螺旋卷式膜

螺旋卷式膜也由平板膜制成,它是将制作好的平板膜密封成信封状膜袋,在两个膜袋之间衬以网状间隔材料,然后用一根带有小孔的多孔管卷绕依次放置的多层膜袋,形成膜卷。将膜卷装入圆筒形压力容器中,形成一个完整的螺旋卷式膜组件。使用时,高压侧原料气从一端进入膜组件,沿轴向流过膜袋的外表面,渗透组分沿径向透过膜并经多孔中心管流出膜组件。

2.2.5　按分离的机理分类

（1）非多孔膜

气体透过非多孔膜的传递过程通常采用溶解-扩散机理来解释。它假设气体透过膜的过程由下列步骤完成:气体与气体分离膜进行接触;气体在膜的上游侧表面吸附溶解;吸附溶解的气体在浓度差的推动下扩散透过膜,到达膜的下游侧;膜中气体的浓度梯度沿膜厚方向变成常数,达到稳定状态,此时气体由膜下游侧解吸的速度成为恒定。非多孔膜根据断面结构的分类如图 2.5 所示。非多孔膜的断面如图 2.6 所示。

（2）多孔膜

多孔膜是利用不同气体通过膜孔的速率差进行分离的,其分离性能与气体的种类、膜孔径等有关。传递机理可分为分子扩散、表面扩散、毛细管冷凝、分子筛分等。

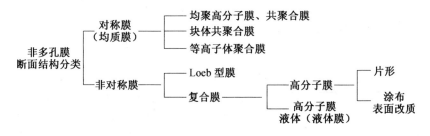

图 2.5　非多孔膜根据断面结构的分类

图 2.6　非多孔膜的断面示意图

2.2.6　按制模工艺分类

（1）相转化膜

相转化是指铸膜液的溶剂体系为连续相的一个高分子溶液。相转化概念转变为高分子是连续相的一个溶胀的三维大分子网络式凝胶的过程。这种凝胶就构成了相转化膜。

（2）动力形成膜

动力形成膜指在过滤时把溶液中所含的组分沉淀在多孔支撑体表面而形成的具有分离功能的膜。

（3）共混合膜

共混合膜指两种以上共融性较好的高分子材料按特定比例制成的具有分离功能的选择渗透膜。

2.2.7　新型气体分离膜

（1）离子-导电膜

离子-导电膜是由离子导电材料制成的,其中最常见的类型是固化氧化物型和质子交换型。固体氧化物可以渗透氧离子,并且可以进一步划分成混合的离子电子导体和固体氧化物两类。这些膜与聚合物膜相比,除了具有高的选择性和高通量外,一般可在高温下（700 ℃）操作。

（2）表面流动选择性膜

表面流动选择性膜主要应用在石化工业,其原理是在膜中二氧化碳或各种烃类借助表面孔流优先通过膜,封堵一些原本氢气可以通过的孔,从而提高了氢的回收率。

（3）分子筛膜

分子筛膜是一种可以实现分子筛分的新型膜材料,其具有与分子大小相当且均匀一致的孔径、离子交换性能、高温热稳定性能、优良的催化性能。此类膜易被改性,同时具有多种不同的类型和不同结构可供选择,是理想的膜分离和膜催化材料。

从膜的相态(如气态、液态、固态),膜的化学组成(有机膜、无机膜、有机-无机杂化膜),膜的分离机理(多孔膜和非多孔膜),膜的制膜工艺(相转化膜、动力形成膜、共混合膜)等多方面对气体分离膜进行了介绍,说明气体分子在膜中的传递与膜分离层的结构有关(图2.7)

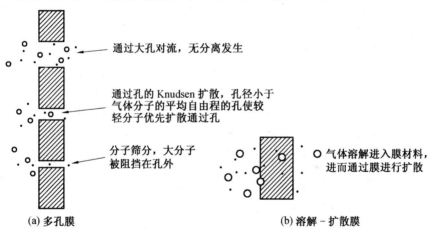

图 2.7   膜法气体分离机理

从图2.3、图2.4和图2.7中都可以看出,气体在多孔膜中的分离机理主要受孔径大小的制约;而在非多孔膜中的渗透通过则按溶解-扩散机理和双吸收-双迁移机理进行。

2.3   气体在多孔膜中的渗透机理

由于多孔介质孔径及内孔表面性质的差异使得气体分子与多孔介质之间的相互作用不同,从而表现出不同的传递特征。对于多孔膜,根据被分离组分的不同、膜孔径大小及它们之间的相互作用不同,主要有4种传质机理:Knudsen扩散、表面扩散、多层扩散与毛细管冷凝、分子筛效应。

2.3.1　Knudsen扩散

在微孔直径比气体分子的平均自由程小的情况下,气体分子与孔壁之间的碰撞远多于分子之间的碰撞,此时则发生Knudsen扩散。一般而言,在有压差条件下膜孔径为5～10 nm,无压差条件下膜孔径为5～50 nm时,Knudsen扩散起主导作用。

基于Knudsen扩散的气体A和B的通量比,即理论分离因子为

$$\alpha = \frac{(FK)_A}{(FK)_B} = \sqrt{M_B/M_A} \qquad (2.1)$$

式中　F——通量;

　　　M_A,M_B——扩散组分的相对分子质量。

可见Knudsen扩散是依据相对分子质量的不同而进行气体分离时,分离系数与被分离气体相对分子质量的平方根成反比,在分离H_2、He、N_2等轻分子时具有较高的分离系数,但随着温度的升高,扩散通量会下降。对混合气体通过多孔膜的分离过程,为了获得良好的分离效果,要求混合气体通过多孔膜的传递过程以分子流为主。基于此,分离过程应尽可能地满足下列条件:多孔膜的微孔孔径必须小于混合气体中各组分的平均自由程,气体分子的平均自由程应尽可能小,而温度升高会使气体分子的平均自由程增大,为此要求混合气体的温度应足够低;在一定温度下,Knudsen扩散速率与压差成正比,因此膜两侧的压力差应尽可能高。

2.3.2　表面扩散

气体分子与膜表面发生化学作用,能被吸附于膜表面,膜孔壁上的吸附分子通过吸附状态的浓度梯度在表面上进行扩散,其过程如图2.8所示。

这一过程中被吸附状态对膜的分离性能有一定的影响。被吸附组分比不吸附组分扩散快,从而导致渗透率的差异,达到分离的目的。表面扩散的机理比较复杂,在低表面浓度条件下,纯气体的表面流量f_s可由Fick定律描述:

$$f_s = -\rho(1-\varepsilon)\mu_s D_s \frac{d_1}{d_2} \qquad (2.2)$$

式中　ρ——固体介质的密度;

  ε——固体介质的孔隙率;

  μ_s——形状因子;

  D_s——表面扩散系数;

  $\begin{matrix} d_1 \\ d_2 \end{matrix}$——表面吸附随膜厚度变化。

  由式(2.2)可知,增大膜的表面积,减小膜孔径和改善膜的吸附性能可增大表面吸附量和扩散通量。但表面扩散要求膜材料仅对要分离的分子有作用,否则,其他分子会占据表面活性位,从而减小膜表面的有效分离能力,此时须对膜孔表面上不希望的活性位用化学处理的方法进行屏蔽或中和。表面扩散与 Knudsen 扩散的基本区别在于:表面扩散与被分离分子的相对分子质量无关,而 Knudsen 扩散中分子与膜孔壁无吸附、脱附作用;在一定压差下,随温度升高,化学吸附速率增加,使表面扩散速率增大,而分子平均自由程增大会导致 Knudsen 扩散速率降低;在一定温度下,表面扩散速率会随压差的增加出现先增后呈现饱和性的现象,而 Knudsen 扩散速率则与压差成正比。

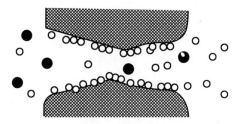

图 2.8 表面扩散过程示意图

2.3.3 多层扩散与毛细管冷凝

  Knudsen 扩散和表面扩散的气体分离过程的选择性相对较低,而多层扩散和毛细管冷凝却有可能提高通量和选择性。当孔的含量很高,被分离物质在膜表面发生物理吸附,并在膜孔内发生毛细管冷凝时,它会堵塞孔道而阻止非冷凝组分的渗透。这种情况一般发生在温度接近可冷凝组分的冷凝点,其吸附量可由扩展 BET 方程求得,而其冷凝压力与温度和孔径的关系可用开尔文方程求得。当一种物质在介质上发生多层吸附时,会产生多层扩散,这是单层扩散的扩展。多层扩散的扩散通量先随压差增加而增加,若同时发生毛细管冷凝,传质行为将发生改变,此时扩散通量达到最大,之后由于液相传质控制,扩散量急剧下降,如图 2.9 所示。

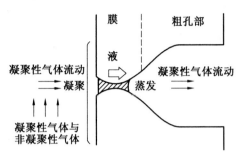

图2.9　毛细管凝聚机理

2.3.4　分子筛效应

如果膜孔径与分子尺度相当,膜的表面可看成具有无数的微孔,能像筛子一样根据分子的大小而实现气体的分离,因此具有良好的选择性,这就是分子筛效应,其机理如图2.10所示。由于分子筛效应是基于气体分子大小而实现分离的,它往往具有良好的通量和选择性,是一个较为理想的分离方法,可在沸点附近分离有机物和相对分子质量相同的分子。

根据上述机理可知,Knudsen扩散的分离效果不甚理想,与工业和商业的应用要求有一定差距;多层扩散与毛细管冷凝过程要求待分离体系中必须存在某种可冷凝的组分,不适用于在高温条件下操作,而且其他组分不能溶解于冷凝液中,客观上限制了它的应用范围;按被分离气体分子大小进行分离的分子筛的分离性能非常好,也具有良好的通量,但会受到膜制备条件的制约。从与膜孔径递减的顺序相对应的机理研究可知,减小膜孔径是增大分离效果的有效途径,但不是唯一支配因素,膜表面的化学特性也起着重要的作用。

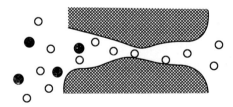

图2.10　分子筛效应机理

2.4　气体在非多孔膜中的渗透机理

常见的非多孔膜材料主要有橡胶态聚合物和玻璃态聚合物。气体在非多孔膜中的扩散是以浓度梯度为推动力,可以用 Fick 定律来描述;气体在非多孔膜中的渗透机理比较公认的是溶解–扩散机理。不过,气体在玻璃态聚合物中溶解时,存在两种吸附现象,一种是来自玻璃态聚合物本身的溶解环境;另一种则是来自它的微腔中,所以需要用双吸附–双迁移机理来描述。

2.4.1 溶解–扩散机理

溶解–扩散机理假设气体透过膜的过程如下:
①气体在膜的上游侧表面吸附溶解,是吸附过程。
②吸附溶解在膜上游侧表面的气体在浓度差的推动力下扩散通过膜,是扩散过程。
③膜下游侧表面的气体解吸,是解吸过程。

概括起来就是气体透过非多孔膜时,首先膜与气体分子发生接触,然后在膜的表面溶解,进而在膜的两侧产生浓度梯度,使气体分子在膜内向前扩散,到达膜的另一侧被解吸出来,从而达到分离的目的。溶解–扩散模型如图 2.11 所示。

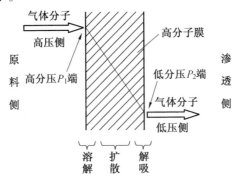

图 2.11 溶解–扩散模型

一般说来,气体在膜表面的吸附和解吸过程都能较快地达到平衡,而气体在膜内的渗透扩散过程较慢,是气体透过非多孔膜的速率控制步骤。气体在非多孔膜内的扩散过程可用 Fick 定律来描述,稳态时,气体透过膜的渗透流率可表示为

$$J = \frac{P_1 - P_2}{l} Q \qquad (2.3)$$

式中

$$Q = D(c) \cdot S(c) \qquad (2.4)$$

$$D(c) = \frac{\int_{c_1}^{c_2} D(c)\,\mathrm{d}c}{c_1 - c_2} \tag{2.5}$$

$$S(c) = \frac{c_1 - c_2}{P_1 - P_2} \tag{2.6}$$

式中　　Q——渗透系数;

　　　　D——扩散系数;

　　　　S——溶解度系数;

　　　　P——压力;

　　　　c——浓度。

式(2.6)表明,气体在非多孔膜中传递的推动力来自膜上下游侧的压力差、浓度差或电位差等引起的化学位差,依据组分在操作条件下相对传递速率的差异而达到分离的目的。通常来说,渗透系数 Q、扩散系数 D 和溶解度系数 S 等与膜材料性质、气体性质以及气体的温度和压力 P(浓度 c)有关。

2.4.2　双吸附-双迁移机理

在玻璃态聚合物中,气体的溶解性可用双模式吸收模型精确描述,这是由于玻璃态聚合物的结构具有微观不均匀性,存在两种不同的区域,一种是结构均匀的区域,另一种是微孔区域,这使玻璃态聚合物中存在过量体积,溶解吸附过程被认为是聚合物中的 Henry 溶解吸附和在过量体积中的 Langmuir 吸附之和,即双吸附现象。纯气在玻璃态聚合物膜上渗透,气体渗透率受气体压力的影响显著。而对于混合气,在总压一定条件下,某一组分的渗透往往受其他组分存在的影响,有时纯气的渗透率变大,有时反而变小。混合气在膜中相互竞争吸附效应所带来的结果是:对双组分混合气渗透,在总压一定下,慢气(指渗透率小的气体)使快气(指渗透率大的气体)变慢,快气使慢气变快,即双迁移现象。

工业化的气体分离膜大部分是复合膜,Henis 提出了复合膜阻力模型。复合膜由高分子多孔膜或非对称底膜和表面涂层两部分组成,可以同时获得较大的渗透系数和分离系数。非对称底膜由致密层和支撑层构成,致密层具有分离作用,厚度一般为 $1 \times 10^{-7} \sim 1 \times 10^{-6}$ m,大大低于均质膜几十至几百微米的厚度。为了描述复合膜的气体分离机制和指导复合膜的制备,1979 年 Henis 等人提出了阻力复合膜的概念,将渗透过程同电路相比拟,建立了著名的 Henis 模型,后来,Fouda 等人提出了惠斯通电桥模型来解释叠层膜比涂层膜具有更高分离系数的现象。贺高红等人在 Henis 模型的基础上建立了扩展的 Henis 模型,考察了涂层嵌入致密层微孔的嵌入率对复合膜气体分离选择性的影响。利用阻力模型可以对膜结构参数如厚度、孔径、孔隙率等对气体渗透率的影响进行模拟。

对于玻璃态膜和橡胶态膜,膜材料的不同使得影响气体分子渗透率的关键因素不同,从而导致两种膜产生截然不同的气体分离效果。

(1)玻璃态膜

该类聚合物中链段的运动受到很大的约束,分子赖以通过的自由体积通道很窄,故不同气体分子的渗透率主要取决于分子尺寸的大小,即控制因素为扩散系数。扩散系数反比于分子大小,气体分子越小,扩散系数越高。

(2)橡胶态膜

这类聚合物的分子链段间的结合力不强,链段相对比较容易移动,形成一条通道,甚至能让大分子通过,即膜的透过性很好,扩散系数对渗透性的影响很小,所以气体在膜中的渗透主要表现为溶解控制过程。由溶解系数的公式可知,气体相对分子质量越大,越容易渗透。橡胶态聚合物对烃类气体拥有良好的透过性能,这使其用于大规模工业生产在经济和技术上都更为可行。

2.5 气体在复合膜中的渗透机理

根据对多孔膜和非多孔膜传质机理的研究发现,将非多孔膜的高选择性和多孔膜的高透过性结合起来,发展复合型膜,改进孔结构和孔分布,将小孔膜载在大孔支撑体上,可极大地改善气体膜的分离性能。这是当前气体分离膜发展的一个明显趋势。目前用于气体分离的复合膜主要有三种类型:第一种为支撑型多孔膜,第二种为阻力型复合膜,第三种为多层复合膜(图2.12)。

2.5.1 支撑型多孔膜

支撑型多孔膜主要由两部分组成,其底膜为多孔支撑层,上面涂敷一层选择性和渗透性都较好的聚合物涂层。底膜起机械支撑作用,膜分离性能主要由涂层决定。其成膜方法主要有薄层叠合、溶液浇铸、界面聚合和等离子体聚合等。

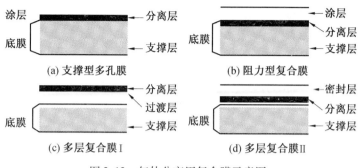

图 2.12　气体分离用复合膜示意图

2.5.2　阻力型复合膜

阻力型复合膜为完整表皮非对称膜,由非对称底膜和涂层两部分组成。所不同的是底膜为非对称结构,由致密层和多孔支撑层两部分组成,在膜的制备过程中,由于在致密层表面会存在少量缺陷孔,低选择性的聚合物材料常用的是硅橡胶,以弥补致密层表面的缺陷孔。不过,起分离作用的主要由致密层决定。

2.5.3　多层复合膜

多层复合膜可看作是支撑型多孔膜和阻力型复合膜,是由两层以上的聚合物膜复合而成。其结构有两类:第一类,即分离层、过渡层、支撑层(图2.12(a));第二类,即密封层、分离层、支撑层(图2.12(b))。其中,过渡层和密封层都起到减少选择层缺陷或使选择层与支撑层更好黏结的作用。

2.6　水蒸气在膜中的渗透机理

在气体膜分离中,水蒸气的分离过程比其他非凝聚性气体更复杂,因为水分子可以通过氢键和聚合物链节中极性基团发生作用,使聚合物被溶胀、塑化;水分子自身可通过分子间氢键聚集成簇,这些因素导致了水分子在膜中的透过行为不再符合其他气体的透过规律。水蒸气在膜中较高的渗透能力会在膜的下游侧产生浓差极化现象,消除浓差极化现象才能使水蒸气透过正常进行。

归纳起来,水蒸气在膜中的渗透行为主要有以下几种:水蒸气的吸附溶解、水蒸气在膜中的扩散和水蒸气从膜表面解吸附。

2.6.1 水蒸气的吸附溶解

水蒸气在高分子膜中的吸附溶解过程不但与水蒸气的活度有关,也与高分子材料的结构有关。在水蒸气吸附溶解曲线的测试中,水蒸气的活度定义为水蒸气所占的分压与实验温度下水的饱和蒸气压之比。对于多种材料测试发现的普遍规律是随着水蒸气活度的增加,其吸附量会出现极大值,这表明低活度水蒸气和高活度水蒸气的吸附机理是不同的。Schult 认为在低活度下,水的吸附遵循双重吸附模型,在高活度下符合 Flory - Huggins理论。而 Stan 认为水在玻璃态聚合物中的吸附行为,在低活度下是双重吸附模型,在高活度下是成簇理论控制。高分子材料结构的影响比较复杂,没有一种因素能独立决定水蒸气溶解系数的大小,一般取决于以下几个因素:聚合物中氢键位的多少、高分子链的填充密度、高分子链的构象、水和聚合物之间的非氢键作用等。这些因素涉及高分子材料的自由体积和高分子材料的极性,而水分子与高分子材料的相互作用是不可忽视的重要因素。极性强的高分子材料含有亲水基团多,膜含有更多的氢键位,水分子与膜材料的极性基团之间形成氢键和配位,使膜增塑,因此有利于水分子的溶解,水分子的溶解系数随着膜的亲水性增强而增加,但是,聚合物膜如果有晶区,在晶区中极性基团之间形成交联,减弱了与水分子的作用,吸水性就变得很差。

非凝聚性气体一般不和膜发生强的相互作用,其在膜中的溶解系数随聚合物自由体积的增大而增加。Schult 测试了水、氧气、氮气的溶解系数,发现水的溶解系数比其他两种气体高 2 ~ 3 个数量级。随自由体积的增加,氧气、氮气的溶解系数也增加,而水蒸气在膜中的溶解系数却随自由体积的增加而减小。Kelkar 也得到类似的规律,他认为水的作用改变了聚合物的结构,其影响力度超过了自由体积的影响,导致溶解系数减小。

2.6.2 水蒸气在膜中的扩散

非凝聚性气体在膜中的扩散系数随着聚合物自由体积分数的增加而增大,水蒸气的扩散系数也具有相似的规律,但水蒸气在高分子膜中的渗透系数却不完全依赖聚合物自由体积分数,更主要取决于膜与水分子之间的作用。因为水分子在膜中可以通过自身的氢键作用聚集成簇,使水蒸气的扩散系数与非凝聚性气体的扩散系数有所不同。水在疏水的聚合物中成簇比较普遍,并且随着活度的增加成簇的趋势也增加,水分子聚集成簇导致了水分子的平均分子尺寸增大,影响了其在膜中的扩散。Schult 认为,在低活度范围内,水蒸气的扩散和非凝聚性气体类似,是单个的水分子进行扩散;在高活度范围内,由于水分子成簇,水分子的平均分子尺寸增大,导致扩散系数随活度增加而降低。由于气体的扩散系数除和气体分子与聚合物分子间作用有关外,更主要取决于气体分子的动力学半径,水分子的动力学半径较小,即使成簇后,其动力学半径仍小于其他常规气体,如氮、氧、二氧化碳、甲烷等,所以水蒸气具有较高的扩散系数。

2.6.3　水蒸气从膜表面解吸附

为了增大水蒸气在高分子材料中的溶解扩散系数,一般采用极性材料即亲水性强的膜,但材料的极性越强,对水分子吸附力越强,水分子从膜的下游侧解吸附越困难,导致水分子在膜下游侧的浓度增大,产生浓差极化,也就是说,造成浓差极化主要是因为水分子在膜内高的传递速率和在膜下游侧扩散能力低的结果。浓差极化严重影响了水分子的连续性渗透,对水蒸气的渗透产生了不利影响,为提高水蒸气的透过率,需要在膜的下游侧采取某种强制性措施,如抽空、干燥的气流吹扫等,减轻或消除浓差极化,促进水蒸气在高分子膜中的连续透过。

参考文献

[1] 陈勇,王从厚,吴鸣.气体分离膜技术与应用[M].北京:化学工业出版社,2004.

[2] 王学松.气体膜技术[M].北京:化工出版社,2009.

[3] 陈桂娥,韩玉峰.气体膜分离技术的进展及其应用[J].化工生产与技术,2005(12):23-24.

[4] 徐仁贤.气体分离膜应用的现状和未来[J].膜科学与技术,2003(4):126.

[5] KIM Y K,PARK H B,LEE Y M. Carbon moleeular sieve membranes derived from thermally labileplymer containing blend polymers and their gas separation properties[J]. Journal of Membrane Science,2004,243:9-17.

[6] 于海江,苏志远.气体膜分离技术的应用[J].油气田环境护,2005(3):34-36.

[7] 周琪,张俐娜.气体分离膜研究进展[J].化学通报,2001(1):18-25.

[8] 朱长乐,刘茉娥,朱才镕.化学工程手册[M].北京:化学工业出版社,1987.

［9］KESTING R E,FRITZCHE A K. Polymeric gas separation membranes ［J］. USA:John Wiley& Sons Inc. ,1993.

［10］陈瑜.分子模拟研究气体在含氟聚酰胺亚胺膜中的渗透行为［D］.厦门:厦门大学材料科学与工程学院,2011.

［11］吴庸烈,李国民,李俊凤,等.水蒸气在高分子膜中的透过行为与气体膜法脱湿［J］.膜科学与技术,2007(6):1-2.

［12］谈萍,葛渊,汤慧萍,等.国外氢分离及净化用把膜的研究进展［J］.稀有金属材料与工程,2007(9):569.

［13］王从厚,陈勇,吴鸣.新世纪膜分离技术市场展望［J］.膜科学与技术,2003(4):57-59.

第3章 气体分离膜材料及膜的制备

3.1 气体分离膜材料

气体分离膜是一种"绿色技术材料",并且由于它具有分离效率高、能耗低、操作简单等优点,显示出独特的优势,其研究和应用发展十分迅速。目前,该领域的研究主要集中在开发高透气性、高渗透选择性、化学稳定性以及热稳定性等更为理想的新型膜材料和制膜工艺。按材料的性质划分,气体分离膜材料可分为高分子膜材料、无机膜材料和有机-无机复合膜材料。

3.1.1 高分子膜材料

常见的高分子膜材料有聚酰亚胺(PI)、硅橡胶(PDMS)、聚砜(PS)、醋酸纤维素(CA)、聚吡咯(PPy)等。从品种来说,已有上百种高分子膜被制备出来,其中40多种已被用于工业和实验室中。以日本为例,纤维素酯类膜占53%,聚砜膜占33.3%,聚酰胺膜占11.7%,其他材料的膜占2%,可见纤维素酯类材料在高分子膜材料中占主要地位。表3.1为一些主要应用的高分子膜材料。这些高分子膜材料基本都存在渗透性和选择性相互制约的此消彼长(trade-off)现象,因此研究开发出兼顾高渗透性和高选择性的新型高分子膜材料已成为目前气体分离膜的研究热点。

表3.1 一些主要应用的高分子膜材料

材料类别	主要聚合物
纤维素类	二醋酸纤维素(CA),三醋酸纤维素(CTA),醋酸丙酸纤维素(CAP),再生纤维素(RCE),硝酸纤维素(CN)
聚酰胺类	芳香聚酰胺(Aramid),尼龙-66,芳香聚酰胺酰肼(PPP),聚苯砜对苯二甲酰(PSA)
芳香杂环类	聚苯并咪唑(PBI),聚苯并咪唑酮(PBIP),聚哌嗪酰胺(PIP),聚酰亚胺(PI)
聚烯烃类	聚砜(PS),聚醚砜(PES),磺化聚砜(PSF),聚砜酰胺(PSA)

续表 3.1

材料类别	主要聚合物
聚烯烃类	聚乙烯醇（PVA），聚乙烯（PE），聚丙烯（PP），聚丙烯腈（PAN），聚丙烯酸（PAA），聚四甲基戊烯（P4MP）
硅橡胶类	聚二甲基硅氧烷（PDMS），聚三甲基硅烷丙炔（PTMSP），聚乙烯基三甲基硅烷（PVTMS）
含氟高分子	聚全氟磺酸，聚偏氟乙烯（PVDF），聚四氟乙烯（PTFE）
其他	聚碳酸酯，聚电解质络合物

高分子膜材料一般制备简单，性能稳定，耐溶剂性能较好，因此广泛地应用于膜分离领域。下面具体介绍用于制备气体分离膜的一些高分子膜材料。

（1）聚酰亚胺（PI）

随着气体膜分离技术的发展，人们开始在庞大的聚合物家族中寻找适合于气体分离用途的膜材料。PI（图 3.1）在 20 世纪 80 年代中期已经受到重视，以其优良的机械性能和热稳定性首先用于气体分离膜上，特别是在一些具有很强工业背景的分离体系上，如氢气/氮气（H_2/N_2）、氧气/氮气（O_2/N_2）、氢气/甲烷（H_2/CH_4）、二氧化碳/氮气（CO_2/N_2）、二氧化碳/甲烷（CO_2/CH_4）等。PI 是由芳香族或脂肪环族四酸二酐和二元胺缩聚得到的芳香环或者脂肪环高聚物，其选择性较高、化学稳定性较好，适用于高温条件，但由于分子链刚性较强，渗透系数较低，可在 PI 中引入聚醚柔性链段来降低分子链的刚性，同时增强了链段的运动性能，使气体的渗透系数得到了显著提高。对比由含磺酸基的二胺（BAPHFDS）和不含磺酸基的二胺（BAPHF）合成的 PI 膜的气体分离性能，可见磺酸基团的引入增强了分子间的作用力，降低了相对分子质量较大组分的扩散性能，因此使含有磺酸基的 PI 膜可在不降低渗透系数的情况下具有较高的分离系数。以聚醚酰亚胺（PEI）为膜材料，N-甲基吡咯烷酮（NMP）为溶剂制备 PEI 中空纤维气体分离膜。当芯液组成 $m(NMP)\colon n(H_2O)=19\colon1$ 时，中空纤维内外表面的膜微结构相对疏松，支撑层为不对称结构，对 O_2/N_2，H_2/N_2 和 He/N_2 都表现出较好的分离性能和机械性能。科研人员又按照分离体系的要求在分子水平上设计 PI 的单元结构，通过单体二酐和二胺的合成及聚合反应条件的控制，制备出透气性与选择性俱佳的 PI 膜材料。在二酐中引入 F_3C—基团后，聚酰亚胺不仅溶解性有所改善，而且其透气性也显著增加。

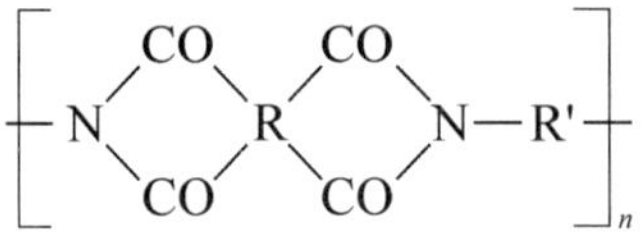

图3.1 PI 分子结构式

（2）含氟聚酰亚胺（FPI）

FPI 是一类耐热性能好、机械性能优异、化学性质稳定的高性能聚合物材料。FPI（图3.2）在气体分离方面具有气体渗透速率快、选择性高的优点，常用于 O_2/N_2，H_2/N_2，CO_2/N_2 和 CO_2/CH_4 等气体的分离。

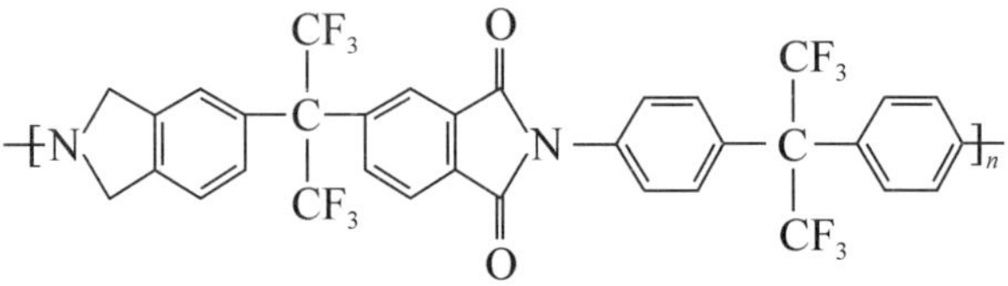

图3.2 FPI 分子结构式

（3）聚醚酰亚胺（PEI）

在20世纪80年代就有关于 PEI 材料的气体渗透性能的报道，后来许多研究工作者又制备了 PEI（图3.3）不对称膜。1987年，利用水不溶解卤代烃作为溶剂和各种有机非溶剂作为非溶剂与凝胶剂，制备平板 PEI 不对称膜。1992年，以 PEI/N-甲基吡咯烷酮（NMP）/Y-γ丁酸内酯为铸膜液和去离子水为芯液，制备 PEI 中空纤维不对称气体分离膜。1998年，以 PEI/NMP/乙醇为铸膜液和水为芯液，研究了各种因素对 PEI 中空纤维不对称气体分离膜性能的影响。1999年，以 PEI/NMP/二氯甲烷为铸膜液，讨论了各种因素对平板 PEI 不对称气体分离膜性能的影响。2003年，以 NMP/水溶液为芯液，制备了 PEI 中空纤维不对称气体分离膜，并用热处理的方式提高膜的选择性。

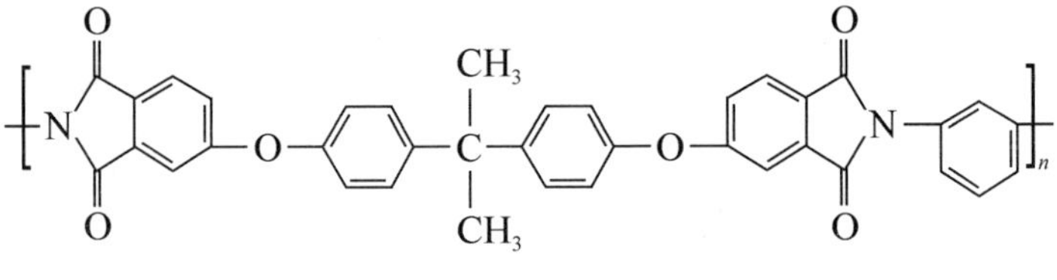

图3.3 FEI 分子结构式

(4)乙基纤维素(EC)

纤维素类材料是研究最早的气体分离膜材料之一。纤维素类材料有许多种类,如再生纤维素、硝酸纤维素、乙基纤维素、醋酸纤维素等。其中多用于气体分离膜制备的是 EC(图 3.4)。EC 是由碱纤维素和乙基卤化物反应得到的,由于 EC 的热稳定性好、具有较强的抗生物性能,且气体的渗透系数和气体渗透选择性较高,常用于空气中的氧、氮分离富集。

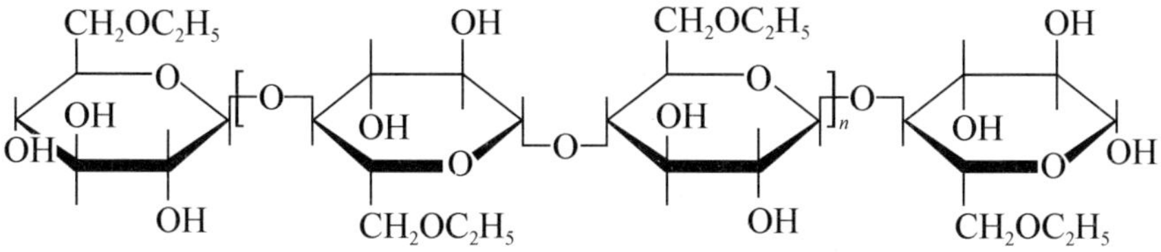

图 3.4 EC 分子结构式

(5)双酚 A 型聚砜(PSF)

PSF(图 3.5)是主链上含有砜基的一种线性杂链高分子膜材料,具有优异的热稳定性、力学性质和较强的刚性及较好的化学稳定性,耐蒸汽性能好,PSF 的玻化温度(T_g)为 190 ℃。PSF 可用于制备复合膜的支撑层,合成氨尾气回收氢,目前已得到工业化生产。

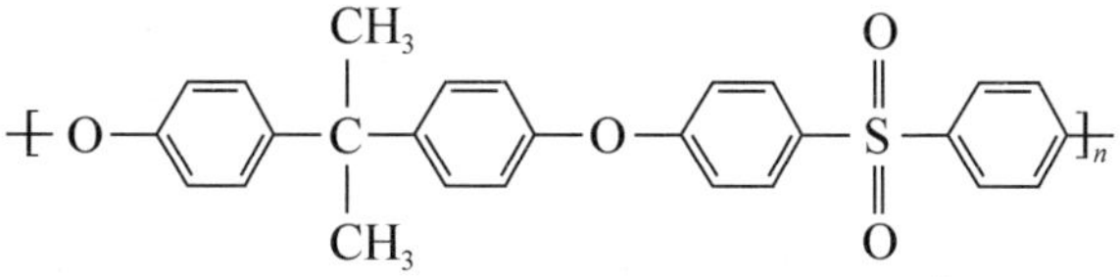

图 3.5 PSF 分子结构式

(6)聚砜(PS)

PS(图 3.6)是近年来新开发出的一类膜材料,属于典型的玻璃态聚合物,其分子主链上含有砜基,这样的分子结构赋予其较好的抗氧化性、较高的刚性、耐酸碱腐蚀性能、抗蠕变性、较强的尺寸稳定性和耐温性,这些性能弥补了传统高分子膜材料的部分不足。20 世纪 80 年代发现了 PS 材料的气体渗透性能。总的来讲,PS 材料的气体渗透率较低,这是它的最大缺点。因此许多研究者从制膜工艺、复合膜的研制等方面入手,来弥补 PS 的这一缺点。

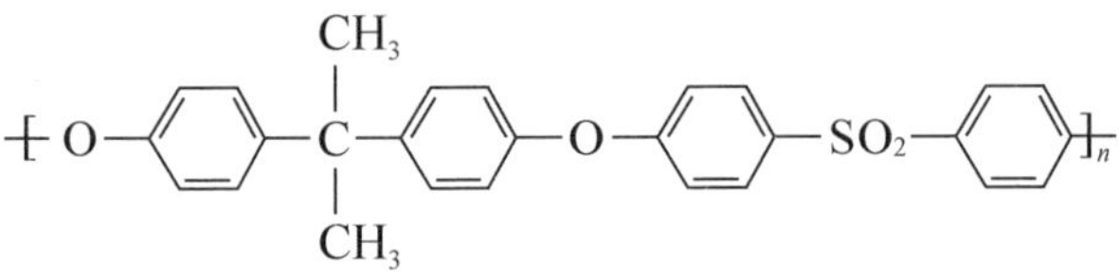

图3.6　PS分子结构式

　　PS膜材料的表面自由能较低,表现出较强的疏水性,从而导致严重的膜污染问题,通常需通过物理、化学以及其他的一些方法对其进行改性。PS在气体膜分离领域的工业应用比较早,可将无孔的纳米SiO_2颗粒加入到PS中,使得PS分子链堆积较松散,进而高分子与无机粒子的界面上存在较多空穴,增加了聚合物的自由体积,显著提高气体的渗透系数。以PS为膜材料制备出具有海绵状结构的中空纤维膜,同时使表皮层和支撑层达到最佳匹配,弥补了膜表皮层薄的缺陷,提高了气体分离系数。实验表明,H_2渗透系数稳定在$1 \sim 1.3 \times 10^6$ barrer（1 barrer $= 1 \times 10^{-10}$ $cm^3(STP) \cdot cm/(cm^2 \cdot s \cdot cmHg)$）;对于$H_2/N_2$的分离系数为$60 \sim 80$,满足甲醇工业合成气、炼油厂的炼厂气等氢气回收领域的需要。

　　(7)聚芳醚砜(PES)

　　PES(图3.7)分子中含有砜基,由于其共轭效应,具有良好的抗氧化性和热稳定性,同时具有良好加工性能的醚键,不含有对耐热性、抗氧稳定性有不利影响的异丙撑基,没有—C—C—链,不含有刚性极大的联苯结构,因而具有良好的耐溶剂性能。PES的玻化温度(T_g)为235 ℃,可在140 ℃高温下长时间使用,且具有较好的气体渗透选择性,常用作制备气体分离膜材料。

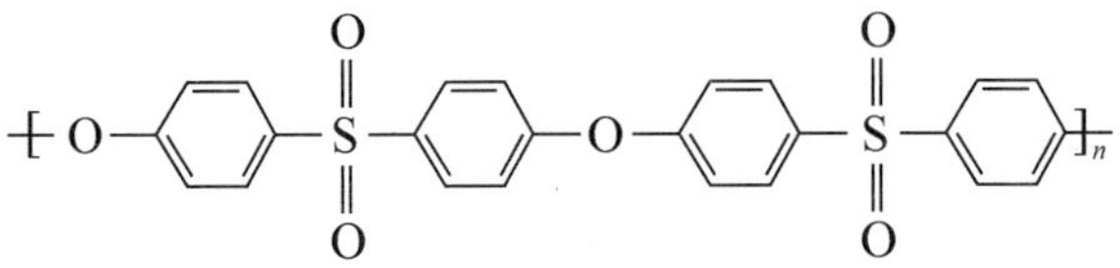

图3.7　PES分子结构式

　　(8)含二氮杂萘结构的聚芳醚砜酮(PPESK)

　　PPESK(图3.8)是由大连理工大学于1993年研制成功的一种耐高温特种聚合物。PPESK中全芳环非共平面扭曲的分子链结构赋予其既耐高温又可溶解的优异综合性能,其玻化温度(T_g)高达$265 \sim 305$ ℃。并且,这样的分子链结构使聚合物的自由体积增大,使其具有良好的渗透性和选择性,是一种理想的膜材料。

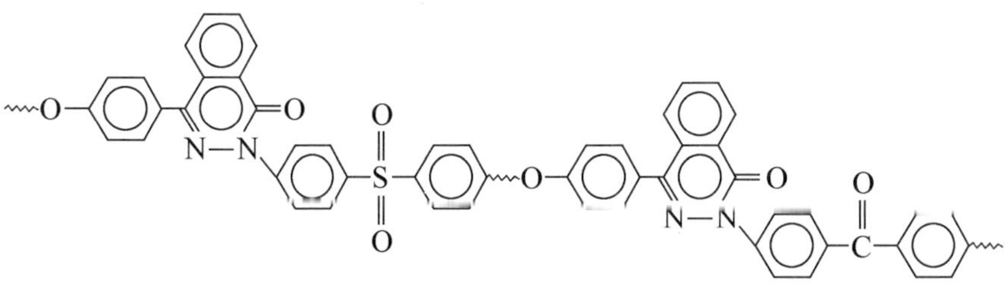

图 3.8　PPESK 结构式

（9）酚酞型聚醚酮（PEK-C）

PEK-C（图 3.9）为无定形高分子材料，其玻化温度（T_g）为 231 ℃，可以用于超滤、气体分离膜制备方面。

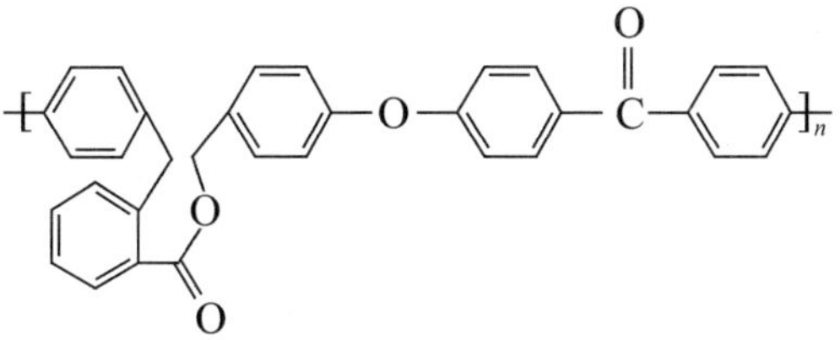

图 3.9　PEK-C 分子结构式

（10）涤纶（PET）

PET（图 3.10）是一种合成纤维，具有机械强度好、弹性高、耐热性能佳等特点，常用作气体分离、渗透汽化等平板膜组件和卷式膜组件的支撑材料。

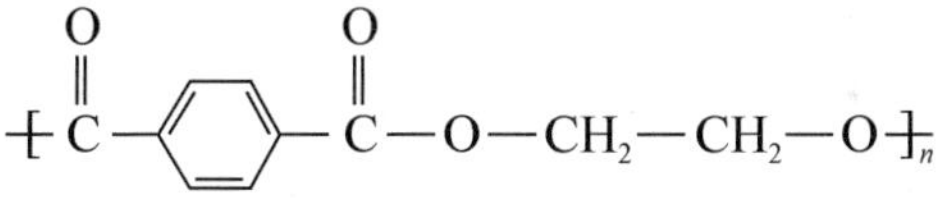

图 3.10　PET 分子结构式

（11）聚碳酸酯（PC）

PC（图 3.11）是一种分子链中含有碳酸酯基的线性高分子聚合物材料，由于两个苯撑基与中间的丙撑基限制了分子链的内旋，使得 PC 分子链具有较强的刚性，同时氧醚键的存在增加了基团的柔性，赋予 PC 材料较差的机械性能，但 O_2/N_2 的渗透率较高，所以可用于制备气体分离膜的高分子聚合物材料。

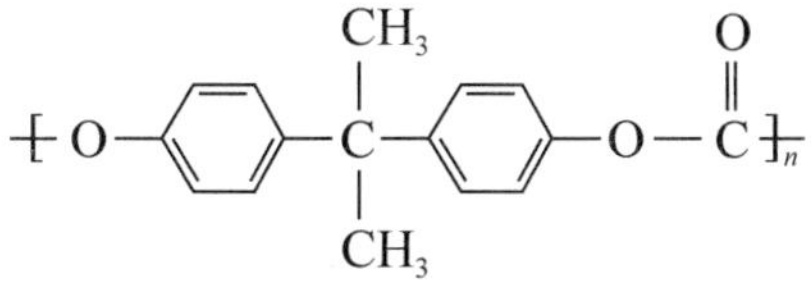

图 3.11　PC 分子结构式

（12）聚 4–甲基–1–戊烯（PMP）

PMP（图 3.12）是由丙烯二聚得到 4–甲基–1–戊烯,再经聚合得到的高分子膜材料。PMP 具有优良的热稳定性和透气性,常用作制备气体分离膜,其制备的气体分离膜材料 O_2/N_2 的分离系数已达到 7~8。

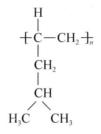

图 3.12　PMP 分子结构式

（13）聚丙烯腈（PAN）

PAN（图 3.13）是由丙烯腈单体经自由基聚合反应制得,PAN 是常用的微滤、超滤或渗透气化复合膜底膜材料。

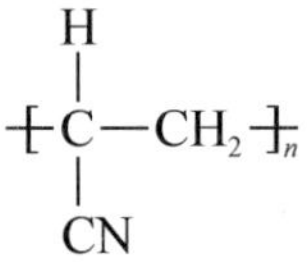

图 3.13　PAN 分子结构式

PAN 具有较好的气体透过性和化学稳定性,并且价格低廉,但拉伸强度低,无法满足气体分离膜的使用要求,致使 PAN 材料在气体膜分离领域的应用研究较少。乙酸纤维素（CA）具有相对较好的力学性能,并且与 PAN 有较好的相容性,通过共混可以结合两种材料的优点。利用 CA 与 PAN 溶液共混,通过沉淀相转化法制膜,由于两种聚合物含有极性相近的基团,并且形成了氢键,使得两相共混比较均匀,共混比为 0.10 的共混膜能够将纯 PAN 膜的拉伸强度由 1 174 MPa 增加到 2 108 MPa。

（14）聚乙烯醇（PVA）

PVA（图 3.14）具有水溶性,PVA 的玻化温度（T_g）为 104 ℃,机械性能并不强,常用于制备渗透汽化膜材料,目前已投入实际生产。

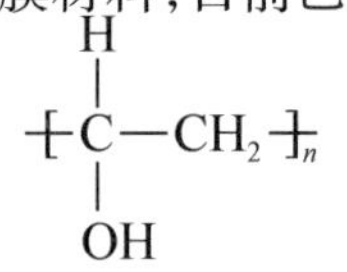

图 3.14　PVA 分子结构式

(15)聚偏氯乙烯(PVDC)

PVDC(图3.15)的玻化温度(T_g)为-17 ℃,气、液性能较低,热稳定较差,主要用作阻透气材料。

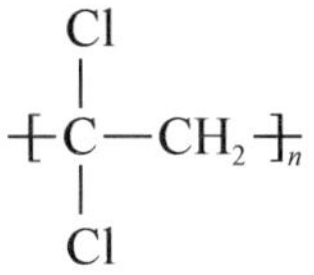

$$+\overset{\overset{\textstyle Cl}{|}}{\underset{\underset{\textstyle Cl}{|}}{C}}-CH_2\overset{}{+}_n$$

图3.15 PVDC 分子结构式

(16)聚二甲基硅氧烷(硅橡胶)(PDMS)

PDMS(图3.16)是一种线性橡胶态聚合物,机械性能较低,具有较高的气体渗透率,但气体选择性较低,常需要用化学交联和辐射交联的方法制成膜材料。PDMS 是研究和应用最早的气体分离膜材料之一,被广泛应用于富氧分离中。PDMS 由于其自由体积较大,所以具有较高的渗透性,但是分离效果达不到比较理想的工业应用要求,因此目前大量工作都围绕如何对其进行有效改性以提高选择性展开。对 PDMS 的改性方法有侧链改性和主链改性两种:侧链改性是用较大的基团或极性基团取代 PDMS 侧链上的甲基,如在侧链上接上聚2-羧乙基硅氧烷(PCMC),使其和 PDMS 按 1∶1~4∶1(质量比)的比例熔融共混;主链改性是通过共聚法在 PDMS 主链上增加较大的基团,或用—Si—CH₂—刚性链代替—Si—O—柔性主链。无论是侧链还是主链改性都将提高聚合物的玻化温度和链段堆砌密度。

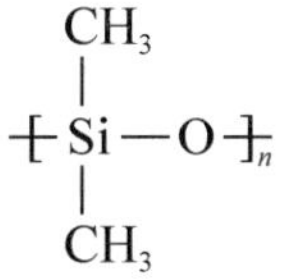

$$+\overset{\overset{\textstyle CH_3}{|}}{\underset{\underset{\textstyle CH_3}{|}}{Si}}-O\overset{}{+}_n$$

图3.16 PDMS 分子结构式

以 PDMS/PEI 非对称平板复合膜对 CO_2/CH_4 进行研究,结果表明可利用该膜分离 CO_2/CH_4,当 CH_4 的体积分数为 50% 时,渗余相流量对 CO_2 的渗透系数影响较小,而提高温度和压力可以强化 CO_2 溶解,增大 CO_2 的分离系数。使用环状分子上含有硅氢原子和三甲氧基硅基的交联剂制得 PDMS/正硅酸乙酯(TEOS)复合膜,在膜的基质材料、交联剂的分子结构和膜的多重交联结构的综合作用下可提高分离系数。PDMS 作为富氧膜首选材料有其传统优势。此外,利用超临界 CO_2 对 PDMS 富氧膜进行溶胀改性以及在富氧膜材料中添加铁氧体制备富氧"磁化膜"有望成为未来富氧膜开发研究的一个新方向。

(17) 聚炔类气体分离膜

利用仿生学原理,合成具有二级结构的螺旋状高分子,是 21 世纪新材料开发的新途径之一。由于螺旋共轭高分子具有光学异构体选择透过性、气体选择透过性、导电性、磁性、液晶性和发光性等功能,合成螺旋共轭高分子已经成为国际热点课题之一。取代苯乙炔单体(PA)的叁键能打开生成单双键交替的共轭高分子主链,选择适当的引发剂,如铑催化剂能生成顺式构型的聚苯乙炔,由于侧基(苯基)空间位阻效应,顺式聚苯乙炔主链就会扭转形成螺旋结构,如图 3.17 所示。螺旋共轭聚苯乙炔能抑制聚合物主链之间的密集堆砌,同时阻止聚合物主链上柔顺链段的弯曲扭转运动,扩大聚合物的自由体积,提高气体渗透率,所以螺旋共轭聚乙炔类高分子膜具有较高的气体渗透系数。

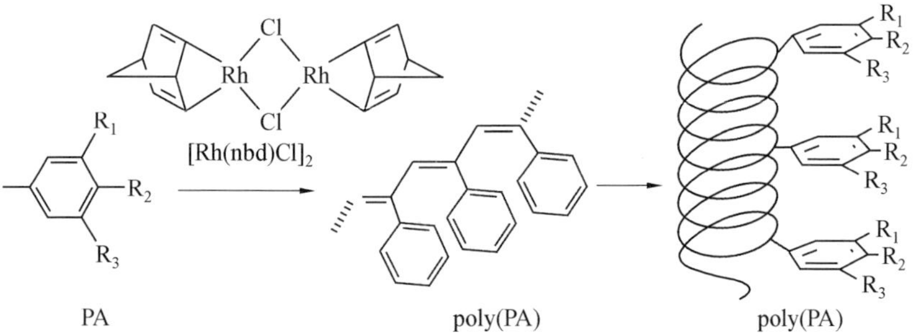

图 3.17　单手性螺旋聚苯乙炔的合成

另一类引起广泛研究性趣的气体分离膜材料是含有球形取代基的聚炔烃类材料,这类材料的主链上含有交替的双键结构,支链上接—H 或各种取代基团。形成的交替双键聚合物主链具有很强的刚性,难以缠绕折叠;巨大的取代基之间的空间排斥作用使得膜变得疏松,基团与基团间在聚合物内部形成高密度的自由空间体积,强化了气体的透过性,因此具有特别优异的透气性能。如聚三甲硅基丙炔(PTMSP)是一种玻璃态的无定形聚合物,气体透过率均较高,但膜材料稳定性较差,在广泛应用上受到限制。

(18) 二醋酸纤维素(CA)

CA(图 3.18)是纤维素中最早成功用于气体分离的膜材料。其乙酰基取代了纤维素的羟基,削弱了氢键的作用力,使大分子间距离增大,因此由其制备的具有泡沫结构的中空纤维膜可较好地用于气体分离,成为为数不多的几种商业化气体分离膜材料之一。传统的 CA 气体分离膜是将湿态

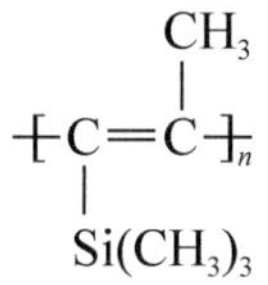

$$+\!\!\overset{\displaystyle CH_3}{\underset{\displaystyle Si(CH_3)_3}{C}}\!\!=\!\!\overset{\displaystyle CH_3}{\underset{\displaystyle Si(CH_3)_3}{C}}\!\!+_n$$

图 3.18　CA 分子结构式

的 CA 反渗透膜经过热处理得到的。该方法存在着制膜工艺复杂、膜的稳定性差、难以达到 CA 的特性分离系数等不足之处。以湿相转化法可以制备分离 CO_2/CH_4 的 CA 膜,不需要热处理工序,且研究结果表明适当提高聚合物浓度和延长蒸发时间可使膜表皮层变致密,获得较高的 CO_2/CH_4 分离系数和渗透系数。以 N-甲基氧化吗啉(MMNO)(图 3.19)为溶剂制备了均质 α-纤维素膜,并考察了 CA 膜在干态和湿态下的气体分离性能。实验表明由于 CA 亲水性好,水分子与 CA 膜相互作用强,可以渗入聚合物膜结构中并与聚合物亲水性基团结合,占据气体渗透的自由空间,减小膜的自由体积,使 CA 膜的分离性能得到显著提高。

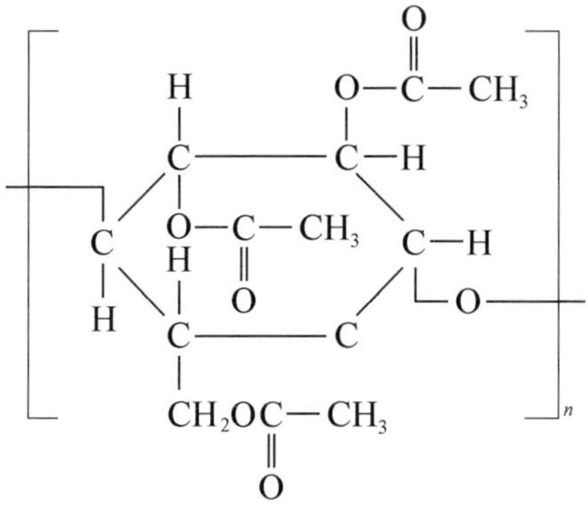

图 3.19　MMNO 分子结构式

（19）聚吡咯（PPy）

PPy（图 3.20）是一种全阶梯或半阶梯形的含有四稠环、七稠环甚至多稠环结构的芳香族含氮杂环聚合物。由于其大分子链芳香环多、刚性大,因而具有优良的耐热性和耐腐蚀性,同时具有比聚酰亚胺分离膜更高的链刚性和更高的气体选择透过性,已成为气体膜分离领域的研究热点之一。常温下的 PPy 膜对 He,H_2,CO_2 和 O_2 的渗透系数最高分别可达 166 barrer,74.4 barrer,63.6 barrer 和 16.4 barrer。对 He/CH_4,H_2/N_2,CO_2/CH_4 和 O_2/N_2 的分离系数最高可分别达到 3 214 barrer,389 barrer,150 barrer 和 12.5 barrer,符合商业气体分离膜的指标要求。尤其在 CO_2/CH_4 和 O_2/N_2

体系 PPy 具有很大的应用潜力。然而,PPy 最大的缺点是渗透性能较差,需探索新的单体并控制聚合反应条件以制得适宜链刚性、自由体积分数、单一链间距的 PPy,从而使其渗透性与选择性均达到最佳值。

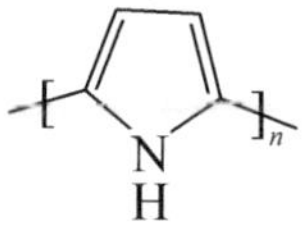

图 3.20　PPy 分子结构式

(20)乙烯–乙酸乙烯酯共聚物/吐温 20(EVA38/Tween20)

采用溶剂挥发法制备了乙烯–乙酸乙烯酯共聚物(EVA38)/吐温 20(Tween20)凝胶膜。不同 Tween20 含量对凝胶膜物理化学结构和气体渗透性能有重要的影响。Tween20 与 EVA38 具有良好的相容性(图 3.21)。Tween20 的引入降低了凝胶膜的结晶度和熔融温度,也明显改善了膜的柔顺性,因而膜的 CO_2 和 N_2 渗透系数显著增加。同时膜的 CO_2/N_2 的选择性也增加,这可以归因于 Tween20 中的乙氧基团对 CO_2 强的选择吸附作用。当 Tween20 添加量从 0 增加到 100%(以 EVA38 质量为基准)时,凝胶膜的 CO_2 渗透系数由 EVA38 的 89.5 barrer 增加到 285 barrer,CO_2/N_2 的理想分离系数从 14.92 增加到 19.13。

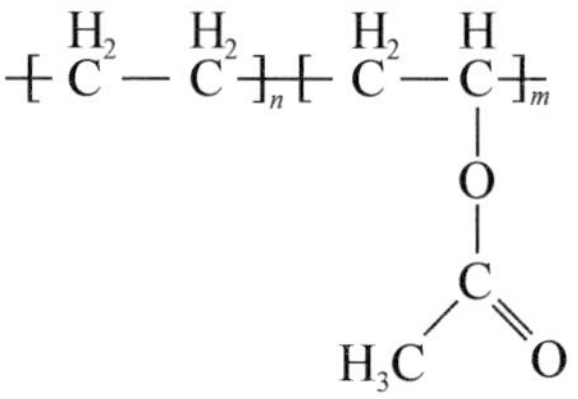

(a)EVA38

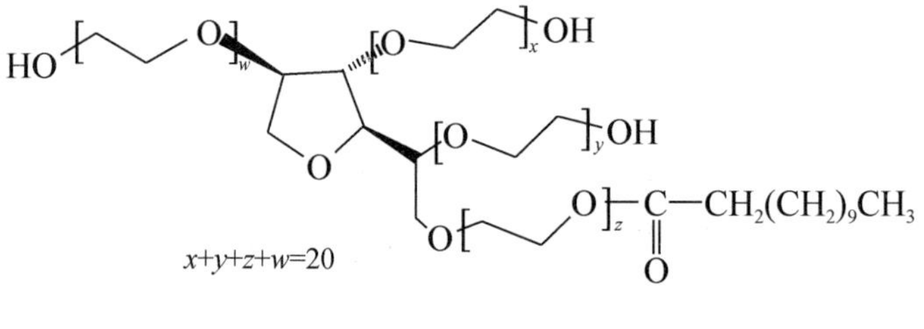

(b)Tween20

图 3.21　EVA38 和 Tween20 分子结构式

目前,在膜技术的发展过程中,高分子膜的开发是极其重要的工作。

但很多合成的高分子膜并非按着膜分离需要设计合成的,这也是很多气体分离膜性能不够理想的原因。因此,需要继续开发功能高分子膜材料。根据现在对膜气体分离机理的认识,继续合成各种分子结构的功能高分子,制备成匀质膜,定量地研究分子结构和分离性能之间的关系。在高分子膜的表面进行改性,根据不同的分离对象引入不同的活化基团,通过改变高分子的自由体积和链的柔软性,改变其气体分离性能或物理化学性质。

3.1.2 无机膜材料

无机膜的制备始于 20 世纪 60 年代,长期以来发展较为缓慢。近年来随着膜分离技术的发展和应用,对膜的使用条件提出越来越高的要求。其中有些情况是高分子气体分离膜材料所无法满足的,如耐高温和强酸碱介质环境。因此,无机气体分离膜材料日益受到重视并取得重大的进展。无机膜是通过加工无机材料制备得到的一种固态膜,分为陶瓷膜、沸石膜、玻璃膜、高分子金属络合物膜、金属膜、合金膜以及分子筛碳膜。目前已用于制备无机膜的材料有陶瓷、玻璃、金属(如 Pd,Pd 合金,Ni,Ag,Pt)、金属氧化物(如 TiO_2 , ZrO_2 , Al_2O_3) 、 SiO_2 及其硅酸盐、沸石等。与高分子膜材料制备的有机膜相比,无机膜具有如下特点:

①较高的耐高温性能,可在高温体系中应用,最高使用温度可达 800 ℃ ,也可以高温消毒灭菌。

②机械强度高,无机材料具有刚性且无机膜常用于载体膜,致使无机膜可承受较高的外压,而且可以进行反吹和反冲,具有较强的再生能力。

③较好的化学惰性,耐酸、碱、有机溶剂。

④抗微生物能力好,不与微生物发生生化及化学反应,可用于生物医药领域。

⑤无机膜的孔径较窄,气体透过选择性较高。

⑥无机膜的使用寿命较长,可降低更换频率。

无机膜的不足在于制备无机膜成本较高,无机材料弹性小,比较脆,不利于膜的加工成型,同时陶瓷膜不耐酸、碱。

无机膜不同于传统的溶解扩散机理的分离,具有选择性高,在较小的气体浓度推动力下能达到高通量的优势。无机膜因为与聚合物膜相比具有突出的热、化学稳定性,更高的通量或者选择性而被越来越多地应用在气体分离的研究中。无机膜通常从金属、陶瓷或裂解的碳中制备。目前研究较多的是氧离子促进传递膜。早期的氧离子促进传递膜一般是利用氧化锆或氧化铋作为对氧离子有特异结合性能的传递相,银或铂等贵金属作为电子传递相,在膜的进料侧接受电子选择性地将氧气以氧离子的形式结合,传递到膜的另一侧放出电子后以氧气的形式释放,但受制于成本,难以在工业上应用。钯基膜是一种对氢气具有特异选择性的金属膜,游离态的氢气或氢原子进料侧以部分共价键的形式与钯结合,在膜内迁移至渗透侧释放。另外,无机分子筛(例如沸石和炭分子筛)的渗透性和选择性均明显高于有机聚合物膜,是气体分离的优良材料。由于分子筛内部的孔径非常狭窄且尺寸精确,因此它们能够筛分不同形状的气体分子,从而拥有良好的选择性。也可以对微孔无机材料进行改性,以提高一些特殊气体的溶解度系数。在这些改性材料中,表面流动和毛细凝聚作用增加了气体渗透性。早期的无机膜在50年前已经开始发展。康宁玻璃在19世纪40年代研发了一种孔径为20～40 μm的均匀多孔玻璃(Vycor)。20世纪六七十年代各种大孔径(Y型,X型,β型)、中等孔径(ZSM-5,FER)和小孔径(A型,SAPO-34)的沸石膜开始得到应用。

无机膜从材质结构上可以分为多孔膜和致密膜。多孔膜按其孔径尺寸可分为大孔(>50 nm)、介孔(2～50 nm)和微孔3种尺寸范围。不过一般习惯于从应用的角度分为大孔支撑体膜(>1 000 nm)、微滤膜(>50 nm)、超滤膜(2～50 nm)和纳滤膜(<2 nm)。20世纪70～80年代是无机膜的始发期,也是无机膜初步产业化的时期。那时的研制工作主要针对大孔膜和介孔膜。从20世纪90年代初至今,无机膜领域的研究主流转向到纳米膜或微孔膜材料的研制,并侧重于它们在气体分离、非水体系上的应用研究。出现稍晚但却发展迅速的分子筛膜成为实现高效渗透汽化的最佳膜材料。

从应用模式上看,以往通常仅注重于膜的孔径尺寸及其筛分分离效应。近些年来,研究工作者也越来越多地注意到膜在许多场合下可以作为有价产品的提取器、去除反应副产物的纯化器、反应剂的可控添加分散器、反应剂的扩散控制器和高效接触器等。基于氧离子-电子混合导体的致密透氧膜作为氧分离膜和催化膜反应器材料,以及陶瓷支撑钯合金超薄膜用于氢分离和脱氢、加氢膜反应器的研制是近几年来无机膜领域的重大进展。致密无机膜对气体的分离是依靠膜材料对被分离的气体分子独特的选择性透过,能够通过一次操作便实现100%分离。虽然致密无机膜进行气体分离目前仅限于用固体电解质材料和钯及钯基合金膜对氧气或氢气进行分离,因为它们对氧气或氢气具有独有的选择传输能力,然而幸运的是,在能源、化工、石油、环境等众多领域恰恰都涉及氧气和氢气这两种气体的分离、渗透和使用。致密无机膜的研究进展把无机膜与新型能源特别是纯氢燃料的获得、天然气部分氧化直接转化为合成气以及固体燃料电池发电装置等密切地结合在一起。固体燃料电池发电装置已成为无机膜学术会议和技术开发领域的新颖而又极为活跃的论题。

(1)炭膜

近年炭膜在气体分离膜上的研究取得了突破性进展。分子筛炭膜的气体分离能力远大于聚合物膜,在耐高温、耐有机溶剂及蒸汽、耐酸碱等性能上均优于聚合物膜。分子筛炭膜制备的关键是炭化过程。炭化过程一般在惰性气体或真空条件下进行。随着温度的升高,前驱体中的各种基团、自由基、杂环等发生分解聚合反应,表现为孔隙率的发展、孔径的扩大和收缩过程。炭化中的 CH_4,CO,H_2O,CO_2 等小分子物质的逸出,使其基本上具有适合于气体分离的孔。升温速率、终温及恒温时间对炭膜的分离性能有较大的影响。由聚酰亚胺聚合物前驱体炭化制得的分子筛炭膜有很好的气体分离性能。

因气体通过炭分子筛膜的分离为分子筛分机理,大分子被截留,小分子通过,故选择性很高。炭化聚合橡胶乳液可制得孔径为 50～55 nm 的炭分子筛膜,该炭膜可用于 H_2/CO_2 体系的分离。以色列 Temed 工业园炭膜公司将一种由聚合物中空纤维渗碳而制得的炭分子筛纤维膜应用于商业化的气体分离。这种膜可直接用于从半导体厂排放物中回收价格昂贵且受温室气体条例管制的氟化物气体,以 SF_6 测试,该炭膜的选择性为 1 000,操作温度为-150～170 ℃,压力高达 1 MPa。炭分子筛膜还可用于 3 次采油的 CO_2 浓缩、沼气中 CO_2 的分离。炭分子筛膜还可选用为氯气(Cl_2)分离膜,大分子的 Cl_2 被完全截留,使 Cl_2/O_2 分离的选择性理论上可达无限大。但由于 Cl_2 较易液化,易造成膜孔堵塞,分离操作必须在 200 ℃ 高温下进行,或配套采用膜再生工艺。

(2)多孔陶瓷膜

我国的无机膜研制始于 20 世纪 90 年代初,"九五"期间我国政府加大了投入,在"863"高技术计划、国家自然科学基金重点课题和国家科技攻关等项目经费的资助下,无机膜的研制取得了突破性进展和多方面的成果。南京工业大学膜科学研究所率先实现了陶瓷膜的产业化,在此基础上构建的"江苏久吾高科技有限公司"成为我国无机膜领域的龙头企业。近年来,基于中国科技大学无机膜研究所的研究成果,由兰州长城电工股份有限公司与中国科技大学实业总公司合资组建了"合肥长城新元膜科技有限公司",也已批量提供陶瓷分离膜制品,并同时承接膜分离技术工程,在陶瓷超微粉的化学制备、含油污水的处理、生物发酵过程等方面取得了成功的应用。陶瓷膜的特点之一是能耐受酸碱的侵蚀,事实上这是相对于有机高分子膜而言的,而且对无机膜也不能一概而论。金属膜不耐酸,玻璃膜不耐碱。氧化铝膜也只能在 pH=1~13 范围内工作。特别是在温热(膜操作过程中出现升温往往不可避免)的强碱性介质中仍不能长期运行。所以,研发具有更好的耐腐蚀性的陶瓷膜,例如从支撑体到分离膜都采用氧化锆或其复合材料,以便适应涉及强酸碱侵蚀环境和某些强腐蚀工业介质的分离工艺,已成为当务之急。

①多孔陶瓷微滤膜。多孔陶瓷微滤膜是最早产业化和形成规模化市场的无机膜。目前,国内外商品化的陶瓷微滤膜产品多为多孔氧化铝支撑体(平均孔径为1~15 μm)上制备一层或多层细孔分离膜层组成的非对称管式或板状结构。起分离功能作用的顶层膜,孔径为 0.05~1 μm。一般来说,陶瓷微滤膜在近几年来的进步基本上是性能和价格比上的提高和按用户的需求进行相应的改善。例如管状中空陶瓷纤维膜制造技术,是基于微细陶瓷粉体与高分子中空纤维膜制备技术相结合发展起来的,这一复合技术的成功不仅对膜面积/体积较大的陶瓷分离膜走向产业化来说是一个关键步骤,也为陶瓷膜制备增添了一种新技术。这种以多孔陶瓷中空纤维为载体用无电极电镀技术获得了厚度为 2~3 μm 的致密 PA 膜,在 350~450 ℃时 H_2 透过量达 70~100 $m^3/(m^2 \cdot h \cdot Pa)$,在 430 ℃经历了 800 h 的寿命实验,其 H_2 透过量仍保持 100 $m^3/(m^2 \cdot h \cdot Pa)$,$H_2/N_2$ 的分离系数超过 1 000,显示了良好的实用化前景。

②多孔陶瓷超滤膜。超滤膜是指孔径范围在 3~50 nm 的多孔陶瓷膜。溶胶-凝胶技术的出现使得这类无机膜的产业化成为可能。目前,主要是在多孔氧化铝微滤膜、多孔炭膜或多孔不锈钢支撑体上制备 γ 氧化铝、氧化锆或氧化钛超滤膜。20 世纪 80 年代,国外就有商品化产品供实验室应用研究和某些场合(特别是在需要提高操作温度的情况下)取代高聚物膜。从制备工艺上看,采用金属醇盐为前驱体的溶胶-凝胶法制作板状和管式的表面无针孔、裂纹等缺陷的 γ 氧化铝超滤膜并不困难。氧化钇稳定的氧化锆(YSZ)的热稳定性及抗化学腐蚀性均比氧化铝等陶瓷膜优越,它又是当前固体氧化物燃料电池广泛采用的固体电解质材料。由于陶瓷超滤膜的制造工艺复杂、成本高,一般情况下与高分子膜相比市场上难占优势。但其研究工作在不断深入和开拓,相信以后会有很多颇具新意的研究成果。

③多孔陶瓷纳滤膜。孔径小于 2 nm 的膜,称为纳滤膜。由于对分离

离子和小分子的需求,特别是在恶劣环境中的应用,近年来的研究工作更趋向于研制纳滤膜(或称微孔膜)。法国 CNRS 膜材料与膜过程实验室以异丙醇锆制备聚合物溶胶时加入有机络合剂乙酰丙酮(acacH),后者与醇盐形成混合络合物:

$$Zr(OR)_4 + acacH \longrightarrow Zr(OR)_3(acac) + ROH$$

在后续水解时,acac 基团起到一种阻挡层的作用,调整 acac 与 Zr 摩尔比可以保证形成细粒溶胶而避免出现沉淀。当 acac 与 Zr 摩尔比为 2 时,胶粒尺寸为 6 nm,经 500 ℃ 灼烧得到孔径为 1.4 nm、孔率为 18% 的纳滤膜。

在溶胶-凝胶制备微孔膜过程中加入模板剂分子,从而控制和剪裁孔尺寸或结构,特别是控制孔之间的构建结合方式即孔的曲折度,从而可以改变多孔膜的流体通量,尝试用模板法制备微孔氧化硅膜,300 ℃ 时的 H_2 渗透量达 $(2.0 \sim 7.0) \times 10^{-7}$ mol/(cm² · s · Pa),H_2/CH_4 二元系的分离系数为 132。用溶胶-凝胶法制备的 $\alpha\text{-}Al_2O_3$ 支撑的微孔氧化硅膜,浸入 TEOS 与 EtOH 质量比为 1:4 的溶液中,然后干燥灼烧。如此重复 3 次得到表面被修饰的氧化硅膜,孔径大约为 0.4 nm,具有筛分性能,$H_2/n\text{-}C_4H_{10}$ 分离比显著提高。将 10 支修饰过的管状膜组合成模块,进行工业气体分离实验,该模块甚至可以在 205 ℃ 的低温下工作。在溶胶凝胶实验室,曾将孔径小于 2 nm 的 ZrO_2 纳滤膜以稀硫酸(0.5 mol/L)浸泡改性,结果 308 K 的 H_2 渗透量为 $(2.8 \sim 3.0) \times 10^{-6}$ mol/(cm² · s · Pa),H_2/CO 的分离系数为 6。这些结果充分显示纳滤膜制备研究的进展为其在气体分离中的实用化奠定了基础。

(3)氢分离膜

致密陶瓷氢分离膜是一种基于高温质子导体的氢分离器件。它具有高的氢渗透选择性、良好的机械强度、低廉的材料成本和简单的加工制备工艺以及运作温区与传统金属氢分离膜互补等一系列突出优点。致密陶瓷氢分离膜及涉氢膜反应器在氢气分离和化工应用等方面已经越来越多地引起人们的兴趣与关注。致密陶瓷氢分离膜最主要的应用是从煤气和天然气重整后的含氢混合气体中将氢气分离出来,制备高纯氢气,提高氢气燃烧效率和加快涉氢反应的反应速率。致密陶瓷氢分离膜就是一个短路的浓差电池或者燃料电池,其渗透的驱动力来自于膜两侧的氢化学势梯度,不需要任何外加电源和外电路。根据电子电导来源不同,可以分成两类:一类是单相陶瓷氢分离膜,此类氧化物陶瓷是电子-质子的混合导体,同时能够传导电子和质子两种载荷;另一类是双相氢分离膜,由于质子导体材料不具有电子传导能力或者电子传导能力有限,从而引进电子导电相组成了双相氢分离膜。致密陶瓷氢分离膜的材料基础是质子导体材料,质子导体的种类繁多,性质迥异。质子导体的性质和研究直接决定了陶瓷等分离膜的发展和应用。目前质子导体存在的最主要问题是材料稳定性和质子电导率的矛盾:稳定的质子导体材料具有较低的质子电导和较差的烧结活性,高质子电导率的材料具有较差的抗二氧化碳和水的化学稳定性。这种矛盾在致密陶瓷氢分离膜中反映为两个方面的不足:低的质子电导导致氢分离效率不高,难以满足实际生产的要求;由于含氢气体中通常存在高浓度的二氧化碳和水蒸气,因此优越的抗二氧化碳和水蒸气性能又是致密陶瓷氢分离膜的必备条件。

铈酸锶($SrCeO_3$)是目前研究最多的氢分离膜材料。Eu,Yb 掺杂的 $SrCeO_3$ 是研究较多的氢分离膜材料。对于 $SrCe_{0.95}Eu_{0.05}O_{3-\delta}$ 的氢渗透性质研究表明,晶粒较小的薄膜有着更好的氢渗透性能。在干燥氢气下,1.72 mm 厚的 $SrCe_{0.95}Eu_{0.05}O_{3-\delta}$ 膜 850 ℃氢渗透速率是 3.19×10^{-9} mol/($cm^2 \cdot s$)。通过流延法和独特的成型工艺制备的多孔 $Ni-SrCeO_3$ 支撑的致密层为 30 μm 厚的 $SrCe_{0.9}Eu_{0.1}O_{3-\delta}$ 管状非对称膜,在体积分数为 97% 的 H_2 和质量分数为 3% 的 H_2O 为原料气条件下 900 ℃时氢渗透速率为 0.6 mol/($cm^2 \cdot s$),表明管状分离膜氢渗透速率受电子电导制约。钙钛矿型 $SrCe_{0.95}Yb_{0.05}O_{3-\delta}$ 氧化物在含水和含氢气氛下具有良好的质子导电性。$SrCe_{0.95}Yb_{0.05}O_{3-\delta}$ 厚膜在原料气氢分压为 2.525×10^4 Pa,900 ℃时的氢渗透速率是 6.8×10^{-9} mol/($cm^2 \cdot s$);氢分压增加到 0.1 MPa 时,氢的渗透速率达到最大的 1.4×10^{-8} mol/($cm^2 \cdot s$)。

铈酸钡($BaCeO_3$)体系的氢分离膜具有优越的氢渗透性能,也是研究较多的材料体系。然而 $BaCeO_3$ 同样存在化学性质不稳定的缺点,制约着它进一步的发展。通过 RuO_2 掺杂 $BaCe_{0.9}Y_{0.1}O_{3-\delta}$ 以改善其电子电导性能,制备的 $BaCe_{0.8}Ru_{0.1}Y_{0.1}O_{3-\delta}$ 氢分离膜,800 ℃时最大氢渗透速率为 6.5×10^{-8} mol/($cm^2 \cdot s$)。通过相转换法制备的 $BaCe_{0.95}Tb_{0.05}O_{3-\delta}$ 中空纤维管其氢渗透性能在体积分数为 50% 的 H_2/He 条件下,1 000 ℃时氢渗透速率高达 0.422 μmol/($cm^2 \cdot s$)。

(4)沸石分子筛

沸石分子筛是一类四面体骨架结构的无机微孔晶体,具有良好的热稳定性和化学稳定性,作为膜材料可以根据被分离物质的分子大小和形状,依靠分子筛规整的孔道实现分子筛分或择形扩散,可以获得很高的分离系数和渗透通量。沸石分子筛种类复杂繁多,目前作为膜材料研究的主要有MFI 型、LTA 型、FAU 型、CHA 型、MOR 型和 FER 型分子筛。其中 MFI 型(ZSM-5)沸石分子筛具有二维孔道系统,有效孔径为 0.55 nm,并有很高的热稳定性、高的抗酸性、水热稳定性以及优良的催化性能,是最具有开发潜力的分子筛膜。LTA 型(NaA 型)沸石分子筛膜孔径为 0.42 nm,对小分子气体有较好的分离效果,是很有前途的气体分离膜。由于分子筛晶穴内部存在较强的库仑电场和极性作用,为优良的路易斯酸,具有较好的催化作用。另外,沸石分子筛膜具有较强的亲水性,因而在有机物中脱水等领域很有应用潜力。表 3.2 列举了几种沸石膜作为分离膜在有机物分离方面的应用。

表 3.2　沸石膜作为分离膜在有机物分离方面的应用

沸石膜种类	形状	分离体系	通量/(μL · cm · cm^2 · h · Pa)$^{-1}$	分离系数
MFI 型		p-二甲苯 /m-二甲苯		15
ZSM-5	管状	i-丁烷/n-丁烷	36	
		己烷/2,2-二甲基丁烷		2 580
		氢气/i-丁烷		1 000
		氢气/丙烷		27.6
		氢气/丁烷		41.1
		己烷/2,2-二甲基丁烷		>10 000
		水/甲醇		8.4
		水/乙醇		31
B-ZSM-5	管状	水/2-丙醇		42
		水/丙醇		75
		水/丙酮		330
Morderite	管状	水/乙酸	0.658	>250
NaA 型	管状	水/四氢呋喃		>20 000
		水/乙醇	2.35	>5 000

一般而言,从有机物和气体分离研究情况看,沸石膜虽然可以获得较高的分离系数,但分离效果仍未达到理想程度,主要原因是由于沸石膜是

49

由沸石晶粒的堆积和连片生长而成,沸石晶粒之间存在缝隙,分子动力学直径大于分子筛孔道直径的分子可以从晶隙渗透,降低了分离系数。

(5)玻璃膜

常用的气体分离玻璃膜采用酸沥法制备,借助化学气相沉积(CVD)技术,用无机物或有机物进行表面改性,可制成具有超微细孔径(<1 nm)分离膜。在 Vycor 玻璃膜的孔内沉积一层无定形硅膜的技术已有报道,提高了气体分离的选择性,可用于酸性气体及 Cl_2 的分离。除一般无机膜的优点外,玻璃膜还具有良好的加工性,可制成中空玻璃纤维膜,在膜组件中有很高的装填密度。日本大阪工业技术研究所进行了玻璃分离膜的开发,用于对发电、石油冶炼等工业产生的有害废气 SO_2,CO_2 等的分离处理。纯玻璃膜和经有机硅表面修饰的玻璃膜对气体有不同的分离效果。当玻璃膜孔径较大,无修饰改性层的玻璃膜选择性低但气体透过率较高,可高温操作,不堵孔;而经表面修饰的玻璃膜对极性大分子具有很好的选择吸附作用,分离系数高。因极性分子的选择渗透性随温度上升而下降,操作需维持在低温进行,此时可能发生玻璃膜孔内凝聚而导致堵孔。

(6)微孔 SiO_2 膜

微孔 SiO_2 膜应用于气体分离领域已成为当今能源化工领域的研究热点之一,其中天然气脱除 CO_2 气体引起人们的广泛关注。微孔 SiO_2 膜具有化学稳定性好、气体渗透通量大、选择性高等优点。1989 年,人们利用 SiO_2 膜高效分离 CH_4/CO_2 混合气体。普通微孔 SiO_2 膜表面存在大量 Si—OH,极易吸附环境中的水蒸气造成膜孔坍塌,限制其在气体分离领域中的应用。目前主要通过加入烷基化试剂引入疏水基团和掺杂过渡金属离子形成新的复合氧化物网络结构这两种方法提高 SiO_2 膜的水热稳定性。如通过模板法用甲基三乙氧基硅烷将疏水基团引入硅溶胶中,有效降低了 SiO_2 膜的吸水性。科研人员也将铌、钴、镍等元素掺杂到 SiO_2 膜中来改善其气体分离性能。铌掺杂的 SiO_2 膜具有比纯 SiO_2 膜更好的热稳定性,200 ℃时放置 70 h 后,纯 SiO_2 膜 H_2 渗透量降低了 73%,而铌掺杂的 SiO_2 膜 H_2 渗透量只降低了 32%。钴元素掺杂的 SiO_2 膜中形成了一种新的骨架结构,相比纯 SiO_2 膜,一定程度上抵御了水汽环境对膜的影响,显示出金属掺杂材料应用于工业气体分离领域的潜能。Ni 掺杂的 SiO_2 膜,经过高温处理后可有效防止由于高温引起的薄膜骨架结构致密化,在 500 ℃下 1 周后仍能维持 4.6×10^{-7} mol/($m^2 \cdot s \cdot Pa$)的高 H_2 渗透系数和 400(H_2/N_2)的分离系数。也可用正硅酸乙酯(TEOS)为前驱体,六水合硝酸镍($Ni(NO_3)_2 \cdot 6H_2O$)

为镍源,采用溶胶凝胶法制备 Ni 掺杂 SiO_2 膜。质量分数为 10% 的 Ni 掺杂 SiO_2 膜具有良好的微孔结构,孔径为 1.16 nm,孔隙率为 64.9%。CH_4 和 CO_2 的气体通量分别为 $1.56×10^{-7}$ μL·cm/$(m^2·h·Pa)$ 和 $0.64×10^{-7}$ μL·cm/$(m^2·h·Pa)$,分离系数达到 2.43。

(7)金属及其合金膜

金属材料可以分为致密金属材料和多孔金属材料。

致密金属膜是无孔的,气体透过致密金属膜是通过溶解-扩散或离子传递等机理进行的。致密金属材料的特点是对某种气体具有很高的选择性。致密金属膜材料主要分为以下两类:

一类是以 Pd 和 Pd 合金为代表的能透过氢气的金属及其合金膜。Pd 的特点是在常温下可溶解大量的氢气,可以达到自身体积的 700 倍。在真空条件下加热到 100 ℃时,Pd 又把溶解的氢气释放出来。如果在 Pd 膜两侧形成氢气分压差,氢气就会从压力较高的一侧向压力较低的一侧渗透。纯 Pd 在多次吸附-解吸附循环过程中有变脆的趋势,所以 Pd 合金的使用更为广泛。由于氢气渗透通量与 Pd 膜的厚度成反比,且制备超薄膜可降低生产成本,所以近年来 Pd 膜的研究主要集中在超薄膜的制备、性能及其应用等方面。

另一类致密金属膜材料是能透过氧气的 Ag 膜。氧在 Ag 表面不同部位发生解离吸附,溶解的氧以原子形式扩散通过 Ag 膜。由多孔金属材料制成的多孔金属膜,包括 Ag 膜、Ni 膜、Ti 膜以及不锈钢膜等。目前由多孔金属材料制成的多孔金属膜已有商品出售,其孔径范围一般为 200 ~ 500 nm,厚度为 50 ~ 70 μm,孔隙率可以达到 60%。与致密金属膜相比,多孔金属膜的渗透率大大提高。多孔金属膜由于孔径较大,在工业上经常作为微孔过滤膜和动态膜的载体。由于这些材料的价格较高,所以在工业上大规模使用还受到限制,但作为膜反应器材料,其催化和分离的双重性能正在受到重视。

3.1.3 有机-无机复合膜材料

由于有机材料具有高柔性、可加工性、资源多及品种多,无机材料具有高强度、高韧性、高稳定性、高刚性等优点,于是在 20 世纪 80 年代中期,许多研究者提出将无机材料添加到高分子聚合物膜材料中,制备兼具有机、无机气体分离膜优点的复合膜。有机-无机复合膜在有机基体中引入无机组分,可增强膜的机械强度,提高膜的热稳定性,改善和修饰膜的孔结构和分布,提高膜的耐溶剂性,调整亲-疏水平衡,控制膜溶胀,提高膜的选择性和渗透性。而所选用的无机材料大部分为纳米级的粒子,无机纳米粒子负载在有机高分子聚合物中,也解决了纳米粒子在物理、化学方面的不稳定性,从而有利于从材料上改进复合膜的分离性能。这种复合膜材料已成为高分子材料科学和膜材料制备等领域的研究热点。

有机-无机复合膜按有机组分、无机组分间的相互作用类型,可分为以下两大类:

一类是有机、无机组分间以次价键(范德华力、氢键等)结合的复合膜。在此类复合膜中无机组分分散在有机主体相中,组分间以次价键相连接,即无机组分简单地包埋于有机基体中,形成无机组分均匀分散的有机-无机复合膜。这类复合膜主要是无机粒子填充有机聚合物膜,也有以正硅酸乙酯(TEOS)为前驱体用原位聚合法制备的聚酰胺基-6-环氧乙烷(PEBAX)/二氧化硅复合膜和相转化法制成的聚砜(PSF)/二氧化锆复合超滤膜。

另一类是有机、无机组分间以化学键(如共价键、离子-共价键)结合的复合膜。在这类复合膜中,有机-无机组分间通过强的化学键紧密结合形成相容性良好的复合膜材料,改善了单一膜材料的性能。根据成膜方式和微观结构可分为以下 3 类:

①有机和无机前驱体在制膜过程中发生反应(脱水缩合)形成共价键或离子键,可制备分子水平的均相复合膜或纳米级的复合膜,如有机/硅复合膜、有机/TiO_2复合膜、有机/ZrO_2复合膜。

②官能化的无机纳米粒子与有机相通过共价键、离子键结合而形成的复合膜。无机粒子均匀分散,且与有机链形成紧密连接,增加相容性,减少了界面的缺陷。如用磺酸功能化的纳米硅粒子与壳聚糖用溶液铸膜法制备的壳聚糖/硅复合膜,磺酸基和羟基与氨基和羟基形成氢键,脱水缩合成共价键,从而形成无机粒子与有机相的紧密结合的纳米复合膜材料。

③在高表面积无机材料上嫁接有机基团制备反应型复合膜,能充分利用有机层的高分离性能和无机层良好的物化性能。例如三甲基氯代硅烷表面改性陶瓷膜、烷基三氯硅烷表面改性 Al_2O_3 膜、SiO_2 表面嫁接聚乙烯吡咯烷酮、十八烷基三氯代硅烷改性 Al_2O_3 膜、用等离子聚合法在多孔玻璃上嫁接甲基丙烯酸酯等。

用于气体分离的有机-无机复合膜材料,一般是在有机网络中引入无机质点,结合了有机组分和无机组分的优良性能,同时也呈现出一些新的性能,最终达到提高选择性和渗透性的目的。目前有机-无机复合膜材料

面临的主要问题和研究热点包括:

①基础理论研究不足,主要是复合膜中有机组分与无机组分中的连接方式研究不透彻,存在争议;无机组分的选材缺乏理论指导。

②无机组分源单一。目前已研究的无机组分主要是硅系、银离子、钛离子和锆离子等,如何有日的地选择其他无机组分来制备性能更优异的膜材料,也是目前的一个重要的问题。

③影响复合膜结构和性能的因素研究得不透彻。以后需加强这些方面的研究和投入,希望在不久的将来能制备出性能更优异的复合膜材料。

④有机相和无机相间相互作用较弱,所制得的膜稳定性较差。尽管已有研究者采用不易挥发的离子液体对其进行改性,但其复合材料的制备较复杂且其分离性能并不理想。聚合物与无机粒子之间的相容性对复合膜分离性能的影响很大,一定的无机含量有利于聚合物性能的改善,但随着无机组分含量的加大,无机粒子团聚的趋势也增大,具体表现为形成的颗粒粒径增大而且不均匀,有机组分与无机组分之间分离程度也会增加,相容性变差。较差的组分相容性将导致无机粒子周围存在许多孔穴,这些孔穴的存在降低了渗透组分的选择性。

⑤选择层较厚,影响膜的渗透性能和分离系数。

⑥难以找到合适的粒子尺寸。当无机粒子的尺寸达到纳米级别时,其形状、性能均会发生明显变化,严重影响膜的分离性能。

⑦新型有机、无机组分的探索。

3.2　气体分离膜的制备

膜分离过程中用得最多的是非对称膜。有机高分子非对称分离膜分为非对称膜和复合膜两类。非对称膜的致密层和多孔支撑层是同一种膜材料,多数情况下是在制膜过程中一次成型的。影响膜性能的工艺参数主要有溶剂、铸膜液浓度及其组成、凝胶液浓度及其组成等。复合膜是先制成多孔支撑层,再在其表面覆盖一层超薄致密皮层。超薄致密皮层起分离作用,其材料多数与支撑层不同,根据膜过程和被分离物来选择。复合膜的制备方法有高分子溶液涂敷、烧结法、溶胶-凝胶法、熔融法、刻蚀法、相转化法、界面缩聚、原位聚合、等离子体聚合、水上延伸法、动力形成法等。在气体分离膜的实际制备过程中,特别是在复合气体分离膜制备的过程中,为了能得到性能更加优越的分离膜,以上方法经常组合应用。下面介绍一些生产和实验上经常用到的制膜方法。

3.2.1　相转化法

相转化法是最常用的制膜工艺,是利用铸膜液与周围环境进行溶剂、非溶剂传质交换,原来稳态溶液变成非稳态而产生液–液相转变,最后固化形成膜结构。工业上应用的分离膜都是非对称的,相转化法是制造非对称膜的主要工艺。常用的相转化法有气相凝胶法、蒸发凝胶法、热凝胶法、湿法制膜、干法制膜和干–湿法制膜。

(1)气相凝胶法

把包含聚合物和溶剂的铸膜液与非溶剂气相接触,由于非溶剂被吸收到铸膜液内,使铸膜液变为非稳态,发生液–液相转化而成膜。气相凝胶法通常用来制造多孔膜。

(2)蒸发凝胶法

把包含聚合物、低沸点溶剂和非溶剂的铸膜液暴露在空气中,随着溶剂蒸发,铸膜液中非溶剂浓度不断增加,当铸膜液进入非稳态时,产生液–液相分离而形成膜。蒸发凝胶法可以得到具有致密皮层和多孔支撑层的非对称膜。

(3)热凝胶法

热凝胶法是利用一种潜在溶剂,该溶剂在提高温度时,可与聚合物共同配制成均相铸膜液;而在较低温度时,它又是非溶剂,发生沉淀、分相。潜在溶剂可以是单一溶剂,也可以是溶剂与非溶剂组成的混合溶剂。当铸膜液冷却到一定温度时,将产生热相转变,形成微孔结构,冷却速度是决定孔结构的关键因素。用热凝胶法可连续制造平板膜,即把热聚合物溶液浇铸到被水冷却的滚筒上,引起聚合物沉淀,然后送入醇浴萃取出膜内溶剂,最后用激光照射进行修整制得。

第一个应用热凝胶法制备的微孔膜应用于工业生产的是微孔聚丙烯和聚偏氟乙烯膜。微孔聚丙烯膜的制备方法如下:将聚丙烯溶解在 N,N–双(2–羟乙基)脂肪胺中,二者在 $100 \sim 150$ ℃时形成澄清溶液,当冷却时聚合物和溶剂发生相分离,形成微孔结构。如果冷却速度慢,形成相互连贯的大孔结构;如果冷却、沉淀速度快,则形成较细小的花边状孔结构。因此,冷却速度是决定膜最终结构的关键参数。

(4)湿法制膜

湿法制膜是把事先配制好的铸膜液在支撑体上流延后,立即浸入凝胶浴中成膜。用湿法相分离制得的膜一般是皮层有孔的非对称膜,适合用作复合膜的底膜。

（5）干法制膜

干法制膜是最简单的制膜方法。它是将铸膜液铺展在支撑体上（如玻璃板、聚四氟乙烯板或聚酯无纺布等），待溶剂蒸发后，即可制得膜。干法制膜可用于制造致密膜和非对称多孔膜。

（6）干-湿法制膜

干-湿法制膜是由 Loeb 和 Sourirajan 提出的，所以也称 L-S 法。1962 年，Loeb 和 Sourirajan 首先用干-湿法得到醋酸纤维素反渗透膜，该膜具有非对称结构。非对称醋酸纤维素膜的研制成功是膜技术发展史上的一个里程碑，提高了人们对膜结构的认识。

干-湿法制膜工艺过程包括以下 3 个基本制膜步骤：

①配制铸膜液。铸膜液中通常包含聚合物、溶剂、非溶剂。一般要求溶剂和非溶剂可以任何比例互溶。

②铸膜液刮在玻璃板上，制成具有一定厚度的初生膜或用纺丝设备纺成中空纤维初生膜。

③初生膜在空气中暴露一定时间后，随即进入沉淀浴，浴中非溶剂向膜相内扩散，同时初生膜中溶剂向沉淀浴外扩散，在膜相与浴相界面上发生溶剂、非溶剂传质交换，使初生膜中非溶剂浓度增加，产生非稳态，导致液-液相分离。如果溶剂外扩散速率大于非溶剂内扩散速率，膜界面上聚合物浓度提高，表面将形成高浓度聚合物致密层。致密层的形成使溶剂外扩散速率下降，使膜液内聚合物浓度降低，形成多孔支撑层。随着溶剂与非溶剂不断交换，液-液相分离后的膜液进入玻璃化转变区，产生玻璃化转变而形成固态，最后得到具有表皮层致密、底层疏松多孔的非对称膜。

3.2.2 对称膜的制备

对称膜分为致密对称膜和微孔对称膜。

（1）致密对称膜的制备

致密对称膜的通量太低，其在工业上很少得到应用。它主要用于在实验室研究膜材料和膜性能。其制备方法主要有以下两种：

①溶剂浇铸法。用浇铸刀或压延棍，将适当的聚合物溶液在平整的玻璃板或不锈钢板上流延成膜，然后让溶剂蒸发，在板上形成均匀的聚合物薄膜。制膜液应该有合适的黏度，通常聚合物的质量分数为 15% ~ 20%。溶解聚合物用的溶剂沸点不易太高，否则蒸发时间太长，浇铸的膜液会吸收空气中的水分，使聚合物产生部分沉淀，形成有暗斑的膜面。

②熔压法。许多聚合物不溶于适于流延的溶剂中，如聚乙烯、聚丙烯、

尼龙,可用熔压法制膜。即把聚合物置于两个加热板间,在 14～35 MPa 高压下保持 0.5～5 min。加热温度应在聚合物熔点以上,最好将温度控制在一定厚度聚合物完全融化形成膜所需的最低温度。如果聚合物内含空气或为颗粒状,应先将其碾细。为防止膜粘在压膜板上,可在两模板上衬以特氟龙(Teflon)薄膜或玻璃纸。

(2)微孔对称膜的制备

①光辐照法(核刻蚀法)。光辐照法制造的微孔膜称为核径迹膜,也称为毛细管孔膜。这种膜的制造过程分两步。首先均质聚合物膜置于核反应器的荷电离子束照射下,核电粒子通过膜时,打断了膜内聚合物的链节,留下感光径迹;然后膜通过一刻蚀浴,其内溶液优先刻蚀掉聚合物中感光的核径迹,形成孔。膜受照射时间的长短决定了膜孔数目,刻蚀时间的长短决定了孔径大小。这种膜的特点是孔径分布均匀,孔为圆柱形毛细管。聚碳酸酯和聚乙酯已经制备成核径迹膜。

②延伸法。对结晶态聚合物可采用定向拉伸的方法制备微孔膜。首先要制取高度定向的结晶态聚合物,方法为在接近聚合物熔点温度下,挤压聚合物膜,并配合以很快的拉出速度;冷却后对膜进行第二次延伸,使膜的结晶结构受损,产生 $(200～2\,500) \times 10^{-10}$ m 的裂隙。这种膜多用聚乙烯、聚丙烯、聚四氟乙烯之类的热塑性制成。这种材料化学稳定性好,多为疏水性材料。

3.2.3 复合膜的制备

制造复合膜的方法很多,主要有溶液浇铸法、等离子聚合法、界面聚合、原位聚合、水上延伸法、单体催化聚合、溶液浸涂或喷涂等。其中溶液浇铸法在气体分离膜的制造中应用较多。

(1)溶液浇铸法

溶液浇铸法是制造复合膜的重要方法,将溶解了起分离作用的表皮层材料的制膜液浇铸于微孔支撑膜上,待溶剂蒸发后,即在支撑膜上形成厚度为 0.5～2.0 μm 的表皮层。目前,大多数溶液浇铸复合膜采用的技术为:将聚合物溶液直接浇铸到多孔支撑膜上。重要的是支撑膜表面必须干净、无缺陷、孔非常细,以防止制膜液渗入孔中。

(2)等离子聚合法

等离子聚合法制膜过程的步骤如下:在 6.67～13.3 kPa 下引入 He,Ar等惰性气体,用 2～50 MHz 高频电场产生等离子,然后引入单体蒸气,控制总压为 26.7～40.0 Pa。基膜在以上条件下保持 1～10 min,基膜上面即可沉积一超薄聚合物膜。等离子聚合膜最初用于电绝缘和保护涂膜,现在已经有不少研究者应用这种方法制造出选择性透过膜。例如 H_2/CH_4 分离系数为 300 的等离子复合膜,O_2/N_2 分离系数为 5.8 的等离子复合膜。等离子复合膜还可以做得非常薄,会具有很高的通量。

如图 3.22 所示为利用反应器外线圈放电而实现等离子体聚合的一种设备,常称为无电极发光放电。反应器压力为 $10 \sim 10^3$ Pa。一进入反应器就发生电离。分别进入反应器的反应物由于与离子化的气体碰撞而变成各种自由基,它们之间发生反应,所生成产物的相对分子质量足够大时便会沉积出来。通过严格控制反应器中单体的浓度可以制备出 50 nm 厚的薄膜。由于影响膜的因素很多,包括聚合时间、真空度、气体流量、气体压力和频率等,所制备的聚合物薄膜的结构通常很难控制。

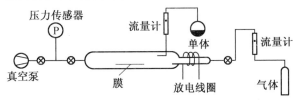

图 3.22 等离子体聚合设备

(3)界面聚合

界面聚合是利用两种反应活性很高的单体或预聚物,在两个不互溶的溶剂界面处发生聚合反应,从而在多孔支撑体上形成一薄层。具体操作是将支撑体浸入含有活泼单体或预聚体水溶液中,然后将此膜浸入另一个含有另一种活泼单体的与水不溶的溶剂中,则两种活泼单体在两相界面处会互相反应,形成致密的聚合物皮层。通常这种制备方法需要进行热处理,使界面反应完全,并使水溶性单体或预聚体交联。

(4)原位聚合

原位聚合又称单体催化聚合,它是将支撑体膜浸入含有催化剂并在高温下能迅速聚合的单体稀溶液中,取出支撑体膜并除去过量的单体稀溶液,然后在高温下进行催化聚合。

(5)水上延伸法

气体的渗透量与分离膜的厚度成反比。对于各种膜材料来讲,不论其渗透性多好,若不能做成超薄膜,仍然缺乏实用性。而高分子膜超薄化的极限是高分子单分子膜的厚度。美国通用电气公司首先开发出了将聚硅氧烷-聚碳酸酯共聚体溶液在水面上展开而制得超薄膜的方法,即水上延伸法。该方法的原理是把少量聚合物溶液倒在水面上,由于表面张力的作用使其铺展成薄膜层,待溶剂蒸发后就可以得到固体薄膜。这层薄膜非常薄,只有数十个纳米,机械强度差,不能直接使用,通常是把多层膜覆盖到多孔支撑体膜上,制成累积膜。

水上延伸法制膜工艺可分为间歇法和连续法两种。

①间歇法。

间歇法制膜工艺如图 3.23 所示。首先把聚合物溶液注入聚四氟乙烯隔离棒 2,3 之间,然后移动隔离棒 2 使聚合物溶液在水面上延展,待溶剂蒸发掉后形成膜;然后再把它覆盖在多孔支撑体底膜上,即得分离膜。用该方法可以制备厚度为 15 nm 的膜。这种膜由于强度差且存在针孔等缺陷,因此在实际上一般做成 0.1 μm 厚的累积膜。

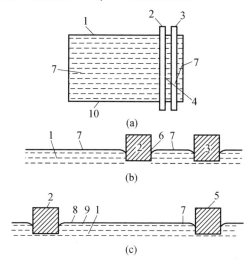

图 3.23 间歇法制膜工艺示意图

1—水;2,3,5—聚四氟乙烯隔离棒;4—聚合物槽;
6—聚合物溶液;7,9—水面;8—薄膜;10—水槽

②连续法。

图 3.24 为日本松下电气公司开发的连续法制膜工艺示意图。此装置的优点是可以采用水上展开法连续生产薄膜,但是由于所制得的膜产品是单层薄膜,所以在膜强度和针孔问题方面并不理想。反复多层制膜的连续成膜方法,所得膜的厚度为 50～200 nm,支撑体是微多孔膜,其孔径通常在 0.5 μm 以下。水上延伸法用简单装置可制造出很薄的膜,但是在连续制膜过程中水面污染会导致表面张力改变,使制膜过程稳定性变差。另外

制膜速度太快,产生的水面波动使得膜薄厚不均匀,影响膜的性能。

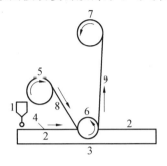

图 3.24　连续法制备膜工艺示意图
1—聚合物溶液;2—水面;3—水槽;4—超薄膜;
5,6,7—辊筒;8—多孔支撑体;9—分离膜

3.2.4　无机膜的制备

(1)化学提取法

将固体材料进行某种处理后,使之产生相分离,其中一相可用化学试剂提取除去,形成多孔结构,不同材料可采用不同的提取方法。

①多孔玻璃膜。将硼硅酸盐玻璃拉成 50 μm 左右的中空细丝,经热处理分相,形成硼酸盐相和富硅相。其中硼酸盐相可由强酸提取除去,制得富硅的多孔中空玻璃丝,孔径一般为 150 ~ 400 nm。

②阳极氧化法。室温下将高纯金属薄片在酸性介质中进行阳极氧化,再用强酸提取,除去未被氧化部分,制得孔径分布均匀且为直孔的金属微孔膜。例如电介质为硫酸、草酸及磷酸时,铝箔可制备成氧化铝膜,孔径的大小和结构可通过电压来控制,孔径一般在十几到几百个纳米之间。

(2)溶胶-凝胶法

通常以金属醇盐为原料,经有机溶剂溶解后在水中通过强烈快速搅拌进行水解,水解混合物经脱醇后,在 90 ~ 100 ℃ 以适量的酸使沉淀溶胶,溶胶经低温干燥形成凝胶,控制一定的温度与湿度继续干燥制成膜。凝胶膜再经过高温焙烧制成具有陶瓷特性的氧化物膜,如图 3.25 所示。以此方法制造的无机陶瓷膜孔径可达 $(10 \sim 1\ 000)\times10^{-10}$ m,适用于气体分离膜的制备。常用的醇盐有 $Al(OC_3H_7)_3$,$Ti(i-OC_3H_7)_4$,$Zr(i-O_3H_7)_4$,$Si(i-OC_3H_5)_4$,$Si(OCH_3)_4$。严格控制醇盐的水解温度,溶解和凝胶的干燥温度和湿度,以及凝胶的焙烧温度和升温速度,可得到窄孔径分布和大孔隙率的膜。氧化铝膜、氧化锆膜、氧化钛膜、二氧化硅膜和沸石膜都可用溶胶–凝胶法制备。

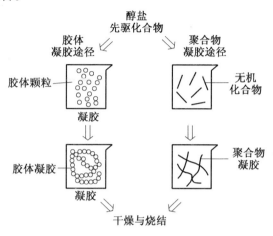

图 3.25　溶胶–凝胶过程制备陶瓷膜示意图

（3）高温分解法

高温分解法制备的膜又称为分子筛膜，是近年来无机膜领域中很有开发前景和工业应用前途的一种新膜。由纤维素、酚醛树脂、聚偏氯乙烯之类的聚合物制得膜，在高温下分解可制成分子筛炭膜。制备过程可分为两步：首先将聚合物膜在惰性气体或真空保护下加热至 500～800 ℃，使聚合物链断裂，释放出小分子气体，聚合物膜形成高度多孔膜，但这些孔多为非贯通的封闭孔。然后在氧化气氛下活化或氧化燃烧，以得到两侧开孔的贯通膜。

活化步骤是制备分子筛炭膜的关键。控制不同的活化程度可以得到不同孔径的分子筛炭膜。据报道，用于气体分离分子筛炭膜的最佳孔径为 0.3～0.52 nm，如果两种被分离气体分子直径仅差 0.02 nm，则其透过率之比可达 100。

（4）固态粒子烧结法

将加工成一定细度的无机粉粒分散在溶剂中，加入适量无机黏结剂、塑化剂等制成悬浮液，然后成型制得由湿粉粒堆积的膜层，最后干燥及高温焙烧，使粉粒接触处烧结，形成多孔无机陶瓷膜或膜载体。

参考文献

[1] 陈勇.气体膜分离技术与应用[M].北京:化学工业出版社,2004.

[2] XU Z,DANNENBERG C,SPRINGER J,et al. Novel poly(arylene ether) as membranes for gas separation[J]. Journal of Membrane Science,2002, 205:23-31.

[3] 陈桂娥,许振良. 聚醚酰亚胺中空纤维气体分离膜及结构[J]. 膜科学与技术,2003,23:1-4.

[4] 徐仁贤. 气体分离膜应用的现状与未来[J]. 膜科学与技术,2003(4):123-128.

[5] 刘迪,任吉中,邓麦村. 聚醚共聚酰胺复合气体分离膜的制备与分离性能[J]. 膜科学与技术,2010(3): 44-49.

[6] SRIDHAR S,SURYAMURALI R,SMITHA B,et al. Development of crosslinked poly(ether-block-amide) membrane for CO_2/CH_4 separation [J]. Colloids and Surfaces A: Physicochemical and Engineering Aspects, 2007,297: 267-274.

[7] 孟广耀,董强,刘杏芹,等. 无机多孔分离膜的若干新进展[J]. 膜科学与技术,2003(4):261-268.

[7] UHLMANND, LIU S, LADEWIG B P, et al. Cobalt-doped silica membranes for gas separation[J]. Journal of Membrane Science,2009,326: 316-321.

[8] 谭婷婷,展侠,冯旭东,等. 高分子基气体分离膜材料研究进展[J]. 化工新型材料,2012,10: 4-5.

[9] 刘茉娥. 膜分离技术[M]. 北京:化学工业出版社,2003.

[10] 张秋根,周国波,刘庆林. 有机-无机杂化分离膜研究进展[J]. 高分子通报,2006,11: 52-57.

[11] 张春芳,赖傲楠,白云翔,等. EVA38/Tween20 凝胶气体分离膜的制备及其性能[J]. 化工进展,2013(5): 996-1000.

[12] 李雪娃,赵世雄,吴斌,等. 电场辅助制备多壁碳纳米管/聚苯乙烯复合膜的气体分离性能[J]. 化工学报,2014(1): 337-345.

[13] 丑树人,任吉中,李晖,等. 高性能聚醚酰亚胺中空纤维气体分离膜的制备与分离性能[J]. 膜科学与技术,2010(3): 21-26.

[14] 赵红永,曹义鸣,康国栋,等. 聚氧化乙烯气体分离膜的发展[J]. 膜科学与技术,2011(3):18-24.

[15] 李文秀,李丹丹,郑立娇,等. 镍掺杂 SiO_2 膜的制备及 CH_4/CO_2 气体分离性能[J]. 硅酸盐学报,2014(3): 416-422.

[16] 邓立元,钟宏. 酸性侵蚀性气体分离膜材料研究及应用进展[J]. 化

61

工进展,2004(9):958-962.

[17] 宫晓娜,朱利平,徐又一,等. 碳纳米管在分离膜材料中的应用[J].
膜科学与技术,2011(5):89-93.

[18] 王雁北,任吉中,邓麦村. 一种新型固体聚合物电解质复合气体分离
膜的制备及气体透过性能的研究[J]. 膜科学与技术,2011(4):7-
12.

[19] 程志林,晁自胜,林海强,等. 碱金属盐对 ZSM-5 分子筛晶化的影响
[J]. 无机化学学报,2003(4):396-401.

第4章 气体分离膜的结构、性能及测定

4.1 气体分离膜的结构

不同的气体分离膜,由于所用材料、制备工艺和后处理等方面的不同而各有差异,这主要有均相和异相、对称和不对称、致密和多孔等结构的差异。膜本身包括表层、过渡层和下层,以及它们的结构、厚度、孔径及其分布、孔的形状和孔隙率等。不同结构的膜其性能也不相同,因此熟悉、了解膜的结构对于制备和应用气体分离膜是非常重要的。

（1）均相膜和异相膜

分离膜各处的组成都相同,呈现单一相,是均相膜。涂浆法制备的离子交换膜、人工肾用的透析膜等即为均相膜。如果形成膜的整个材料不是单一相的膜称为异相膜。离子交换树脂粉加上黏合剂和增塑剂后,热压所形成的膜即为异相膜。

（2）对称膜和不对称膜

在观测膜的横断面时,若整个断面的形态结构是均一的,则为对称膜,例如大多数的微孔滤膜和核孔膜。如果断面的形态呈现不同的层次结构,则为不对称膜。例如 Loeb-Sourirajan 型醋酸纤维素膜,它是由皮层、微细孔的过渡层和较大的开孔结构的下层构成的。

（3）致密膜和多孔膜

致密膜一般是指结构最紧密的膜,其孔径在 1.5 nm 以下,膜中的高分子以分子状态排布。多孔膜则是结构较疏松的膜,孔径为 3～100 nm,膜中的高分子绝大多数是以聚集的胶束存在和排布。玻璃纸和大多数的超滤膜可以认为是致密膜。

（4）复合结构和镶嵌结构

复合结构是指在多孔的支撑膜上复合一层很薄的、致密的、有特殊功能的另一种材料的膜层。如反渗透用的芳香族聚酰胺复合膜,是在聚砜支撑膜上用界面聚合的方法附上一层交联的聚酰胺极薄层。气体分离用的中空纤维复合膜,也是在多孔的聚砜中空纤维上涂覆一薄层的硅橡胶而制成。镶嵌结构是指一种聚合物分布在另一种聚合物的基体中,或者两者互

为基体。

（5）膜孔径

气体分离是依据溶解–扩散机理进行的，如果膜上有孔存在，将导致膜分离性能下降。如采用复合膜，太大的孔会使涂层堵孔变得困难。因此，膜孔径的大小对膜性能至关重要。孔的结构是多种多样的，不同的膜有不同的孔结构，有时即使同一张膜也具有不同的孔结构，这就决定了膜的不同形态。从孔的类型来讲，有网络孔、聚集孔、海绵状孔、针状孔、锥状孔、密闭孔和开放孔等。

通常聚合物膜上的孔都不是单一孔径，具有孔径分布，它们在一定程度上反映了孔的大小。孔径分布是指膜中一定大小的孔的体积占整个孔体积的百分数，由此可以判别膜的好坏，即孔径分布窄的膜比孔径分布宽的膜要好。大多数孔径分布可用高斯分布描述。膜孔径的测定可用透射电子显微镜或扫描电子显微镜来观察孔的几何形状，确定孔的分布。原子力显微镜经常被用来测定膜表面孔的大小、形态以及表面粗糙度等。

膜孔径的测量方法除了电子显微镜外，还有很多其他测量方法，例如压汞法、泡压法、流体滤速法、截留相对分子质量法等。下面简单介绍其中两种方法。

①压汞法：基本原理是依据毛细孔与表面张力间的关系来表示孔径分布与压力和体积变化的关系。

孔径为

$$r = 2\sigma\cos\theta/p$$

式中　σ——汞的表面张力；

　　　θ——汞对固体的接触角；

　　　p——压力。

②流体滤速法：该法基于 Hagen – Poiseuille 定律。孔径为

$$r = \sqrt{\frac{8J\eta d}{V_r\Delta P}} \tag{4.1}$$

式中　J——渗透速率；

　　　η——渗透液黏度；

　　　d——毛细孔长度；

　　　ΔP——应用压力；

　　　V_r——膜的孔隙率，$V_r = n\pi r^2$。

（6）膜孔隙率

孔径、孔径分布仅表示孔的大小和差别，并没有反映孔的多少，孔的多

少要用孔隙率来描述。膜孔隙率通常定义为单位膜面积上孔隙所占面积的比例。孔隙率的大小直接影响膜分离性能。根据阻力模型计算,当膜孔隙率为 10^{-6} 时,分离系数很低,基本上呈孔流现象,即使使用涂层堵孔,其分离性能也没有明显提高。常用测定膜孔隙率的方法主要有压汞法、气体渗透法和液体转换法等。其中,气体渗透法比较适合气体分离膜的孔径和孔隙率测定。该法主要是把气体透过膜可考虑的 3 种机理即气体分子在膜中滑移的黏性流、分子扩散流和溶解 – 扩散流的渗透速率,针对不同情况进行组合和计算出来的。

干、湿膜质量差法是分别测定湿、干膜的质量 W_1 和 W_2,则孔隙率为

$$V_r = \frac{(W_1 - W_2)\rho}{V} \times 100\% \tag{4.2}$$

式中　　ρ——水的密度;

　　　　V——膜的表观体积。

根据膜表观密度 ρ_m 和膜材料的密度 ρ_0 求得孔隙率为

$$V_r = \left(1 - \frac{\rho_m}{\rho_0}\right) \times 100\% \tag{4.3}$$

(7)膜厚

膜厚对于膜的渗透性能影响很大,而对于分离性能一般影响不大。均质膜的厚度可用千分尺直接测量其断面厚度得到。非对称膜可分两方面:一方面是膜断面厚度,它主要影响膜承受压力的能力;另一方面是膜皮层厚度,它直接关系到膜的渗透分离能力。

膜层厚度测定方法有电镜法和气体渗透法。由于皮层和支持层之间没有明显界限,用电镜法会有很大误差。当孔隙率很小时,用渗透法较好。

4.2　气体分离膜的性能

气体分离膜最基本的性能通常包括其物理化学性能和分离透过性能。膜的物理化学性能主要包括承压性、耐温性、耐酸碱性、抗氧化性、耐生物与化学侵蚀性、力学强度、膜的厚度、含水量、毒性、可萃取物、生物相容性、亲水性和疏水性、孔隙率、导电性、膜的结构以及膜的平均孔径。例如,膜的厚度一般为 50 ~ 200 μm,可用各类精密的测厚仪来测定。膜的弹性模量或断裂伸长,可在材料万能试验机上测定。膜所处理的对象是很广泛的,故对膜的化学相容性就有一定的要求,即膜不能被处理的物质所溶胀、溶解或发生化学反应,膜也不能对被处理的物质产生不良的影响。

4.2.1　气体分离膜的物理化学(以下简称物化)性能

(1)物化稳定性

有机聚合物的热稳定性较差,高温下易发生裂解或变形;而一般无机物具有较好的热稳定性,在有机网络中引入无机组分,能较好地提高膜的耐热性。如用溶胶凝胶法制备的多支链聚酰亚胺/硅复合膜,玻璃转变温度在 310 ℃左右,膜的热质量损失 5% 的温度在 500 ℃左右。对溶液铸膜法制备的壳聚糖(CS)/γ-缩水甘油醚基烷基三烷氧基硅烷(GPTMS)复合膜,研究发现随着 GPTMS 含量的增大,玻化温度从 236 ℃增加到299 ℃,膜的热质量损失最大的温度从 306 ℃增加到 317 ℃。

由于大部分有机聚合物耐溶剂性差,使有机膜在分离有机物的应用方面受限。而无机物有良好的耐溶剂性,可引入无机组分来提高膜的耐溶剂性。聚酰胺基-6-b-环氧烷(PEBAX)膜在渗透蒸发和气体分离中,对芳香碳水化合物有高的选择性;但其耐溶剂性差,在有机溶剂中易溶胀,影响膜的选择性。PEBAX 膜在苯酚质量浓度高于 2 000 mg/kg 的料液中溶胀严重,从而导致选择性下降,在更高的质量浓度下甚至溶解,限制了 PEBAX 膜的使用范围。为了控制 PEBAX 膜在苯酚水溶液中的溶胀,采用共混法制得 PEBAX/硅复合膜。PEBAX 与硅的质量比为 85∶15,复合膜对甲醇、乙醇、丙醛的吸附降低很多,在有机溶剂中的溶胀度较低,有很大的改进,应用质量浓度可扩展到10 000 mg/kg,扩大了 PEBAX 膜的应用质量浓度范围。用季戊四醇四硝酸酯/γ-氨基丙基三乙氧基硅烷(PETA/AS)作为聚二甲基硅氧烷(PDMS)的交联剂,同时也加入少量的正硅酸乙酯(TEOS)作为添加剂制备了具有好的耐溶剂性复合膜,该膜在甲苯和环己烷中的溶胀大大降低。

有机膜还具有机械性能较差的缺点,如易压密、机械强度不够等,从而引起操作不稳定、渗透通量下降、不能在高强度的环境下使用等问题。为此引入无机组分制备复合膜,能很好地改善其机械性能。用无机网络原位聚合法制备的聚乙酰亚胺(PEI)/TEOS 复合膜,具有好的机械强度、耐压性。从 SEM 照片上能观察到纯 PEI 膜在 $8×10^6$ Pa 压力下 N_2 渗透 20 h 后有很大的压密,出现了折痕,而后者压密不明显。

(2)有机膜的溶胀

在渗透蒸发过程中,渗透组分吸附在有机链上使有机膜产生溶胀,增加了膜的自由体积,那些与膜亲和力低的组分就能够通过膜自由体积而不断地迁移,从而降低了渗透组分的选择性。膜的溶胀是影响渗透蒸发膜分离性能的一个主要因素,特别是亲水膜。为了减少有机膜在溶液中的溶胀,可在膜中引入无机组分。由于有机-无机组分间形成的物理交联和化学交联使膜结构紧密,限制了分子链的移动,再加上无机组分的耐溶剂性,可有效控制膜的溶胀,从而提高膜的分离性能。

聚乙烯醇(PVA)是一种强亲水性有机膜材料,对水有很高的选择性,常用于有机水溶液的脱水,如乙醇、醋酸、异丙醇和乙酸乙酯等溶液脱水。但 PVA 在水溶液中易溶胀,降低了膜的选择性,限制了它的应用范围。在 PVA 中引入 TEOS 制备的 PVA/硅复合膜,很好地降低了 PVA 膜在水溶液中的溶胀,提高了膜对水的选择性。在 40 ℃下,PVA/硅复合膜在质量分数为 85% 的乙醇水溶液、醋酸水溶液中具有比纯 PVA 低的溶胀度。壳聚糖(CS)有高的亲水性、好的成膜性能及良好的耐溶剂性,广泛用于分离乙醇水溶液。然而 CS 膜在水中的溶胀导致乙醇的溶解和扩散增加,降低了水的选择性。在 CS 中引入无机组分,能很好地抑制膜的溶胀,提高膜的选择性。如 CS/硅复合膜,在 70 ℃分离质量分数为 90% 的乙醇水溶液时,复合膜对水的选择性增加,膜的通量基本不变。用溶胶-凝胶法制备了 q-CS/TEOS 复合膜,研究表明,与 q-CS 相比,复合膜具有低的溶胀度和高的选择性。聚亚胺酯(PU)可用于渗透蒸发分离苯和环己烷,但由于 PU 在此溶液中溶胀严重,导致分离性能降低。用溶胶-凝胶法在 α-Al_2O_3 基膜上铸膜,制备了以共价键和氢键结合的 PU/TEOS 复合膜。该复合膜在苯/环己烷溶液中的溶胀度大大降低,经 200 ℃热处理的该复合膜在苯/环己烷溶液中基本不溶胀,同时随着适量 TEOS 含量的增大,膜的选择性有很大的提高。

(3)抗微生物污染能力

反渗透(RO)超薄复合膜(TFC)在水的脱盐、超纯水的生产和废水处理等方面的应用,已经引起人们越来越大的关注。然而由污垢引起的分离膜通量下降问题限制了其进一步工业应用,这些污垢主要是块状污垢、有机污垢、粒子与胶质污垢和微生物污垢等。目前应用的 TFC 主要是芳香聚酰胺膜,这种膜的生物污垢是影响膜性能的一个主要因素。水中的微生物(细菌、病毒)粘在膜的表面,以水相中的营养物质生长,形成微生物污垢,降低膜的渗透通量。为了解决微生物污染的问题,研究人员利用自组装技术在 TFC 表面沉积 TiO_2 纳米粒子。由于 TiO_2 纳米粒子与芳香聚酰胺主链或表面上的羧基和氨基形成的配位键和氢键的作用,使 TiO_2 纳米粒子吸附在主链上或表面,从而形成聚酰胺/TiO_2 交替的复合膜。TiO_2 的光催化产生多种氧自由基,如羟基、过氧化氢等,在光照射下能与有机物发生氧化还原反应,破坏菌的外膜,分解它们的内毒素,从而达到解决微生物污垢问题。经研究发现,聚酰胺/TiO₂复合膜具有较好的抗微生物污染能力。

（4）耐热性

有机-无机复合膜在制备过程中,有机和无机前驱体水解、缩合形成氢键和共价键;退火将使其中的氢键脱水缩合形成共价键,使无机组分与有机主链结合得更加紧密。由于退火温度增加,将使原来以氢键形式存在的基团缩合形成更多的共价键,使膜的结构更加紧密,密度增加,有时使无机链之间缩合,形成无机粒子或发生相分离,影响膜的结构和分离性能。PVA/TEOS 复合膜性能随着退火温度的增加,分离系数增大,亲水性下降,膜的密度变化不大。在 80 ℃退火 8 h 后分离质量分数为 85%的乙醇水溶液时,分离系数为 75,相对密度为 1.324;而 160 ℃时,分离系数增加到 340,相对密度为 1.332。用溶胶-凝胶法制备聚酰亚胺/硅复合膜,研究发现退火对该膜的结构和性能产生了巨大的影响。在 400 ℃退火 30 min 后,在甲基吡咯烷酮（NMP）溶剂中的溶胀度急剧减小。而在微观结构中,大的硅主链在 TEM 照片中清晰可见,这是由于组分间的进一步缩合反应,增加了硅链的聚集形成了大的硅主链,退火后的复合膜气体的选择性提高了 200%~500%。聚酰亚胺/硅复合膜在 400 ℃,450 ℃退火时,降低了对 He/N₂,N₂/CH₄,He/CH₄,O₂/N₂ 的分离因子,但 He,O₂,N₂,CH₄ 的通量增加。

（5）力学性能

聚丙烯腈（PAN）具有较好的气体透过性、化学稳定性、较高的气体渗透性,并且价格低廉。但其拉伸强度低,无法满足气体分离膜的使用要求,不适宜直接制膜。乙酸纤维素（CA）具有相对较好的力学性能,并且与 PAN 有较好的相容性,通过共混可以结合两种材料的优点。为达到气体分离膜在力学强度方面的使用要求,采用相转化法制备 PAN 与 CA 共混膜改善 PAN 的拉伸性能。结果表明,PAN/CA 共混基膜随着 CA 与 PAN 共混比的增加,拉伸强度有明显的上升趋势,由 1.74 MPa 增加到 2.08 MPa。

（6）导电性能

碳纳米管具有极高的长径比和优良的导电性,已经有研究者利用磁场或电场对聚合物基质中的碳纳米管进行定向。在电场中,碳纳米管被全极化,通过偶极-偶极相互作用形成沿电场方向的定向排布。已有研究表明,利用静电场对聚合物基质中的碳纳米管进行定向可以提高膜的气体透过性。

利用交变电场定向多壁碳纳米管（MWCNTs）/聚苯乙烯（PS）复合膜中不同含量的 MWCNTs。用数字式万用表可以测量计算膜的垂直向电阻率,见表4.1。相同 MWCNTs 含量时,E-MWCNTs/PS 复合膜的垂直向电阻率远低于 MWCNTs/PS 复合膜。与 MWCNTs/PS 复合膜中随机分散的 MWCNTs 相比,E-MWCNTs/PS 复合膜中定向排布的 MWCNTs 为电子传递提供了更多、更短的路径,大大降低了膜的电阻率。随着 MWCNTs 质量分数的增加,两种复合膜的电阻率都加速下降,表现出逾渗的特点。由于 MWCNTs 的长径比很高,所以其导电渗流阈值可低至0.4%(质量分数)左右。

表4.1 复合膜在不同碳纳米管含量下的垂直向电阻率

MWCNTs 的质量分数/%	MWCNTs/PS 复合膜的垂直向电阻率/($k\Omega \cdot m$)	E-MWCNTs/PS 复合膜的垂直向电阻率/($k\Omega \cdot m$)
0.1	>34 000	13 634.7
0.2	>34 000	2 084.2
0.3	5 829.9	413.7
0.4	88.2	8.7

4.2.2 气体分离膜的分离透过性能

气体分离膜分离透过性能的主要特征参数大多与溶解-扩散机理有关,如溶解度系数、扩散系数、渗透系数和分离系数等。

(1)溶解度系数

溶解系数(S)表示聚合物膜对气体的溶解能力,常用的单位为 cm^3(STP)/($cm^3 \cdot atm$)(1 atm=0.1 MPa)。溶解度系数与被溶解的气体及高分子种类有关。高沸点易液化的气体在膜中容易溶解,具有较大的溶解度系数,如图4.2所示。部分气体在聚合物中的溶解度系数见表4.2。

表4.2 部分气体在聚合物中的溶解度系数(298 K) 单位:cm^3(STP)/($cm^3 \cdot atm$)

聚合物	N_2	O_2	CO_2	H_2
弹性体				
聚丁二烯	0.045	0.097	1.00	0.033
天然橡胶	0.055	0.112	0.90	0.037
氯丁橡胶	0.036	0.075	0.83	0.026
丁苯橡胶	0.048	0.094	0.92	0.031
丁腈橡胶 80/20	0.038	0.078	1.13	0.030
丁腈橡胶 73/27	0.032	0.068	1.24	0.027

续表 4.2

聚合物	N_2	O_2	CO_2	H_2
丁腈橡胶 68/32	0.031	0.065	1.30	0.023
丁腈橡胶 61/39	0.028	0.054	1.49	0.022
聚二甲基丁二烯	0.046	0.114	0.91	0.033
丁基橡胶	0.055	0.122	0.58	0.036
聚氨酯橡胶	0.025	0.048	1.50	0.018
硅酮橡胶	0.081	0.126	0.43	0.047
半晶状聚合物				
聚乙烯(高密度)	0.025	0.047	0.35	—
聚乙烯(低密度)	0.025	0.055	0.46	—
反式-1,4-聚异戊二烯	0.056	0.102	0.97	0.38
聚四氟乙烯	—	—	0.19	—
聚甲醛	0.025	0.054	0.42	—
聚-2,6-二苯基-1,4-苯醚	0.043	0.1	1.34	—
聚对苯二甲酸乙二醇酯	0.039	0.069	1.3	—
玻璃态聚合物				
聚苯乙烯	—	0.055	0.55	—
聚氟乙烯	0.024	0.029	0.48	0.026
聚乙酸乙烯酯	0.02	0.04	—	0.023
聚双酚 A-碳酸酯	0.028	0.095	1.78	0.022

注　1 atm=0.1 MPa

溶解度系数随温度的变化,通常可用 Arrhenius 公式表示如下:

$$S = S_0 \exp\left(\frac{-\Delta H}{RT}\right) \tag{4.4}$$

式中　S——溶解度系数;

S_0——常数;

ΔH——溶解热,其值较小,约为 ±2 kcal/mol(1 kcal = 4.19 kJ)。

(2)扩散系数

扩散系数(D)表示气体分子在膜中借助分子链热运动,排开链与链之

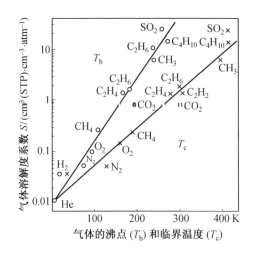

图 4.2　天然橡胶对各种气体的沸点、临界温度和溶解度系数的关系

间的间隙,进行传递的能力,即渗透气体在单位时间内透过膜上的扩散能力,常用的单位为 cm^2/s。由于气体分子在膜中传递需要能量来排开链与链之间产生的瞬变通道,所需能量又与分子直径有关,所以分子越大,其扩散系数越小。

扩散系数与温度有关,温度越高,高分子链运动越激烈,气体分子扩散越容易,扩散系数越大,如图 4.3 所示,遵循 Arrhenius 关系,即

$$D = D_0 \exp\left(\frac{-\Delta E_D}{RT}\right) \tag{4.5}$$

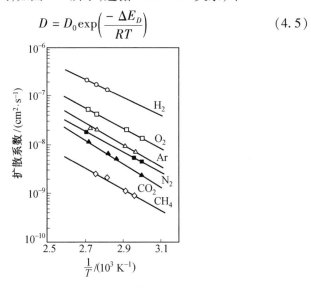

图 4.3　温度对气体扩散系数的影响

式中　　D_0——常数；

　　　　ΔE_D——扩散活化能,它随分子直径增大而增大,即分子直径越大,扩散越不易,如图4.4所示。

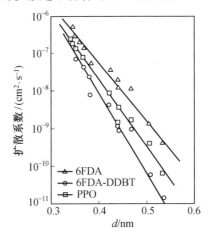

图4.4　气体的扩散系数与有效分子直径的关系(323 K,2 atm)
(C_4H_6 和 C_4H_{10} 在 1 atm 下 CO_2 为 0.35 nm;C_4H_6 为 0.44 nm)

　　如图 4.4 所示,测试了 CO_2,CH_4,C_4H_6,C_2H_6,C_4H_{10},O_2,N_2,C_2H_4,C_3H_6 和 C_3H_8 这 10 种不同分子直径的气体。参考文献中列举了这 10 种气体,三种分离膜中每种分离膜都对这 10 种气体进行了扩散系数的测定。文献中只简单地列出了这 10 种气体,没有具体指出这 10 种气体的分子直径,但可以看出的是:对于每种分离膜,随着气体直径的增大,扩散系数是降低的。

　　(3) 渗透系数

　　气体透过分离膜的情况不同,主要可分为两类:一类是通过多孔膜的渗透,另一类是通过非多孔膜的渗透。

　　多孔膜是利用不同气体通过膜孔的速率差进行分离的,其分离性能与气体的种类、膜孔径有关。其传递机理可分为分子扩散、表面扩散、分子筛分等。有分离效果的多孔膜,孔径大小支配着扩散速率。其分离效果取决于气体分子的大小和膜孔径的大小。当孔径大小、温度、压力符合一定条件时,气体混合物中各组分流过膜的速度不同,从而达到分离的目的。各组分气体渗透速率为

$$J_i = \alpha(p_1 y_{i1} - p_2 y_{i2}) / \sqrt{M_i T} \qquad (4.6)$$

式中　　y_i——气体组分 i 的摩尔分数；

　　　　M_i——气体组分 i 的相对分子质量。

当上游压力 p_1 比下游压力 p_2 大得多时,分离系数 α 取决于气体相对分子质量。

当气体组分通过无孔膜材料时,其渗透机理属于"溶解 – 扩散"机理。如扩散按 Fick 定律进行时,各组分气体的渗透速率为

$$J_i = -\frac{D_i \mathrm{d}c_i}{\mathrm{d}X} \tag{4.7}$$

溶解情况服从 Henry 定律,吸附浓度 $c_i = H_i p_i$,则渗透速率为

$$J_i = Q_i(p_{i1} - p_{i2})/l \tag{4.8}$$

式中　Q_i —— 渗透率;

　　　l —— 膜厚。

渗透系数 P 表示气体通过膜的难易程度,也体现膜对气体的溶解 – 扩散能力,常用的表达式为

$$P = SD$$

常用的单位 $cm^3(STP) \cdot cm/(cm^3 \cdot s \cdot cmHg)$ 即单位膜面积、单位时间、单位推动力下的通量。

高分子膜对气体的渗透系数因气体种类、膜材质化学组成和分子结构而异,当同一种气体透过不同高分子膜时,渗透系数主要取决于气体在膜中的扩散系数,而同一种高分子膜透过不同气体时,渗透系数的大小则主要取决于气体对膜的溶解系数。部分气体在新型共聚多酰亚胺膜和聚合物中的渗透系数见表 4.3 和表 4.4。

表 4.3　部分气体在新型共聚多酰亚胺膜中的渗透系数(30 ℃)

| 聚酰亚胺组/10^{-3} mol | | | | | | 气体渗透系数 P /$(cm^3(STP) \cdot cm \cdot (cm^3 \cdot s \cdot cmHg)^{-1})$ | | | | | |
| 羧基二酐 | | | | 二胺 | | | | | | | |
BPDA	BTDA	PMDA	6FDA	TMBD	MTMB	H_2	CO_2	O_2	H_2/CH_4	CO_2/CH_4	O_2/N_2
—	—	—	21	21	—	13.4	8.05	3.08	6.0	3.6	0.42
—	—	—	21	—	21	10.6	5.12	—	7.3	3.5	—
—	21	—	—	—	21	4.44	1.86	4.65	7.5	3.2	0.53
—	—	21	—	—	21	4.87	1.95	—	9.5	3.8	—
2.1	—	—	18.9	21	—	12.4	7.2	—	6.2	3.6	—
6.3	—	—	14.7	21	—	11.1	6.49	—	6.0	3.5	—
—	—	2.1	18.9	21	—	12.4	9.62	—	5.1	3.9	—
—	—	4.2	16.8	21	—	15.0	10.3	—	4.3	3.0	—
—	—	10.5	10.5	21	—	11.7	8.2	—	4.9	3.2	—

表4.4 部分气体在聚合物中的渗透系数 单位：$10^{10}\,cm^3(STP)\cdot cm/(cm^3\cdot s\cdot cmHg)$

聚合物	N_2	O_2	CO_2	H_2	H_2/N_2
弹性体					
聚丁二烯	6.42	19.0	138	41.9	6
天然橡胶	6.43	23.3	153	—	—
氯丁橡胶	1.20	4.0	25.8	13.6	11.3
丁苯橡胶	5.90	17.0	161	40.3	5.8
丁腈橡胶 80/20	2.52	8.16	33.1	25.2	10
丁腈橡胶 73/27	1.06	3.85	10.8	15.9	15
丁腈橡胶 68/32	0.603	2.33	8.5	11.8	19.6
丁腈橡胶 61/39	0.234	0.901	7.43	7.1	30
聚二甲基丁二烯	0.472	2.10	7.47	17.0	36
丁基橡胶	0.324	1.3	5.16	7.2	22
聚氨酯橡胶	0.46	1.51	17.7	6.15	13
硅酮橡胶	281	605	3240	649	2.3
半晶状聚合物					
聚乙烯(高密度)	0.143	0.403	0.36	—	—
聚乙烯(低密度)	0.969	2.88	12.6	—	—
反式-1,4-聚异戊二烯	2.17	6.16	35.4	14.9	6.5
聚四氟乙烯	—	4.8	12.7	—	—
聚偏氟乙烯	0.001	0.005	0.029	0.08	—
聚甲醛	1.4	4.2	11.7	9.8	7
聚-2,6-二苯基-1,4-苯醚	—	—	—	—	—
聚对苯二甲酸乙二醇酯	0.006 5	0.03	0.17	—	—
玻璃态聚合物					
聚苯乙烯	0.788	2.63	10.5	23.3	30
聚氟乙烯	0.011 8	0.045 3	0.157	1.7	144
聚乙酸乙烯酯	—	0.50	—	8.9	—
聚甲基丙烯酸乙酯	0.22	1.15	5.0	—	—
聚双酚 A-碳酸酯	0.052	0.25	1.17	1.86	34

渗透系数随温度增加而增大,如图4.5所示,它遵循 Arrhenius 关系, 即

$$P = P_0 \exp\left(\frac{-\Delta E_p}{RT}\right) \tag{4.9}$$

式中　　P——渗透系数;

　　　　P_0——常数;

　　　　ΔE_p——活化能;

　　　　R——气体常数;

　　　　T——温度。

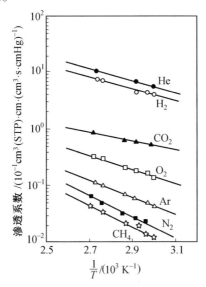

图4.5　温度对气体分子渗透系数的影响

气体通过非多孔膜的渗透,其传递过程通常采用溶解 – 扩散机理来解释。它假设气体透过膜的过程由下列步骤完成:气体与气体分离膜进行接触,气体在膜的上游侧表面吸附溶解,吸附溶解的气体在浓度差的推动下扩散透过膜,到达膜的下游侧,膜中气体的浓度梯度沿着膜厚方向变成常数,达到稳定状态。

当气体在膜表面的溶解符合 Henry 定律,即 $c = sp$ 时,气体分子在膜内的扩散服从 Fick 定律,对于稳定的一维扩散,通过膜的气体总体积流量 Q 为

$$Q = -DA\frac{\int dc}{\int dx} \approx DAS\frac{p_1 - p_2}{l} \qquad (4.11)$$

式中　　D——扩散系数；

$\qquad\quad$ S——溶解度系数；

$\qquad\quad$ A——膜面积；

$\qquad\quad$ l——膜厚度；

$\qquad\quad$ p_1, p_2——膜高压侧和低压侧的压力。

则求得的渗透速率为

$$J_i = \frac{P_i}{l}(p_{i1} - p_{i2}) \qquad (4.12)$$

$$P_i = D_i H_i \qquad (4.13)$$

式中　　J_i——第 i 组分气体通过分离膜的渗透速率；

$\qquad\quad$ l——膜厚；

$\qquad\quad$ p_{i1}, p_{i2}——i 组分气体在膜料侧和透过侧的压力；

$\qquad\quad$ P_i, D_i——i 组分气体的渗透系数和扩散系数；

$\qquad\quad$ H_i——i 组分气体的亨利系数。

此渗透速率方程的得出引入了以下简化假设：

① 气体在膜内的浓度变化为线性的。

② 不考虑膜内扩散系数 D、分离系数或亨利系数 H 的变化。

③ 不考虑溶解和扩散中的伴生效应。

在渗透汽化中，透过气体组分常对膜产生高度溶胀，此时必须考虑溶解、扩散中的伴生效应和浓度对扩散系数和分配系数等参数的影响。

（4）分离系数

一般将气体膜分离的分离系数定义为两种气体 i, j 的渗透系数之比，即

$$\alpha_{ij} = \frac{P_i}{P_j} = \frac{D_i}{D_j} \times \frac{S_i}{S_j} \qquad (4.10)$$

分离系数 α_{ij} 是描述气体分离膜的选择性，S_i/S_j 为溶解选择性，D_i/D_j 为扩散选择性。只要溶解系数或扩散系数之间出现差异皆可实现分离。玻璃态高分子膜的溶解系数一般较小，膜的分离性能主要受控于扩散系数。当渗透气体对膜存在较大的溶解系数时，膜的分离性能则主要受控于溶解系数。

分离系数（α）表示膜对混合气体的选择分离能力，一般其表达式为

$$\frac{[a\text{ 组分的浓度}\ /b\text{ 组分的浓度}]_{\text{透过气}}}{[a\text{ 组分的浓度}\ /b\text{ 组分的浓度}]_{\text{原料气}}} = \frac{P_i}{P_j} = \frac{1 - P'_i/P_i}{1 - P'_j/P_j} \quad (4.14)$$

式中　　P'_i，P'_j——a，b 组分在透过气中的分压；

　　　　P_i，P_j——a，b 组分在原料气中的分压。

通常，当原料气（高压侧）的压力远远高于透过气（低压侧）的压力时，两组分的渗透系数之比将等于分离系数，即 $\alpha = P_a/P_b$，所以只要知道各组分的气体的渗透系数，就可以求出其分离系数。

4.3　气体分离膜的测定方法

气体分离膜的结构、透气性、选择性及其他性能的表征方法有扫描电子显微镜、透射电子显微镜、原子力显微镜、X 射线衍射、电子能谱、红外光谱、差热分析、核磁共振、动态力学分析以及扩散系数、气体吸附量、渗透系数、选择性分离因子的测定。近年来又出现了一些新表征的方法，例如动态光散射、广角 X 射线衍射、正电子湮灭寿命谱等方法。

（1）力学性能测试

通过微机控制电子万能试验机对膜进行力学性能测试，如力学强度和模量等。主要通过调速系统控制电机转动，进而通过调控横梁上升、下降，完成试样的拉伸、剥离、撕裂、压缩等力学性能试验。

（2）热性能测试

通过差示扫描量热仪（DSC）测试膜的热性能，通过程序升温、降温或者恒温，测试并记录样品的质量与温度和时间的关系，分析相应的曲线。

（3）气体渗透性能测试

图 4.6 是气体渗透性能测试实验装置的一种，室温下以 CO_2 和 N_2 为例，测试通过平板复合膜的透量，计算公式为

$$J = V/\Delta p \cdot P_a \cdot A \quad (4.15)$$

式中　　J——膜的渗透通量，GPU（1 GPU $= 10^{-6}$ cm^3/（cm^3 · s · cmHg））；

　　　　V——时间 t(s) 内气体通过皂泡的体积，cm^3；

　　　　Δp——膜两侧压差；

　　　　P_a——渗透侧常压；

　　　　A——膜有效面积，cm^2。

复合膜理想分离系数为

$$\alpha = J_1/J_2 \quad (4.16)$$

式中 J_1, J_2——CO_2 和 N_2 的渗透通量。

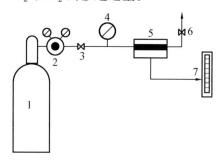

图 4.6 气体渗透性能测试实验装置
1—气瓶;2—减压阀;3,6—阀;4—压力表;
5—评价池;7—皂泡流量计

(4)扫描电子显微镜(SEM)和透射电子显微镜(TEM)

电子显微镜是研究膜结构的得力工具,它可对膜表面和横截面进行观测。如膜的形貌和形态、孔的存在、孔大小和孔径分布、各层次的差异和各层次内孔的状况等。利用 Hagen-Poiseuille 方程由电子显微镜观测的数据计算膜的通量。但由于膜孔的弯曲性、死端孔及膜材料的化学性质不同,导致通量的计算值与实测值有差别。

对于 SEM 观测,是将一束高能入射电子轰击膜的表面,得到膜中分布的孔的大小和形貌特征、孔在高分子聚合物基体中聚集状态。对于 TEM 观测是通过将电子束照射到样品室内的样品膜上,分析透过膜样品的电子束信息,获得膜内部结构信息,利用 TEM 可以观测到样品内部纳米粒子或孔的形貌、分散情况及粒径或孔径等信息。观测的关键是样品的制备,要保证样品结构的真实性。对于含水的膜样品,必须使膜保持干燥,而不正确的干燥方法将导致膜结构的不可逆变形。电子显微镜观测的湿膜样品需要经过脱水、蒸镀、复型等处理。

微滤膜的孔径一般为 $0.05 \sim 10\ \mu m$,恰好在电子显微镜的分辨率内。超滤膜的孔径为 $1 \sim 30\ nm$,SEM 的分辨率一般低于 $5 \sim 10\ nm$,所以采用 SEM 来观测超滤膜的结构是比较困难的。TEM 的分辨率比 SEM 高得多,可观测到 $0.2 \sim 0.5\ nm$ 的膜结构。通过正确制备膜样品,高分辨的 TEM 可以观测超滤膜的表面细微结构。

(5)原子力显微镜(AFM)

在不需要对样品做任何特殊处理情况下,通过 AFM 观测,可以表征膜样品的三维立体表面图。图 4.7 是 AFM 的原理图。当直径小于 10 nm 的非常尖的探针以恒定的力扫过膜表面时,探针顶部的原子与样品表面发生伦敦-范德瓦尔斯相互作用。通过检测这些力就可以得到膜样品表面的扫描结果。与 SEM 的结果相比,AFM 测量膜的孔径值偏大,平均大 2 ~ 3 倍。当 AFM 的探针尺寸与所测膜孔径的尺寸相当时,也容易产生此误差。另外,电子显微镜的膜样品制备过程中膜孔,结构的变化也是造成误差的原因之一。

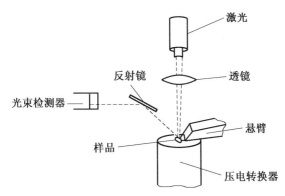

图 4.7　AFM 的原理图

(6)傅里叶红外光谱(FT-IR)

傅里叶红外光谱仪主要根据迈克耳逊干涉仪的原理,用来研究物质官能团的方法。通过分析物质对不同波长的红外光的吸收情况,可以得到分子的键长、键角,从而推断分子的立体结构,按照光谱图中吸收峰的强弱推断组分含量,可以鉴定膜中的基团、结构和种类等信息。

(7)X 射线衍射分析(XRD)

X 射线衍射现象起因于相干散射线的干涉作用,它是探索物质微观结构和结构缺陷等问题的有力工具。利用晶体物质形成的 X 射线衍射,根据布拉格公式,分析得到物质的晶粒度、晶体结构。布拉格公式为

$$2d\sin\theta = n\lambda \qquad (4.17)$$

式中　d——晶面间距;

　　　θ——入射线,反射线与反射晶面之间的夹角;

　　　λ——波长;

　　　n——反射级数。

XRD 可以在不损坏样品、无污染情况下,获得膜材料中原子间的结合方式等大量信息。

（8）正电子湮没技术（PAT）

正电子是电子的反粒子，它的质量和电荷量与电子相同，但电荷符号相反。正电子湮没是正电子与电子相遇后一起消失而放出光子 γ 的过程：

$$e^+ + e \longrightarrow 2\gamma \qquad (4.18)$$

正电子湮没技术（Positron Annihilation Technique，PAT）是一项较新的核物理技术，它利用正电子在凝聚物质中的湮没辐射带出物质内部的微观结构、电子动量分布及缺陷状态等信息，从而提供一种非破坏性的研究手段而备受人们青睐。现在正电子湮没技术已经进入固体物理、半导体物理、金属物理、原子物理、表面物理、超导物理、生物学、化学和医学诸多领域。特别是材料科学研究中，正电子对微观缺陷研究和相变研究正发挥着日益重大的作用。

参考文献

[1] SRIDHAR S, SURYAMURALI R, SMITHA B, et al. Development of crosslinked poly(ether-block-amide) membrane for CO_2/CH_4 separation [J]. Colloids and Surfaces A：Physicochemical and Engineering Aspects,2007,297：267-274.

[2] 陈勇. 气体膜分离技术与应用[M]. 北京：化学工业出版社,2004.

[3] 王湛,周翀. 膜分离技术基础[M]. 北京：化学工业出版社,2006.

[4] 王学松. 气体膜技术[M]. 北京：化学工业出版社,2010.

[5] 丑树人,任吉中,李晖,等. 高性能聚醚酰亚胺中空纤维气体分离膜的制备与分离性能[J]. 膜科学与技术,2010,3：21-26.

[6] 李悦生,丁孟贤. 聚酰亚胺气体分离膜材料的结构与性能[J]. 高分子通报,1998(3)：1-8.

[7] 赵红永,曹义鸣,康国栋,等. 聚氧化乙烯气体分离膜的发展[J]. 膜科学与技术,2011(3)：18-24.

[8] 富海涛,杨大令,张守海,等. PPESK 纺丝液相分离行为与气体分离膜结构性能的关系[J]. 高分子学报,2007(7)：615-620.

[9] SHAO L,QUAN S,CHENG X Q,et al. Developing cross-linked poly(ethylene oxide) membrane by the novel reaction system for H_2 purification [J]. International Journal of Hydrogen Energy,2013,38：5122-5132.

[10] 伦英慧,马立群,贾宏葛,等. 含有三羟基和三甲基硅的苯乙炔合成研究[J]. 齐齐哈尔大学学报,2013,29：52-55.

［11］谭婷婷,展侠,冯旭东,等. 高分子基气体分离膜材料研究进展［J］.
化工新型材料,2012,10,4-5.

［12］安树林. 膜科学技术实用教程［M］. 北京:化学工业出版社,2005.

［13］谢林阳,聂飞,贺高红,等. PAN/CA 共混复合膜的气体分离与力学性
能［J］. 高分子材料料学与工程,2011(7). 95-97

［14］李雪娃,赵世雄,吴斌,等. 电场辅助制备多壁碳纳米管/聚苯乙烯复
合膜的气体分离性能［J］. 化工学报,2014(1): 337-345.

第5章　聚酰亚胺气体分离膜

5.1 引　言

自从20世纪70年代掀起气体分离膜研究的高潮以来,几乎所有已有的、可以成膜的高分子材料,如聚二甲基硅氧烷(PDMS)、聚砜(PSF)、醋酸纤维素(CA)、聚碳酸酯(PC)等,都在气体分离方面进行了评价,其共同存在的问题是:凡是渗透系数大的膜,其分离系数就低;凡是分离系数高的膜,其渗透系数就低,因此要想得到两者都比较高的膜材料,必须从合成专用的气体分离膜聚合物着手。近年来,该领域的研究主要集中在开发高通量、高选择性以及热稳定性、化学稳定性等更为理想的新型膜材料、制膜工艺及新的表征方法。

聚酰亚胺(PI)是一种环链化合物,最早由 Bogert 和 Renshaw 在1906年制成,根据其结构与制备方法,聚酰亚胺可分为两大类:一类是主链中含有脂肪链的聚酰亚胺;另一类是主链中含有芳香族的聚酰亚胺。聚酰亚胺的化学通式如图5.1所示。

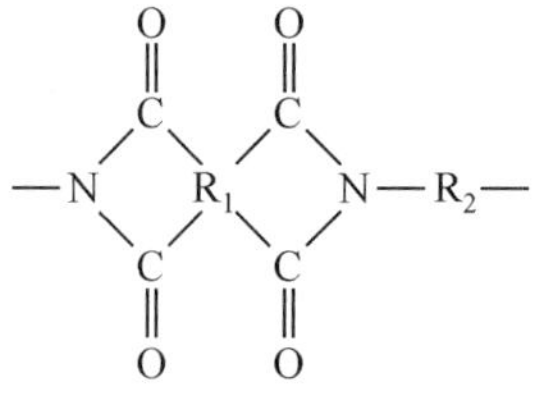

图 5.1　聚酰亚胺的化学通式

在通式中,对于脂族聚酰亚胺,R_1 或 $R_2 = (CH_2)_m$,对于芳香族聚酰亚胺,R_1 或 $R_2 = Ar$。多数用于气体分离膜领域的聚酰亚胺都是芳香族的。由芳香二酐和二胺单体缩聚而成的芳香聚酰亚胺,因分子主链上含有芳环结构,具有很好的耐热性和机械强度,并且化学稳定性很好,耐溶剂性能优异,可以制成具有高渗透系数的自支撑型不对称中空纤维膜。

在过去的20年里,聚酰亚胺已经成为科研人员在研究气体和蒸汽分离膜材料时,应用越来越多的一种聚合物。聚酰亚胺具有优异的热性能、化学性能和机械性能,同时又具有良好的成膜性能。这些性能对于膜材料来说是十分必要的,聚酰亚胺与那些较为常见的玻璃态高聚物(例如聚乙烯、聚碳酸酯)相比,显示出了更好的气体分离性能。聚酰亚胺的另一个突出特点就是:具有不同化学结构的聚酰亚胺的制备,相对来说比较简单。这是因为各种各样的二元酸酐和二元胺单体都可以在市场上买到或者在实验室中制备。

聚酰亚胺耐高、低温,耐辐射,耐化学介质,机械强度和介电性能优异,并且具有很高的气体透过选择性,可在较高温度下用作气体分离膜材料。

5.2 气体分离机理与基本参数

聚酰亚胺这类玻璃态高分子气体分离膜,主要的作用机理是"溶解-扩散"机理,即气体分子首先在高分子膜的一侧表面溶解,由于膜两侧的压差作用,气体分子经过高分子膜,再从膜的另一侧表面扩散出来。在这种机理的作用下,不同的气体透过膜材料的速度差别很大,所以可以进行混合气体的分离或浓缩。

为了衡量膜材料的气体分离性能,业内通常使用一些基本参数作为评判标准。下面针对聚酰亚胺膜,介绍一些主要的基本参数以及它们的计算方法。

5.2.1 聚酰亚胺的堆砌密度

用于气体分离的高分子膜材料的一个重要因素就是高分子链的堆砌密度,因为它对扩散性能和扩散选择性有强烈的影响,对溶解性也有一定的影响。堆砌密度通常是用自由体积分数 V_F 来衡量的,而 V_F 是利用下面这个用于讨论高聚物中气体扩散的公式计算出来的。

$$V_F = (V_T - V_0)/V_T \tag{5.1}$$

式中　V_T——温度为 T 时的摩尔体积;

　　　V_0——绝对零度时每摩尔重复单元中的分子所占据的体积。

通过计算或测量得出。自由体积分数 V_F 是与膨胀体积的体积分数成正比的,膨胀体积是由高聚物分子链中的一系列微孔组成的,而这些微孔是由分子链的热运动引起的。

自由体积分数 V_F 有时也称为自由空间分数,为的是强调它与 WLF (Williams-Landel-Ferry)自由体积分数 F_{WLF} 的不同,F_{WLF} 是由黏度理论导出的,这一理论认为,在玻璃化转变温度时的自由体积分数为 0.025。F_{WLF}通常用来解释弹性高聚物中渗透过程的扩散系数。在橡胶态时,链段的运动经常会在高聚物分子链中产生和消散自由体积孔穴,使渗透分子具有频繁地扩散跃迁的机会。在玻璃态时,链段的运动被冻结并且 WLF 自由体积分数也不再适用。但是高分子链与侧基的局部振动和运动并没有被冻结,而且认为这种运动可以频繁地产生和消散小的自由体积孔穴,其中有些孔穴足够大,可以使渗透分子通过。本书中将 V_F 称为自由体积分数,将微孔称为自由体积孔穴。

堆砌密度由高分子链的硬度、链与链之间的相互作用力以及链段的大小来决定,刚性聚合物的分子链具有较低的构象自由程度,使得链堆砌的效率降低。玻璃化转变温度 T_g 是一种粗略地测量链硬度的方法。芳香族的聚酰亚胺都具有高于 200 ℃的玻璃化转变温度,并且它们的分子链都是刚性的。

除了 Van Der Waals 作用和极性作用之外,二元酸酐基团与二元胺基团之间的电荷转移(CT)作用也对聚酰亚胺中分子链之间的相互作用有强烈的影响。电荷转移作用的大小,取决于二元酸酐基团的电子亲和能力和二元胺基团的电离倾向。芳香族聚酰亚胺薄膜的颜色是由电荷转移吸收产生的。例如,由 P3FDA 与 TFBD、PMDA 与 TFBD 以及 6FDA 与 TFBD(各结构式如图 5.2 所示)所合成的聚酰亚胺薄膜的颜色分别为黄色、浅黄色和无色。这表明两基团之间电荷转移作用的强弱顺序为:P3FDA–TFBD>PMDA–TFBD>6FDA–TFBD。而它们所合成的聚酰亚胺薄膜的自由体积分数分别为 0.142,0.160 和 0.190。这表明,强的电荷转移作用会使链堆砌的效率更高。

但是,较大的结构或者缠结单元会阻碍分子链的堆砌,结果导致电荷转移作用显著地降低,进而使膜的颜色变淡,直至透明。

简而言之,堆砌密度越大,自由体积分数越小,电荷转移作用越明显,膜的颜色越深,反之亦然。

5.2.2　传输性能

稳态渗透通量 J_s 通常是与流入、流出两侧的分压(P_h 和 P_l)差成正比的,是与膜的厚度 L 成反比的。膜的透过性能用渗透系数 P 来衡量,其计算公式为

$$P=J_s \cdot L/(P_h-P_l) \tag{5.2}$$

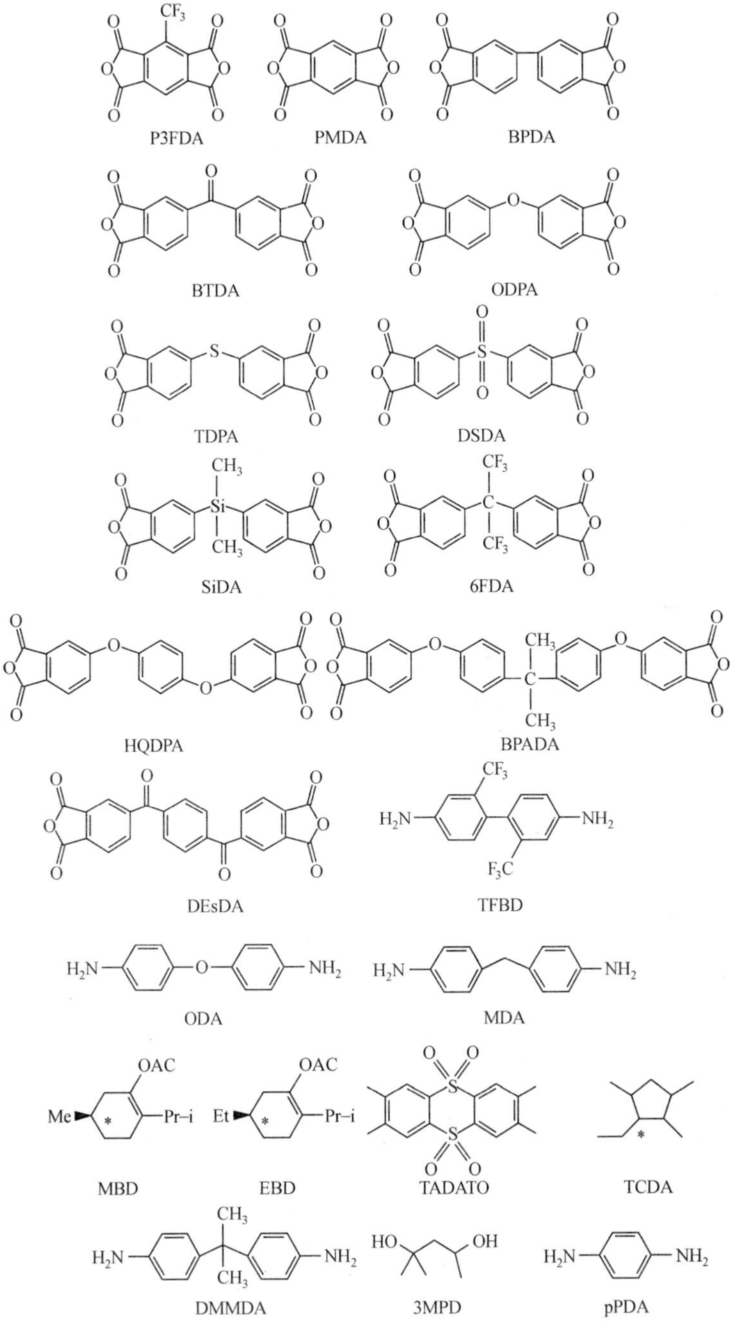

图 5.2　芳香二酐与芳香二胺以及其他一些单体的结构式

当比较厚度未知的不均匀膜或复合膜的透过性时,经常用到"渗透速率"这一术语,渗透速率的定义如下:

$$R = P/L \tag{5.3}$$

薄膜对于 A 组分多于 B 组分的二元气体混合物的选择透过性,是用分离系数 α 来衡量的,α 的定义如下:

$$\alpha_{A/B} = (y_A/y_B)/(x_A/x_B) \tag{5.4}$$

式中　x_A, y_A——组分 A 在渗出侧与渗入侧的摩尔分数。

组分 A 的渗透系数 P_A 与组分 B 的渗透系数 P_B 之比,是通过单组分气体渗透实验来测量的,这个比值可以方便地用来衡量选择透过性的大小,将其称为理想分离系数,其定义如下:

$$\alpha_{ideal} = P_A/P_B = R_A/R_B \tag{5.5}$$

有的分离体系的各个渗透剂在膜中渗透性能几乎互不影响(如 H_2/CH_4 和 O_2/N_2 分离体系),对于分离这种体系所用的薄膜,其理想分离系数为其分离效果提供了一个很好的估计值。但必须指出的是,对于各组分在膜中相互作用较大的体系(如烯烃/烷烃或水蒸气分离体系),实际分离系数与理想分离系数之间的差别常常是较大的。

气体透过紧密聚合物薄膜的过程,是一个溶解-扩散的过程,其渗透系数可以用平均浓差扩散系数 D 和溶度系数 S 来表示,即

$$P = DS \tag{5.6}$$

因此,理想分离系数可以分为两个选择性,即扩散能力选择性和溶解能力选择性:

$$\alpha_{ideal} = P_A/P_B = (D_A/D_B)(S_A/S_B) \tag{5.7}$$

其中,P 和 S 是利用纯气体进行渗透作用和吸附作用测量而得到的,D 是由公式 $D = P/S$ 计算得到的。

5.2.3　气体的扩散系数和溶解系数

通常来说,渗透剂在高聚物中的扩散系数随着渗透气体分子尺寸的增加而减小。

从热力学的角度看,可以将气体在高聚物中的吸附作用分为两个过程,那就是气体凝结成液体和液体与聚合物之间的混合。这就意味着,溶解系数取决于气体的液化能力和气体与高聚物之间的相互作用。而凝结能力可以通过气体的正常沸点 T_b、临界温度以及伦纳德-琼斯(Lennard-Jones)力常数 ε/k 来测量。图 5.3 给出了在几种特殊的聚合物中,溶解系

数 S 的对数与气体正常沸点 T_b 之间的关系曲线。从图中可以看到一种趋势:在每种聚酰亚胺中,溶解系数 S 都随着气体凝结能力的增强而增大,这种增大的趋势彼此之间很相似。这种相似表明了在气体与聚酰亚胺之间并没有出现特别的相互作用。

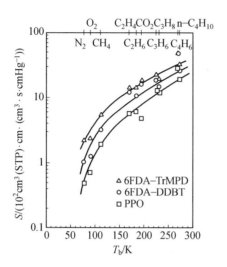

图5.3　在几种特殊的聚合物中,溶解系数 S 的对数与气体正常沸点 T_b 之间的关系曲线
(PPO 是聚(2,6-二甲基-1,4-苯醚))

5.3　聚酰亚胺膜的制备方法

聚酰亚胺(PI)的酰亚胺基团,先是由有机芳香二胺和有机芳香二酸酐经过熔融缩聚或溶液缩聚得到聚酰胺酸,再经过化学酰亚胺化反应制得的。其中以含有酰酞亚胺结构的聚合物最为重要,PI 分为热固性和热塑性,其中热固性聚酰亚胺主要有双马来酰亚胺、降冰片烯封端聚酰亚胺、乙炔基封端聚酰亚胺,热塑性聚酰亚胺有聚醚酰亚胺。

聚酰亚胺的合成制备,方法很多,主要有溶液缩聚法、熔融缩聚法、界面缩聚法和气相沉积法。

5.3.1　溶液缩聚法

溶液缩聚法是指二酐单体和二胺单体在溶剂中直接进行缩聚制备聚酰亚胺的方法,具体可以分为一步法和二步法。一步法是将二酐和二胺两种单体混合后加入脱水剂,在高沸点溶剂中直接聚合生成聚酰亚胺,不生成中间产物聚酰胺酸(PAA)。该法的反应条件比较温和,关键要选择合适的溶剂。二步法是先由二酐和二胺单体在极性溶液中低温聚合获得前驱体聚酰胺酸(PAA),再通过分子内脱水闭环(亚胺化反应)生成聚酰亚胺,该法主要用于制备芳香族聚酰亚胺。

其中亚胺化反应又分为两种:加热脱水环化和催化脱水环化。PI 的溶解性在很大程度上取决于不同的亚胺化反应。通常,通过催化剂环化所制备的 PI 的溶解性要比加热环化得到的溶解性好。但是,加热环化得到的 PI 的热性能却优于加催化剂环化得到的 PI。因此,相同单体采用不同的方法得到的 PI 的热性能各有差异。

除了二酐与二胺反应外还有其他相似的制备方法,都属于溶液缩聚。如由二酐和二异氰酸酯反应获得 PI;邻位二碘代芳香化合物和一氧化碳在钯催化下与二胺反应转化为 PI;以 N-三甲基硅化二胺和二酐反应合成 PI;由二酐和二脲反应合成 PI;由萘二酐和肼及其他二酐得到 PI;由二硫酐与二胺合成 PI;邻位二碘代芳香化合物和一氧化碳在钯催化下与二胺反应转化为 PI 等。

5.3.2　熔融缩聚法

熔融缩聚法制备聚酰亚胺是将二酐和二胺两种单体、催化剂等加入到反应器中,加热熔融之后聚合制备聚酰亚胺的方法。用二胺与四羧酸二酯为原料,通过熔融法制备脂肪族聚酰亚胺。

5.3.3　界面缩聚法

界面缩聚法是指在两种不相容的溶液中,两种单体分别溶于两种溶液,之后在界面处进行的缩聚反应。界面缩聚法属于非均相体系,特点是要求单体活性高,所以反应速率快,可几分钟完成;反应温度低,室温即可。将溶在二氯甲烷中均苯四酰氯溶液和溶在水中二胺的溶液混合,之后进行界面聚合可以制备出聚酰亚胺。

5.3.4　气相沉积法

气相沉积法主要用于制备聚酰亚胺薄膜。在高温下,气态的二酐与二胺直接输送到混炼机内进行混炼,制成薄膜。这是由单体直接合成聚酰亚胺涂层的方法。因为这种方法是在高温下进行,所以在条件控制上有一定难度。

5.4 影响传输性质的因素

气体传输过程中,影响其传输效率的因素主要有扩散系数、吸附系数和溶解系数 3 大类。

5.4.1 影响扩散系数的因素

对玻璃态聚合物来说,影响其气体扩散系数及选择性的主要因素就是分子链堆积密度及局部迁移率。聚合物链的堆积密度决定了自由体积分数及其孔穴的分布大小。对特殊的聚酰亚胺来说,自由孔径大小对分子尺寸大的气体的扩散系数影响更大,酸酐的种类也对聚酰亚胺的选择性有很大影响。分子链的局部运动影响扩散系数表现为扩散选择性变化。在玻璃态时,分子链的局部运动对小尺寸自由孔穴及变尺寸自由孔穴的形成和损耗起非常重要的作用。分子链的局部运动越小,大分子的扩散就越困难,进而选择性提高。例如,如图 5.2 所示,6FDA 基聚酰亚胺中庞大的 CF_3 会限制苯环临近基团的扭转运动,而在 BPDA 或 BTDA 基聚酰亚胺中,单键及碳氧双键则不会限制。由于这种链节运动受限,就导致 6FDA 基聚酰亚胺比 BPDA 及 BTDA 基聚酰亚胺具有更高的选择性。

某些物理性质与膜材料的扩散系数之间也存在一定的关系。例如,在聚酰亚胺及其他一些玻璃态高聚物中,CO_2 的表面扩散系数的对数与内聚能密度(CED)之间是有联系的。CED 是衡量气体扩散的一个有效且重要的因素,因为 CED 是导致空间体积扩大的一个重要能量因素。另外,聚酰亚胺的介电常数和其气体渗透性之间也是相关联的。CED 和介电常数可以通过化学结构中基团的贡献计算出来,从而可以预测出扩散系数。

然而,物理性质对扩散系数的影响都是间接的,并不能很好地定量计算出其影响的相关性。只有更好地理解分散与结构的关系,才能通过自由体积分数、自由孔洞大小及局部分子链运动等的实验分析,获得更直接的相关性数据。

5.4.2 影响吸附系数的因素

图 5.4 为聚酰亚胺 CO_2 和 CH_4 的平衡吸附量 C 随 T_g 的变化曲线。由图 5.4 可知,C 与 T_g 之间的线性关系很粗糙。也就是说,聚酰亚胺中能吸附 CO_2 的官能团,如羰基、磺酰基,其官能团含量(FG)与 CO_2 的 C 之间没

有明显关系。

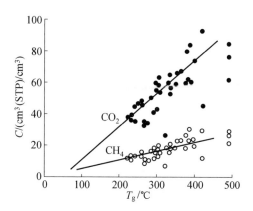

图 5.4 聚酰亚胺 CO_2 和 CH_4 的平衡吸附量 C 随 T_g 的变化曲线

双层吸附模型已经被应用到对聚酰亚胺及其他玻璃态聚合物中 CO_2 的吸附研究中。通过对模型的推导可知,聚合物中渗透量或平衡吸附量 C 是亨利定律与朗格谬而吸附量的总结果,其表达式如下:

$$C = k_D p + C'_H bp/(1+bp) \tag{5.8}$$

式中　　k_D——亨利常数;

　　　　b——朗格谬而亲和常数;

　　　　C'_H——饱和吸附量;

　　　　p——平衡大气压。

k_D,b,C'_H 是与物理特性及化学结构相关的 3 个参数。在聚酰亚胺及其他玻璃态聚合物中,b 随官能团含量增加而增加。这是因为羰基、磺酰基对 CO_2 有亲和作用。尽管 k_D 也随官能团含量增加而增加,但是二者间的相关性非常小。实际上 k_D 是官能团含量与 V_F 综合作用的结果。因为根据亨利定律,吸附首先要在分子链间形成足够容纳 CO_2 的空间,而大 V_F 会很容易使低堆积程度的聚合物基体达到这个间距。可能是由于 C'_H 与微孔的含量有关,而这种微孔与测试温度和玻璃化转变温度(T_g)密切相关,所以 C'_H 与 T_g 间的相关性很好。当压力低于 1 MPa,朗格谬而吸附分数最大可达 2/3 或稍高些。因此 T_g 对 CO_2 的 C 影响更大,而不是官能团含量。对于 CH_4,则主要考虑不计羰基、磺酰基的亲和作用,以朗格谬而吸附为主的相关性。

5.4.3 影响溶解系数的因素

一定压力下气体在聚酰亚胺中的溶解系数为

$$S = k_D + C_H \cdot b / (1 + bp) \tag{5.9}$$

N_2，O_2，CH_4 和 CO_2 这 4 种气体在聚酰亚胺均聚物和共聚物中的溶解系数大小顺序都是 $N_2 < O_2 < CH_4 < CO_2$，与它们的凝聚性变化趋势一致。而气体在不同聚酰亚胺中的溶解系数大小顺序均为 6FDA – durene > 6FDA – durene/pPDA > 6FDA – pPDA（图 5.5），与其自由体积大小次序一致，玻璃态聚合物自由体积越大，越有利于气体吸附溶解。

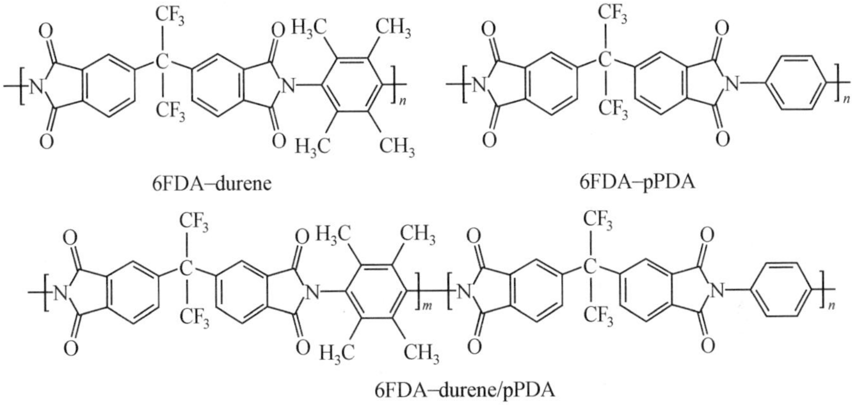

图 5.5　6FDA 型聚酰亚胺均聚物和共聚物的分子结构

6FDA 型聚酰亚胺对 CO_2/CH_4 的溶解选择性高于 O_2/N_2。这是因为玻璃态聚合物的气体溶解选择性大小受气体分子的相对凝聚性影响较大，CO_2 和 CH_4 的凝聚性差异大于 O_2 和 N_2 的差异，并且 CO_2 与 6FDA 聚酰亚胺中的 CF_3 基团之间存在四极子 – 偶极子相互作用，所以聚酰亚胺对 CO_2/CH_4 中 CO_2 的选择性更高。

5.5　聚酰亚胺膜结构与性能的关系

不同的聚酰亚胺膜材料，因有不同的分子或交联结构，使其在溶解性、选择性以及透过性等诸多性能及使用性能上有很大的差异。

5.5.1　二酐结构对聚酰亚胺气体分离性能的影响

芳香族四酸二酐是芳香聚酰亚胺的基本构成原料之一，二酐单体的结构变化必将引起芳香族聚酰亚胺的结构变化，聚酰亚胺的分子结构差异是决定其气体分离性能的主要因素。表 5.1 是芳香二酐单体结构对所形成的聚酰亚胺气体分离膜性能的影响。

表 5.1　芳香二酐单体结构对所形成的聚酰亚胺气体分离膜性能的影响

聚酰亚胺	玻化温度/℃	密度/(g·cm⁻³)	自由体积/(cm²·g⁻¹)	渗透系数				分离系数			
				30 ℃		100 ℃		30 ℃		100 ℃	
				H_2	O_2	H_2	O_2	H_2/N_2	O_2/N_2	H_2/N_2	O_2/N_2
PMDA-ODA	299	1.402	0.060	4.42	0.372	12.6	1.15	100	8.4	55.9	5.2
BPDA-ODA	290	1.382	0.056	1.00	0.059	3.00	0.245	365	22	169	13
BTDA-ODA	271	1.375	0.064	2.69	0.128	7.80	0.465	294	14	136	8.3
ODPA-ODA	260	1.376	0.066	3.58	0.137	9.60	0.473	216	9.8	111	6.2
TDPA-ODA	258	1.383	0.067	3.51	0.149	10.2	0.495	261	10.1	111	6.3
DSPA-ODA	295	1.407	0.067	4.21	0.150	10.6	0.641	210	9.7	98.6	5.9
SiDA-ODA	274	1.286	0.074	8.88	0.573	23.8	1.77	113	7.6	56.1	4.1
6FDA-ODA	296	1.431	0.068	34.7	3.230	70.7	6.74	64.8	6.0	52.6	5.1
HQDPA-ODA	246	1.370	0.063	3.00	0.162	8.63	0.583	118	6.4	73.0	5.1
BPADA-ODA	215	1.303	0.072	6.31	0.413	18.7	1.52	106	6.4	60.1	5.0
DEsDA-ODA	234	1.407	0.079	0.375	0.015	1.43	0.083	—	—	159	9.2
PMDA-MDA	308	1.350	0.063	4.96	0.299	13.9	0.938	95.5	8.3	57.3	3.9
BPDA-MDA	296	1.332	0.064	2.70	0.126	7.80	0.443	255	11.9	123	7.2
BTDA-MDA	280	1.346	0.067	3.02	0.158	8.55	0.537	206	10.8	104	6.5
ODPA-MDA	264	1.340	0.067	4.22	0.200	11.3	0.569	202	9.0	95.6	5.4
TDPA-MDA	265	1.343	0.068	4.07	0.185	11.1	0.617	201	9.3	97.3	5.6
DSDA-MDA	304	1.371	0.067	4.74	0.222	11.9	0.729	195	9.1	87.5	5.4
6FDA-MDA	297	1.408	0.068	33.5	3.040	68.9	6.38	65.8	6.1	50.7	4.8
HQDPA-MDA	249	1.334	0.066	3.81	0.182	10.8	0.725	143	6.8	82.3	5.5
BPADA-MDA	217	1.298	0.072	6.23	0.376	18.2	1.34	109	6.6	66.1	4.8

　　自由体积和链段及侧基局部运动是影响聚酰亚胺气体分离性能的主要因素,高分子链段及侧基的局部运动能力可用次级玻璃化温度(Sub-T_g)来衡量,而聚酰亚胺的次级玻璃化温度又正比于玻璃化温度,所以,聚酰亚胺链段及侧基的局部运动能力也可间接地用玻璃化温度来衡量。由表5.1可见,由于自由体积和链段及侧基局部运动能力的差异,由不同二

酐合成的 ODA 型或 MDA 型聚酰亚胺的透氢系数可以相差一个数量级,透氧系数相差两个数量级;H_2/N_2 选择性相差约 5 倍,O_2/N_2 选择性相差近 4 倍,可见二酐结构对聚酰亚胺气体分离性能的影响是非常大的。另外,二酐结构对聚酰亚胺气体分离性能的影响在高温下比在低温下小。当二胺为 ODA 或 MDA 时,双环二酐型聚酰亚胺透气性的大小顺序为:BPDA<BTDA<ODPA≈TDPA<DSDA<SiDA<6FDA,透气选择性的大小顺序则相反。多环二酐型聚酰亚胺透气性的大小顺序为:DEsDA<HQDPA<BPADA,透气选择性的大小顺序却与此相反。DEsDA 型聚酰亚胺的透气性极低,不能用作分离膜材料,而是性能优异的阻透气包装材料。BPDA 型聚酰亚胺的透气性也很低,但其透气选择性极高,通过共聚改性可获得比较均衡的气体分离性能。6FDA 和 SiDA 型聚酰亚胺具有很高的透气性和较高的 CO_2/CH_4 及 O_2/N_2 选择性和良好的溶解性。

异构化二酐对聚酰亚胺气体分离性能也有类似的影响。由异构化二酐合成的聚酰亚胺气体分离性能的差异主要是由自由体积及其自由体积分布所决定的,因为气体扩散系数和扩散选择性主要受自由体积及其分布的控制。

4 种二胺与不同酸酐制备的聚酰亚胺与 CO_2 系数的关系,用以研究酸酐结构对聚酰亚胺气体渗透性的影响。酸酐渗透性是逐渐增大排列的,其顺序为:6FDA(A)>TADATO(B)>PMDA(C)>TCDA(D)>DSDA(E)>BPDA(F)>BTDA(G)>ODPA(H)>P3FDA(I)。其中 6FDA 基聚酰亚胺比其他酸酐基的聚酰亚胺表现出更高的渗透性。庞大的—$C(CF_3)_2$—使分子链间作用力降低,而且 C—F 键分子间作用力很弱,导致较大的 V_F。有趣的是,氟化聚酰亚胺(P3FDA–TFDB)聚酰亚胺则表现出较低的气体渗透性,这主要是因为分子间作用力增大导致 V_F 下降。通过膜的颜色可知,TADATO 及 PMDA 基聚酰亚胺分子间的作用力较强,但由于聚合物链呈较强的刚性,仍能表现出较高的气体渗透性。另外,BTDA 及 ODPA 基聚酰亚胺,由于酸酐基团、羰基还有醚键的存在,致使分子链堆积更有效,构象自由程度更高,从而使气体渗透性下降。酸酐部分对 BPDA 基聚酰亚胺影响显著。由于单键旋转,聚合物构象改变,从而使这类聚合物堆积较PMDA基聚酰亚胺更有效。这种构象自由同样也会影响聚合物溶剂的吸附。这就是为什么大多数 BPDA 基聚酰亚胺都溶解在特殊的溶剂中,而 PMDA 基聚酰亚胺则不溶。磺酰基也是柔性的,但其体积庞大,这就解释了为什么 DSDA 基聚酰亚胺也具有较高的气体渗透性。而 TCDA 基聚酰亚胺与 DSDA基聚酰亚胺气体渗透性相近,这是因为脂肪族的酸酐破坏了分子间作用且同分异构混合物部分作用也很大。

5.5.2 桥联二胺结构对聚酰亚胺气体分离性能的影响

与取代间苯二胺等单核二胺相比,桥联二胺的化学结构对聚酰亚胺气体分离性能的影响更复杂。氨基邻位甲基取代可增大聚酰亚胺的自由体积,同时也能减小聚酰亚胺的链段及侧基的局部运动能力,从而可调节聚酰亚胺的气体分离性能。

对于具有高透气选择性的刚性联苯二酐(BPDA)型聚酰亚胺,二苯甲烷二胺(MDA)分子中引入取代基后,伴随着自由体积的增大,聚酰亚胺的透气性线性增大,透气选择性线性减小。对于具有低透气性的柔性HQDPA型聚酰亚胺,在氨基邻位引入甲基取代基后,聚酰亚胺的自由体积增大,链段的局部运动能力减小,使透气性和透气选择性同时增大;对于透气性和透气选择性都不高的刚性 PMDA 型聚酰亚胺,氨基邻位引入甲基也能使透气性和透气选择性同时增大,但聚合物性脆,溶解性不好,实用意义不大。

桥联二胺的桥联基团和苯环上的取代基及其取代位置对两类聚酰亚胺的气体分离性能均具有较大影响。在联苯胺的两个苯环间引入桥联基团,可增大聚酰亚胺的自由体积,降低链段的局部运动能力,从而增大其透气性,但同时透气选择性降低。3,3′-二甲基联苯胺(DMoBZD)的刚性比3,3′-二甲基二苯甲烷二胺(DMoMDA)大,所以 DMoBZD 型聚酰亚胺的透气选择性比 DMoMDA 型的好。二苯甲烷型二胺(MDA)的氨基邻位甲基取代比氨基间位甲基取代能更有效地改善聚酰亚胺的气体分离性能(透气性和透气选择性同时增大)。可见,取代基的性质、数量和取代位置可调节聚酰亚胺的链段及侧基的局部运动能力和自由体积及其分布,从而控制气体分离性能,同时改善聚合物的溶解加工性能,获得综合性能优异的气体分离膜材料。

理想的气体分离膜材料应同时具有高透气性和高透气选择性,但由于透气性和透气选择性是相互矛盾的,即高透气性高分子材料常常具有低透气选择性,而高透气选择性高分子材料常常具有低透气性,很难得到理想的气体分离膜材料。通过改变二胺的分子结构,特别是取代基的位置、数量和性质,可在很大程度上同时提高 HQPA 型聚醚酰亚胺的透气性和透气选择性。

尽管普通 HQDPA 型聚酰亚胺(例如 HQDPA-ODA 和 HQDPA-MDA)的透气性和透气选择性均比较低,但用氨基邻位取代的二苯甲烷二胺合成的 HQDPA 型聚酰亚胺(例如 HQDPA--TMMDA)却是性能优异的 H_2 分离与回收,以及劣质天然气除 CO_2 和脱湿用分离膜材料,不仅分离性能好,且成膜加工性能优异,以常用溶剂制作膜液,用水作为凝固浴纺制中空纤维膜。

5.5.3 共聚结构对聚酰亚胺气体分离性能的影响

共聚是调节聚酰亚胺气体分离性能最有效的方法之一。例如,BPDA-ODA 是刚性聚酰亚胺,自由体积很小,具有极高的透气选择性,但透气性太低,无实用价值。通过引入第三单体,增大聚合物的自由体积,在部分牺牲性透气选择性的条件下,可有效地改善其透气性。

共聚后的膜透气性,可用简单加合原理来描述。例如,HQDPA-DMMDA 具有很高的透气选择性,HQDPA-3MPD 具有很高的透气性。为了得到兼具有高透气性和高透气选择性的气体分离膜材料,对二者进行共聚。共聚后的 HQDPA-DMMDA/3MPD 膜,与共聚前两膜的关系为

$$\lg P = \Phi_1 \lg P_1 + \Phi_2 \lg P_2 \tag{5.10}$$

式中 P——共聚酰亚胺 HQDPA-DMMDA/3MPD 膜的透气系数;

P_1,P_2——HQDPA-DMMDA 和 HQDPA-3MPD 的透气系数;

Φ_1,Φ_2——HQDPA-DMMDA 和 HQDPA-3MPD 的质量分数。

可见通过改变共聚组成,能在一定程度上调节聚酰亚胺的气体分离性能。

5.5.4 形态的影响

对于 BPDA 与 ODA 所形成的聚酰亚胺,虽然铸态薄膜是完全无定形的,但是在玻璃化转变温度以上或左右进行退火处理的薄膜会具有一定程度的有序性,而这要归因于聚合物分子链段的聚集。其中 BO-1 用170 ℃干燥 20 h 后所得,密度为 1.366 g/cm^3;BO-3 在氮气保护下用 300 ℃干燥 2 h 后所得,密度为 1.409 g/cm^3;Upilex-R 是由日本宇部兴产株式会社生产的薄膜制品,其化学性质与 BPDA-ODA 聚酰亚胺相同,密度为 1.398 g/cm^3。

5.6 聚酰亚胺的改性

聚酰亚胺因其稳定的化学结构、优良的机械性能和高的自由体积,使其在分离气体混合物时能在具有较高渗透通量的同时还保持较高的选择性,所以广泛地应用于气体分离膜的制备。但聚酰亚胺膜的分离性能也需要进一步提高,其易塑化的缺点,使分离性能下降,从而阻碍了聚酰亚胺膜

的更广泛应用。因此,为了更经济有效地利用聚酰亚胺膜材料,已有大量的研究工作集中在物理和化学改性方法来,提高聚酰亚胺膜的气体分离性能。

5.6.1　分析结构改造方法(合成改性)

聚酰亚胺是由芳香族或脂肪环族四酸二酐和二元胺缩聚得到的芳香环或者脂肪环高聚物。二酐和二胺的化学结构是影响其透气性的主要因素,通过改变二胺或二酐的化学结构可获得高性能的聚酰亚胺气体分离膜材料。

由苯二胺、联苯胺、稠环芳二胺制得的聚酰亚胺由于主链刚性大、自由体积小、透气性差,需改性。因此引入取代基增大聚酰亚胺的自由体积,改善透气性。例如在二酐中引入含氟基团($-CF_3$)后,聚酰亚胺不仅溶解性有所改善,而且其透气性也显著增加。含氟基团有两方面作用,其一是增大自由体积和分子主链的刚性;其二是增大气体的溶解性,二者的协同效应使聚酰亚胺兼具有高透气性和高气体选择性。例如在联苯二酐(BPDA)的两个苯环间引入具有较大体积的六氟亚异丙基(6FDA)后,透气性可提高一个数量级,且其选择性并不比联苯型聚酰亚胺逊色。

Kazuhiro 等人对比研究了由含磺酸基的二胺(BAPHFDS(H))和不含磺酸基的二胺(BAPHF)合成的聚酰亚胺膜的气体分离性能。结果表明,含有磺酸基的聚酰亚胺膜在不损失渗透通量的情况下具有较高的选择性,其 H_2/CH_4 选择性比不含磺酸基的要高 230% ,这主要是由磺酸基团引起的强分子间作用力使大分子的扩散性能降低的原因。

Liu 等人通过六氟二酐与四甲基对苯二胺缩聚得到的含氟聚酰亚胺(6FDA—durene)与二甲基乙醇胺(DMEA)反应,从而得到了含有 DMEA取代基的聚酰亚胺。对于 H_2/N_2 和 O_2/H_2 ,改性后的聚酰亚胺膜的气体选择性有较大提高。

同时,二酐的化学结构也是影响聚酰亚胺透气性的主要因素。刚性二酐合成的聚酰亚胺自由体积较大,玻璃化温度高,内聚能密度大,所以具有较好的透气性和选择性。例如,Qiu 等人用含有联苯结构和大的刚性取代基的二酐合成聚酰亚胺,大大提高了膜的透气性。但如果分子链刚性太大,聚酰亚胺难溶难熔,成膜困难。

5.6.2　交联改性方法

聚酰亚胺交联形成网络后,链段活动性减小,透气性下降,气体选择性提高。有时交联在减小链段活动性的同时,也可能增大自由体积,导致透气性和气体选择性同时升高。例如用交联后的6FDA型聚酰亚胺膜可显著提高透气性。并且,交联改性通常会增加聚酰亚胺的抗塑化性能,使聚酰亚胺在苛刻的操作环境下或在高压冷凝性气体的分离时具有更好的性能。

(1)紫外(UV)辐射交联改性

UV辐射交联方法常常使用于主链中含苯甲酮结构的聚酰亚胺。由于交联作用,高分子链段运动困难,因此这种方法使得膜的气体选择性提高的同时,也常会降低膜的透气性。

例如,3,3′,4,4′-二苯甲酮四羧酸二酐(BTDA)分子中两个苯环间的羰基是光活性基团,在365 nm UV的辐射下,BTDA型C-N键邻位多取代聚酰亚胺会发生分子间光交联。UV交联改性BTDA型聚酰亚胺的反应机理如图5.6所示。

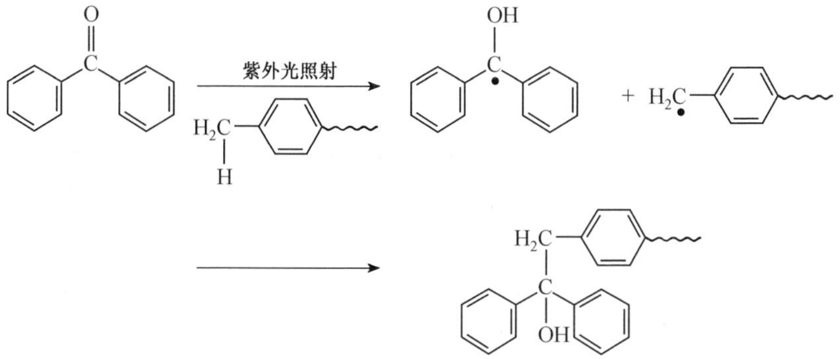

图5.6 UV交联改性BTDA型聚酰亚胺的反应机理

Hays研究发现,这类聚酰亚胺UV辐照交联后,在透氧性无太大减小的情况下,O_2/N_2选择性显著增大,其主要原因是气体扩散系数的增大和气体扩散选择性的减小。但是,Okamoto却得到了不同的结果:随着UV辐射时间的增长,膜对各种气体的透气性降低,但对于CO_2和H_2来说,却呈现出相反的趋势。透气性的降低主要是因为自由体积的减少。Liu等人研究了UV辐射交联方法,结果表明,正常的趋势是气体选择性提高而渗透通量降低,但对于H_2/N_2来说,交联后的共聚物同时具有较高的透气性和选择性。

对于这些UV辐射交联的膜材料来说,一个缺点就是交联度与实验条件有很大关系。辐射时间、辐射强度、材料与光源的距离等都会影响交联度。Liu 等人的研究表明,含苯甲酮结构的聚酰亚胺不仅在 UV 辐射下可以交联,同样,其在正常无 UV 辐射的条件下也可进行交联,只不过在正常条件下气体选择性的增量远小于 UV 辐射下的增量。这很可能是由于 UV 辐射下的交联主要发生在薄膜表面,使其具有较高的交联密度,从而使透气选择性增加。

(2)化学交联改性

化学交联改性是改进聚酰亚胺气体分离膜分离性能的最有效的方法,因此,已经有大量相关的报道。Koros 等人研究了含有羧基的(DABA 型)聚酰亚胺共聚物在交联剂乙二醇作用下发生的交联反应,其反应如图 5.7 所示。

图 5.7　含有羧基的(DABA 型)聚酰亚胺共聚物的交联反应

实验结果表明,交联后共聚物的透气性稍有降低而气体选择性增加,这主要是化学交联减少了分子链的运动能力且同时提高了分子的自由体积的结果。Koros 等人还比较了聚酰亚胺共聚物的物理交联(—COOH 间氢键的交联)和化学交联。可以发现,化学交联后的共聚物对 CO_2 的透气量比物理交联的高 45%,且物理交联后的共聚物在 1.418 MPa 下就产生塑性变形,而化学交联后的聚合物至 3.55 MPa 都没有明显变化,从这一点可以说明化学交联方法优于物理交联方法。在另外的研究中,Koros 等人用铝离子代替乙二醇作为交联剂,通过比较得出结论:在高压下,用共价键进行化学交联是保持扩散选择性的最有效的方法。David 同样研究了有—COOH 的聚酰亚胺中空纤维薄膜在乙二醇作用下发生的交联反应,得到了类似的结果。

Shao 等人也研究了交联剂结构对交联后含氟聚酰亚胺膜的气体分离性能的影响。所用的交联剂为线性脂肪族二胺 $NH_2(CH_2)_n NH_2$($n=2$,EDA;$n=3$,PDA;$n=4$,BuDA)。这种交联改性提高了膜的气体分离效率,尤其是对 H_2 与 CO_2 的分离。其中,在纯气体中最高的气体分离系数是 101,通过与传统的 Trade-Off Line 对比发现,这是目前最好的用于 H_2/CO_2 分离的高分子膜材料。

而这种方法交联后的膜在混合气体测试中得到最高的气体分离系数比相应的纯气体测试要低,选择性减少的原因主要是由 H_2 和 CO_2 之间的吸附竞争导致的。但无论是对纯气体还是混合气体,交联后的膜的气体分离性能都优于其他高分子膜。随着世界性的能源危机,这种膜在新能源的分离与纯化上会有较大的应用前景。

另外,Shao 等人还进一步探讨了热处理温度对二胺交联聚酰亚胺膜的影响。在 120 ℃ 温度下,可以高效地引发交联反应并可增加聚酰亚胺表面的交联度,膜的气体分离性能也大幅度增加。但当温度达到 250 ℃,聚合物的交联结构被破坏并发生降解,使膜的气体分离性能降低,故高温热处理并不利于提高 DAB 交联膜的气体分离性能。但其也发现,在适当的温度下处理交联膜,会增加膜的抗塑化性能。其原因可能是热处理引发交联聚酰亚胺膜中生成电荷转移络合物。

(3)半互穿网络聚合物改性

Strathmann 等人通过合成半互穿网络聚合物改进聚酰亚胺气体选择性,其将低聚物与树脂共混在高温下交联共混聚合物得到半互穿网络聚合物。研究表明,这是一种阻止由 CO_2 引起的膜的塑性变形的有效方法,但交联后的气体透过性却大大降低。Beckham 等人用 6FDA 与带炔基的聚酰亚胺低聚物共混后交联的方法合成了半互穿网络聚合物,实验证明,对于这种聚合物,合成半互穿网络聚合物是一种不错的改性方法,改性后膜的气体选择性增加而透气性却没有多少变化,且随着交联组分的增加,膜的耐化学性增强,气体选择性增加,透气性降低。但是在 Beckham 的研究中,并没有考虑温度的影响,而热处理温度在实际应用中却是一个非常重要的参数。

5.6.3 共混改性方法

共混改性是聚合物改性的常用方法,它在聚酰亚胺的改性中也得到了应用,如 PI 与四乙氧基硅烷混合,制备具有高强度、低膨胀系数的原位复合自增强材料;利用环氧树脂与 PI 共混,混合物既有较高的黏附性,又有较高的耐热性能。

(1)聚酰亚胺/无机纳米粒子共混改性

由于纳米粒子所具有的小尺寸和大的比表面积,使得它在某些方面具有特殊的性质。通过无机纳米粒子的加入可以使得聚酰亚胺的性质达到更高的水平。聚酰亚胺的纳米改性方法主要有溶胶-凝胶法、原位聚合法及插层法。溶胶-凝胶法是制备聚酰亚胺/无机纳米杂化材料的最常用方法。

王茂功等人以硅藻土-莫来石陶瓷膜管为支撑体,以 TiO_2 为过渡层,通过溶胶-凝胶法利用具有羧基支链的聚酰亚胺和 TiO_2 溶胶制备了一系列不同 TiO_2 含量的聚酰亚胺/TiO_2 杂化膜。结果表明,聚酰亚胺通过支链上的羧基和 TiO_2 相键连织构成了具有规则孔道的空间网状结构,并且随着 TiO_2 含量的增加,孔径逐渐减小;相对于聚酰亚胺膜,杂化膜对 H_2,CO_2 和 H_2O 具有较高的分离性,TiO_2 质量分数为 25% 的杂化膜对 H_2/N_2,CO_2/N_2 和 H_2O/N_2 的分离系数分别达到了 56.6,31.3 和 55.3,具体数据见表 5.2。

表 5.2　含 TiO_2 的杂化膜对 H_2/N_2,CO_2/N_2 和 H_2O/N_2 的分离渗透性能

样品	渗透系数/$(10^{-8} mol \cdot m^{-2} \cdot s^{-1} \cdot Pa^{-1})$				分离系数		
	N_2	H_2	CO_2	H_2O	H_2/N_2	CO_2/N_2	H_2O/N_2
PIT00	2.4	81.3	52.1	75.7	33.9	21.7	31.5
PIT05	1.9	78.1	46.3	65.8	41.1	24.4	34.6
PIT15	1.5	70.4	38.7	61.2	46.9	25.8	40.8
PIT25	1.1	62.3	34.4	60.8	56.6	31.3	55.3

(2)聚酰亚胺/过渡金属有机络合物共混改性

某些过渡金属的有机络合物可在膜材料中均匀分散,形成共混杂化材料,能够有效增大聚合物材料的自由体积,同时过渡金属与聚酰胺酸中的羧基能够部分络合,形成分子链间的交联,可提高其刚性,从而保证气体的选择性在分子链间距增大时不会有较大的下降。

史德青等人用三苯二醚四酸二酐(HQDPA)或二苯酮四酸二酐(BTDA)与二氨基二苯甲烷(MDA)缩聚合成出聚酰胺酸溶液,将此溶液与过渡金属有机络合物共混,再经热亚胺化即可制备出一类新型的过渡金属有机络合物/聚酰亚胺杂化气体分离膜材料。制得的杂化材料保持了聚酰亚胺良好的力学性能、耐热性能和耐溶剂性能,并且过渡金属有机络合物的加入能够增加聚酰亚胺材料的分子链间距。结果表明,H_2 透气系数可提高 40% 左右;添加量不同,膜的透气速率增减的幅度也不同,在添加量低于 2.0%(质量分数)时,随添加量的增加,气体透过速率增加;添加量高于 2.0%(质量分数)后,透过速率略有下降,但改性对气体的选择性影响不大。

(3)聚酰亚胺/聚合物共混改性

相对于研制新的聚合物而言,聚合物共混物的开发是比较经济的。

Kim 等人以芳香族聚酰亚胺和聚乙烯吡咯烷酮(PVP)共混制备了炭分子筛膜。实验结果表明,共混后制备的炭分子筛膜相对于纯聚酰亚胺制备的炭分子筛膜具有较高的透气量,但选择性却有所下降。O_2 的透气速率从 $3\ 750.25\times10^{-18}\ m^2/(s\cdot Pa)$ 增加至 $6\ 075.405\times10^{-18}\ m^2/(s\cdot Pa)$,而对于 O_2,气体选择系数则从 11 降至 7。同时,最终的热处理温度也会影响气体分离性能,随着温度的上升,透气性下降。

吴庸烈等人将聚酰亚胺和磺化聚芳醚砜共混制备了中空纤维膜,并将其用于醇/醚气相分离的研究。结果表明,对于聚酰亚胺类材料,它们的透过通量虽然为一般水平,却表现出很高的分离系数,与聚砜类材料相比有数量级的差别,特别是聚酰亚胺/磺化聚芳醚砜共混改性的聚酰亚胺膜,在透过通量没有明显降低的情况下,分离系数大幅度提高,尤其在气相中甲醇含量不高的浓度范围内,具有极高的分离系数,显示出较好的应用前景。

另外,现在也有用聚酰亚胺与碳纳米管、分子筛共混的方法来改性聚酰亚胺膜。Pechar 等人将 6FDA-6FpDA-PDMS(聚二甲基硅氧烷)共聚物与碳纳米管共混,对于 CO_2,O_2,N_2 和 CH_4,膜的透气性增加而选择性无太大变化。Pechar 等人还用硅烷类偶联剂 APTES 交联分子筛,通过提高分子筛对高分子材料的结合力制备了无界面空腔的 ZSM-2/6FDA-6FpDA-DABA 共混膜,但共混膜对气体渗透性能的影响并不显著。

5.6.4 其他改性方法

(1)共聚改性

共混改性方法常常由于各组分相容性的问题而产生相分离,导致膜的气体分离性能下降,而采用共聚改性的方法则不会产生相分离,更大可能地提高膜的气体分离性能。

张鑫巍等人以 6FDA 为二酐单体,TMPDA(2,4,6-三甲基-1,3-苯胺)、DABA(3,5-二氨基苯甲酸)为二胺单体,合成了含有易交联极性基团—COOH 的新型 6FDA 型聚酰亚胺共聚物。在 30 ℃和 101 325 Pa 下测试了摩尔比为 3:1 和 9:1(TMPDA:DABA)共聚物的 H_2,CO_2 和 N_2 的纯气渗透系数。结果显示,两种共聚物均有很高的渗透系数和 CO_2/N_2 的理想分离系数。其中 6FDA-TMPDA 与 DABA 摩尔比为 9:1 体系的 CO_2 纯气渗透系数达到 $1.125\times10^{-13}\ m^3\cdot m/(m^2\cdot s\cdot Pa)$,两种共聚物的 CO_2/N_2 理想分离系数介于 20~30。

Maya 等人共聚合成了一种含有聚环氧乙烯的聚酰亚胺共聚物。在

200 ℃热处理温度下,N_2和CO_2的透气性明显增加(300%)而选择性稍有下降(10%),而且随着温度的升高,透气性也逐步增加且选择性基本不变。

(2)离子束改性

离子束是指不同的粒子或离子产生的高能离子束。通常离子束主要用来对聚合物的表面进行膜的离子束改性,离子束由α粒子和N^+产生。由于离子束只会对膜的表面进行改性,所以作者用离子束照射聚酰亚胺膜的两面。研究表明,在2 MeV(兆电子伏特)α粒子的离子束照射下,对于H_2和CH_4,膜的透气性增加,这是自由体积增加的结果。在170 keV N^+的离子束照射下,对于H_2膜的透气性稍有减少而对于CH_4膜的透气性明显下降,这主要是因为照射后密度增大的结果。然而,离子束照射下膜的选择性均会增加。

气体膜分离技术是一种"绿色技术",聚酰亚胺膜因其卓越的机械和气体分离性能,越来越多地引起了人们的注意。但由于其塑化作用,膜的分离性能受到很大影响,通常选用改性的方法来解决塑化问题和改善聚酰亚胺膜的性能。目前,该领域的研究主要集中在通过改性开发高渗透通量、高渗透选择性、化学稳定性以及热稳定性等更为理想的新型膜材料。对聚酰亚胺主要的改性方法有化学结构改造、交联、共聚、共混等方法。其中,交联改性方法和共混改性方法尤其是聚酰亚胺与无机纳米粒子、分子筛共混的方法有着良好的发展前景。

聚酰亚胺作为气体分离膜领域里的重要组成部分,在气体选择性、渗透性以及多种物理化学性质方面,有着众多的优势和可塑性。聚酰亚胺气体分离膜可分离提纯多种常见气体,并有很好的分离效率,在气体分离领域有着广泛的应用和发展前景。

参考文献

[1] 朱春,徐安厚,宗传永,等. 含氟聚酰亚胺气体分离膜研究进展[J]. 有机氟工业,2012(1):24-29.

[2] 祁喜旺,陈翠仙,蒋维钧. 聚酰亚胺气体分离膜[J]. 膜科学与技术,1996(6):1-7.

[3] 彭福兵,刘家祺. 气体分离膜材料研究进展[J]. 化工进展,2002,21:820-823.

[4] 柯伟. 联苯型聚酰亚胺薄膜制造方法的研究[J]. 合成树脂及塑料,1991(3):75-77.

［5］李悦生,丁孟贤,徐纪平. 分子结构对 6FDA 型聚酰亚胺透气性能的影响［J］. 应用化学,1993,10:81-83.

［6］赵丽萍,寇开昌,吴广磊,等. 聚酰亚胺合成及改性的研究进展［J］. 工程塑料应用,2012,12:108-111.

［7］俞国栋. 聚酰亚胺的合成方法及应用［J］. 辽宁化工,2013(5):542-546.

［8］伍艳辉,张海峰,李明,等. 6FDA 型聚酰亚胺中气体溶解行为的分子模拟［J］. 化工学报,2009(3):762-768.

［9］李悦生,丁孟贤,徐纪平. 聚酰亚胺气体分离膜材料的结构与性能［J］. 高分子通报,1998(9):1-8.

［10］黄旭,邵路,孟令辉,等. 聚酰亚胺基气体分离膜的改性方法及其最新进展［J］. 膜科学与技术,2009(2):101-108.

第6章 全氟聚合物气体分离膜

6.1 引 言

1938 年,杜邦公司的 Roy Plunkett 发现了全氟聚合物聚四氟乙烯(PTFE),这一发现极大地促进了橡胶含氟聚合物和无定型含氟聚合物的发展。早期的研究者认为含氟聚合物具有许多独特的实用性能,如耐热性和耐化学性。这些性能源于这种聚合物的碳-碳共价键、碳-氟键和以碳原子为中心的氟原子保护层,包括酸、碱、有机溶剂、油和强氧化剂等的大多数化学品对于含氟聚合物都没有影响。因此,此类聚合物经常被应用于比较恶劣的化学环境中。含氟聚合物也具有特定的光学、电子和表面性能。这些优良性能使含氟聚合物在诸如汽车、电子、航空、化学、专业包装和医药等工业上得到广泛的应用。

20 世纪 80 年代中期,通过致密的含氟聚合物薄膜来进行气体传输的研究还相对较少。这主要是由于含氟聚合物的半晶化导致其具有较低的透过性,另外含氟聚合物制备困难的特点也限制了其作为气体分离膜的潜在应用。例如,PTFE 在许多普通溶剂中是不溶解的,同时由于其熔点高达 325 ℃,借助一般的方法也不能使其熔融。因此,应用溶纺制备技术将 PTFE 和其相关的含氟聚合物作为原料来制备非对称中空纤维或者复合膜就变得有些困难。此时,已经开始对非孔含氟聚合物薄膜的气体传输性能研究。

Brandt 和 Anysas 最先系统地介绍了在一些致密氟碳基聚合物薄膜上研究气体扩散输运的实验。他们发现了全氟聚合物比碳氢聚合物具有更低的扩散激活能。他们认为,这与预先出现的孔洞或者与在全氟聚合物制备的凝固过程中出现的微通道有关系。许多科学家通过研究也表明,与聚乙烯相比,全氟聚合物对于轻气体具有更好的渗透系数,而对于高沸点的碳氢化合物则具有较低的透过率。这一研究结果可以使全氟聚合物应用于汽油箱和软管套头上。

在 20 世纪 80 年代早期,Korns 和他的团队研究了 PTFE 和全氟乙烯丙烯共聚物(FEP)对碳氢气体和其他气体的输运问题。Pasternak 等人也研究了混合气体实验和聚合物退火效应。他们发现全氟聚合物退火可导致聚合物晶化,从而使气体溶解度和扩散度下降。EI-Hibri 和 Paul 研究了聚偏氟乙烯(PVDF)在变温过程中的气体传输效应,发现退火条件增加了气体传输的相关参数。他们认为这种传输效应是由退火条件下 PVDF 中非晶和晶态区域共同作用的结果。Paul 研究组研究了在干燥的全氟磺酸聚合物(Nafion)中的气体传输行为,发现其 He/H$_2$ 和 N$_2$/CH$_4$ 分离系数非常高。Fitz 公布了商用全氟聚合物中大量的气体渗透数据,这些早期的全氟聚合物传输数据收录在 *the Polymer Handbook* 中。

从 20 世纪 80 年代中期开始大量的研究聚焦于具有含氟功能基团的聚合物气体分离膜上,这些材料包括含氟聚砜、聚碳酸酯和聚酰亚胺。一般来说,含氟基团加入到这些非晶态的聚合物中可抑制高分子链的团聚,同时增加聚合物膜的渗透系数。本章主要讨论含氟和全氟聚合物中的气体传输性能。在全氟聚合物中碳氟键对于气体的传输性能有重要的影响。

在过去的 20 年中,非晶态、可溶解的全氟聚合物的发现为膜分离材料提供了新的契机,例如 Teflon® RAF,Cytop™ 和 Hyfloo® AD。这些非晶态的全氟聚合物可以制成薄的、高通量的复合膜,同时保持含氟材料出色的化学稳定性。本章 6.3 节将讨论全氟聚合物独特的化学性能,这种性能使其在膜应用方面比碳氢聚合物具有更显著的优势。

6.2 无定型全氟聚合物

全氟聚合物在气体分离膜上的一个突破性的应用,是杜邦公司在 20 世纪 80 年代发明的 Teflon® AF。这类非晶态聚合物家族是基于四氟乙烯和 2,2-二(三氟甲基)- 4,5 -二氟- 1,3 -二氧杂环戊烯共聚合成的。此聚合物可以溶解并铸造于全氟溶液中。大量的二氧杂环戊烯单体可以有效地阻止聚合物链的团聚,阻止晶相的形成并产生完全非晶的具有较高气体渗透系数的聚合物。这一特性结合全氟聚合物的化学和热稳定性,使得 Teflon™ AF 及其相关聚合物可用作气体分离膜材料。另两类非晶态全氟聚合物为 Cytop™ 和 Hyfloo™ AD,分别由 Asahi Glass 和 Ausimont(Solvay Solexis)研究发明。这些聚合物的结构和化学性能见表 6.1。其中聚四氟乙烯(PTFE)为半晶态的聚合物。由于二氧杂环戊烯单体阻止聚合物链的团聚,致使 Teflon™ AF 的密度最低。在氮气透过性上,Teflon™ AF2400 比 PTFE 高两个数量级。表 6.1 中其他非晶态全氟聚合物也比 PTFE 的气体透过性高。从应用的观点来讲,这 3 种非晶态全氟聚合物在一定的全氟溶液中是可溶的,通过溶液浇铸可以制备复合薄膜。

表 6.1　几种全氟聚合物的结构和化学性能

聚合物	化学结构	密度/(g·cm^{-3})	玻化温度/℃	氮气渗透系数
PTFE	$+CF_2-CF_2+_n$	2.1	30	1.3
Teflon AF	（含 F_3C、CF_3、O、F、C 的环状结构）	1.74	240	480
Hyflon AD	（含 F、O、C、CF_3 的环状结构）	1.92	134	24
Cytop	（含 CF_2、CF、O、$(CF_2)_x$、$(CF_2)_y$、$(CF_2)_z$ 的环状结构）	2.03	180	5.0

　　表 6.2 和 6.3 分别列出了 5 种不同的非晶全氟聚合物的气体渗透系数和分离系数。从渗透系数最高的 Teflon AF2400 到最低的 Cytop,这些材料表现出较宽的渗透率范围。通过自由体积分数(FFV)可以很好地描述这些全氟聚合物的相对渗透率。FFV 是聚合物基体中分子传输自由空间的测量值。从这些数据可以看出,气体的渗透率和 FFV 的顺序为:Teflon AF2400>Teflon AF1600>Hyflon AD80 $\approx$ Hyflon AD60>Cytop。

表 6.2 非晶全氟聚合物在 35 ℃时对于纯气体的渗透系数

渗透系数	Teflon AF2400 ($FFV=0.33$)	Teflon AF1600 ($FFV=0.31$)	Hyflon AD80 ($FFV=0.23$)	Hyflon AD80 ($FFV=0.23$)	Cytop ($FFV=0.21$)
He	—	—	430	390	170
H_2	2 090	550	210	180	59
CO_2	2 200	520	150	130	35
O_2	960	270	67	57	16
N_2	480	110	24	20	5.0
CH_4	390	80	12	10	2. 0

表 6.3 非晶全氟聚合物在 35℃时对于纯气体的分离系数

分离系数	Teflon AF2400	Teflon AF1600	Hyflon AD80	Hyflon AD80	Cytop
He/H_2	—	—	2.0	2.1	2.8
He/CH_4	—	—	35	39	84
H_2/CH_4	5. 3	6. 9	18	18	30
CO_2/CH_4	5. 7	6. 5	13	13	18
O_2/N_2	2. 0	2. 4	2. 8	2. 9	3. 2
H_2/CH_4	1. 2	1. 4	2. 0	2. 0	2. 5

对于这几种气体分离膜,气体透过性的对数和 *FFV* 的倒数呈线性关系。几种非晶态气体分离膜在 35 ℃的 N_2 透过性曲线如图 6.1 所示。图 6.1 中也列出了传统碳基聚合物的透过性,与这些全氟聚合物相对较高的气体透过性形成对比。

一般来说,我们希望所选定的气体分离膜既有高的渗透系数也有高的分离系数。高渗透系数会减小用于气体分离的膜面积,进而降低系统成本。高分离系数则增加了产品的纯度,同时降低了操作成本。对于膜分离领域中较为关注的轻气体对,全氟聚合物的渗透系数和选择系数并不是特别突出。例如,渗透系数最高的 Teflon AF2400 全氟聚合物对于 O_2/N_2 的分离系数为 2.0,而其分离系数与橡胶态聚合物–聚二甲基硅氧烷是一样的。Cytop 对于 O_2/N_2 的分离系数为 3.2,明显小于具有相近渗透系数的聚酰亚胺。尽管全氟聚合物的 O_2/N_2 的分离系数较低,但由于其具有较高的

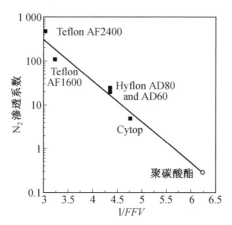

图 6.1　几种不同的全氟聚合物和碳基聚合物在 35 ℃ 的 N_2 透过性曲线

渗透系数和化学与热的稳定性,全氟聚合物仍被应用于富氧的环境中。

　　另一方面,全氟聚合物对于一些轻气体对具有特殊的传输性能。图 6.2 所示为 He/H_2 分离系数和 He 渗透系数的关系曲线。Robeson 定义了一个上限,预测没有聚合物可以达到此范围以上。但图 6.2 中的数据说明了全氟聚合物可以使 He/H_2 的分离系数和 He 渗透系数超过这个上限。另外 He/H_2 的分离很少有大规模的工业应用,仅仅是在航天工业上有些需求。因此,全氟聚合物以其优异的分离性能应用于气体分离膜。

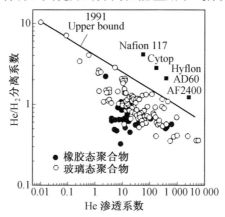

图 6.2　He/H_2 分离系数和 He 渗透系数的关系曲线

　　全氟聚合物在工业上的一个重要应用方向是对 N_2/CH_4 混合气体的分离。最近的研究报告显示,美国储藏的天然气由于含有大量的 N_2,因此品质较低。这种 N_2 体积分数一般在 10% ~ 30% 的天然气,用蒸馏方法来分离提纯显然很不经济。例如,采用理想的膜分离技术在高压状态下过滤除去氮气而留下甲烷的方法将是一个很好的选择。然而,应用聚合物膜从 CH_4 中分离出 N_2 是很困难的。从图6.3中可以看出,大多数聚合物对于 N_2/CH_4 分离系数比较相近,而全氟聚合物同时具有较高的 N_2/CH_4 分离系数和 N_2 渗透系数。

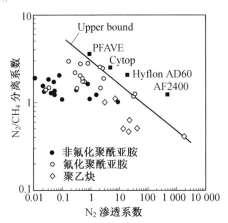

图6.3 N_2/CH_4 分离系数和 N_2 渗透系数的关系曲线

应用气体分离膜来分离 N_2/CH_4 比较困难,其原因与气体分子性能和渗透过程的本质有关。气体通过聚合物薄膜进行渗透遵循溶解-扩散机理。气体的溶解度可以通过气体压缩率来测量。不考虑一些特定的相互作用,气体的压缩率越大,它的溶解度也越大。聚合物中的气体扩散系数可以通过分子尺寸来测量,分子越大,扩散系数越低。N_2 分子比 CH_4 分子体积小,则 N_2 更容易扩散。然而,CH_4 的可压缩性比 N_2 好,则 CH_4 的溶解性更好。另外,N_2 和 CH_4 分子性能的差别较小,溶解系数和扩散系数的差别也较小。因此,聚合物薄膜对于 N_2/CH_4 的分离系数也是比较低的。

全氟聚合物对于 N_2/CH_4 溶解性和扩散性的选择是不同于其他聚合物膜的。图6.4为 N_2/CH_4 相对于 N_2 扩散系数与扩散分离系数的关系图,图中包含了聚酰亚胺、聚砜、碳基聚合物和两种全氟聚合物。聚酰亚胺具有相对较高的 N_2/CH_4 扩散分离系数。相反,全氟聚合物具有较低的 N_2/CH_4 扩散分离系数,但其扩散性仍然比聚酰亚胺高一个数量级。可以证明的是,全氟聚合物在 N_2/CH_4 扩散分离系数上所缺少的不仅仅是其独特的溶解性能。

图6.5为 N_2/CH_4 相对于 N_2 溶解系数与溶解分离系数的关系图,包括图6.3和6.4中的聚酰亚胺和全氟聚合物。由于甲烷比氮气更容易压缩,

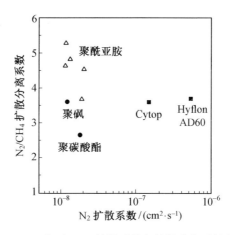

图 6.4 N$_2$/CH$_4$ 相对于 N$_2$ 扩散系数与扩散分离系数的关系图

甲烷在所有聚合物中都更容易溶解。因此,N$_2$/CH$_4$ 的溶解分离系数小于1,并导致所有聚合物的总分离系数降低。对于聚酰亚胺,甲烷比氮气更易溶解($S_{N_2}/S_{CH_4}<0.4$)。相对其较高的扩散分离系数,聚酰亚胺的扩散系数显著地降低了。相反,对于全氟聚合物,N$_2$ 和 CH$_4$ 的溶解系数比较接近($S_{N_2}/S_{CH_4} \rightarrow 1$)。由于这个特殊的 N$_2$/CH$_4$ 溶解分离系数,即使全氟聚合物并不像聚酰亚胺那样进行有效的尺寸筛分,它们也具有较高的 N$_2$/CH$_4$ 分离系数。非晶态全氟聚合物的这种溶解行为使轻气体具有相对较高的溶解系数,例如 N$_2$,而使烃类气体具有相对较低的溶解系数,例如 CH$_4$,同时,这种特殊的行为对于 N$_2$/CH$_4$ 分离系数的影响也是很敏感的。这些非典型的溶解性能可使非晶全氟聚合物膜具有其他一些特性。

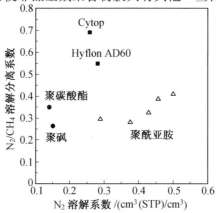

图 6.5 N$_2$/CH$_4$ 相对于 N$_2$ 溶解系数与溶解分离系数的关系图

基于这一点,检验和比较全氟聚合物与碳氢聚合物中气体和蒸汽的溶解系数是很有意义的。忽略聚合物和渗透分子间的相互作用,聚合物的溶解系数可以用气体的压缩率来测量。这些年,研究人员已经应用气体临界温度、标准沸点温度和 Lennard–Jones 力常数假设了在液体和聚合物中气体溶解系数的大量相关性。图 6.6 为 n-庚烷(GH_{16})、聚二甲基硅氧烷(PDMS)、聚三甲基硅-1-丙炔(PTMSP)和非晶态聚乙烯材料中的气体溶解系数,横坐标是标准沸点温度。对于烃类液体和烃类聚合物,溶解度的对数和标准沸点温度呈线性增加关系,这个关系可表述为

$$\lg S = M + N(T_b) \tag{6.1}$$

式中　　N——斜率,表征在给定的材料中压缩率对溶解系数的影响,是对于溶解分离系数的测量值;

　　　　M——材料中相对吸附量的测量值。

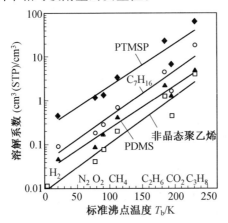

图 6.6　几种材料中的气体溶解系数

碳氢和碳氟材料中吸收率相关参数见表 6.4。在这些烃类液体和聚合物中,它们的斜率 N 接近相等,说明它们的吸附分离系数也大体相等。更广泛地说,对于非极化轻气体和烃类气体,它们的溶解分离系数变化很小。

图 6.7 给出了 4 种不同的含氟媒介以标准沸点温度 T_b 为函数的气体溶解系数。与烃类材料的结果相似,在含氟聚合物中,溶解系数的对数和渗透沸点呈线性增加的关系。图中这 4 种含氟材料的直线趋势近似平行,和烃类材料是相似的。然而,碳氟和碳氢类材料直线趋势的斜率还是不同的,这一点可以从表 6.4 中的参数 N 看出。碳氟材料的 N 值比碳氢类材料要低30%~40%,这说明了碳氟聚合物比碳氢基聚合物在轻气体和碳氢蒸汽上有不同的溶解分离系数。这个斜率不同的原因在于全氟聚合物比

碳氢基聚合物具有更低的碳氢气体和蒸汽溶解系数。在全氟聚合物中具有较低的碳氢气体溶解系数,反之在碳氢基聚合物中具有较低的碳氟气体溶解系数。

表6.4　碳氢和碳氟材料中吸收率相关参数

聚合物或液体	化学本质	M(截距)	$N \times 10^4$(斜率)
正庚烷		-1.39	104
非晶态聚乙烯	碳氢类	-2.04	107
聚二甲基硅氧烷		-1.61	98
聚三甲基硅-1-丙炔		-0.69	108
全氟庚烷		-1.01	73
Teflon AF2400	碳氟类	-0.75	68
Hyflon AD80		-1.07	65
Cytop		-1.38	73

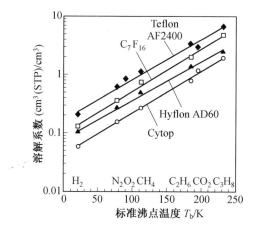

图6.7　4种气体分离膜的气体溶解系数

　　下面主要探讨全氟聚合物中这种较低的烃类气体溶解系数是如何影响膜分离的。全氟聚合物对于烃类气体的吸附行为有两个概念。首先,全氟聚合物比碳氢聚合物具有更低的烃类蒸汽/轻气体的溶解分离系数。这在具有尺寸筛分的膜分离应用中是占有优势的,因为溶解分离系数更趋向于较大的烃类气体。从这个意义上,氟化作用代表一种方法,可以通过溶解分离系数的改变来调整膜分离性能,而不是通过通常地改变聚合物结构来改变扩散分离系数的方式。其次,也是最重要的,全氟聚合物中,这种低的烃类气体溶解系数可以降低由于吸附引起的塑化作用。玻璃态气体分离膜的塑化是由分子较大的可压缩气体的吸附作用引起的,会导致聚合物基体的膨胀。这种膨胀可以迅速降低聚合物的扩散分离系数,限制和阻碍分离膜的应用。全氟聚合物作为气体分离膜,其较低的碳氢溶解度和耐塑化性都是值得探索的。

　　表 6.5 比较了在碳氟和碳氢聚合物中不同的碳氢/轻气体的溶解分离系数。所有氟化材料中碳氢/轻气体的溶解分离系数都比碳氢聚合物的要小一些。例如全氟聚合物 Cytop 对于丙烷/氢气的溶解分离系数为 35,然而在聚乙烯和 n-庚烷中的值分别为 165 和 200。这说明对于具有相同扩散分离系数的聚合物来说,全氟聚合物的氢气/庚烷分离系数比碳氢基聚合物约大 5 倍。

表 6.5　在碳氟和碳氢聚合物中不同气体对的溶解分离系数

| 气体对 | 聚合物或液体的溶解分离系数 | | | | |
| | 碳氟化合物 | | | 碳氢化合物 | |
	Hyflon AD60	Cytop	C_7F_{16}	聚乙烯	C_7F_{16}
CO_2/CH_4	3.6	4.3	2.6	2.7	2.4
CH_4/N_2	1.8	1.7	2.1	4.9	3.8
CH_4/H_2	6.5	4.8	5.9	8.1	7.7
C_2H_6/H_2	19	14	16	54	49
C_3H_8/H_2	36	35	38	165	200

　　图 6.8 举例说明了全氟聚合物中较低的烃类气体溶解系数:Cytop 中丙烷的吸收率曲线。作为比较,图中使用 FFV 表示丙烷在聚酰亚胺中的吸收率。通常,忽略聚合物和气体间的相互作用时,聚合物中渗透气体的溶解系数可用 FFV 来测定。例如,图 6.7 中的 3 种全氟聚合物的渗透溶解系数会随着聚合物的 FFV 的增加而增加。这 3 种聚合物的 FFV 和渗透溶解系数的关系为:Teflon AF2400>Hyflon AD60>Cytop。

　　在某个方面上可以认为,FFV 高的材料(例如 Teflon AF2400)比 FFV 低的材料(如 Cytop)在聚合物链之间存在更多的空间来容纳渗透气体分子。同样的,FFV 相等的两种聚合物具有相近的渗透吸收量。如图 6.8 所示,其实丙烷的吸收率并不是全氟聚合物 Cytop 中的 0.21,也不是聚酰亚胺中的 0.19。丙烷在 Cytop 中的吸收率比在聚酰亚胺中低很多。例如在

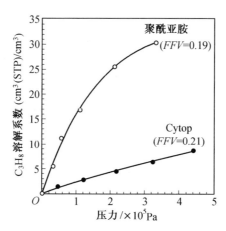

图 6.8   35 ℃时丙烷在聚酰亚胺和 Cytop 中的吸收率曲线

压力为 3.3×10^5 Pa 时,丙烷在 Cytop 中的吸收量为 6.4,在聚酰亚胺中的吸收量为 30。丙烷在这两种材料中的吸收率大约相差 5 倍,这与表 6.5 中碳氟和碳氢聚合物间的溶解分离系数的差值一致。

从图 6.8 中可以看出,溶解行为对聚合物塑化存在一定的影响。渗透吸收量越高,聚合物塑化越严重。随着吸收渗透量的增加,聚合物链被迫扩张来容纳渗透分子。同时,渗透分子能够润滑聚合物基体,促进聚合物链的运动。这两种机理降低了气体分离膜的尺寸筛分能力。

聚合物塑化在气体分离膜的应用上有着负面的影响。聚酰亚胺应用于丙烯/丙烷的气体分离时,表现出很高的气体分离系数。这种高的气体分离系数归因于小分子丙烯和大分子丙烷之间较大的扩散系数差。而在饱和高压下,聚酰亚胺对于工业混合气体的分离系数却会大大降低,这主要是由于聚酰亚胺塑化造成的。图 6.9 为聚酰亚胺和 Cytop 气体分离膜的塑化行为对气体分离系数的影响。在低压下,聚酰亚胺对于丙烯/丙烷混合气体的分离系数是 8(纯气体分离系数的值接近 50)。随着压力的升高,它的分离系数急剧降低,甚至达到了 1。相反,Cytop 具有很低的混合气体分离系数(值为 4~5),它的气体分离系数随着压力变化是很稳定的。这说明全氟聚合物可以替代聚酰亚胺应用到碳氢气体容易产生塑化的环境中。

由醋酸纤维素(CA)或者聚酰亚胺制得的聚合物分离膜具有很高的二氧化碳/甲烷分离系数,但在高压二氧化碳环境下,它们将产生塑化。工业上典型的减少塑化的方法是使用昂贵的预处理方法来限制膜暴露的面积,以避免基体的膨胀。如今通过改变交联聚合物层的分离系数来限制分离

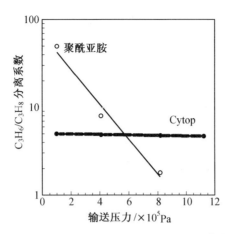

图 6.9 全氟聚合物 Cytop 和聚酰亚胺对于混合气体丙烯/丙烷的分离系数

膜的膨胀成为新的努力方向。尽管分离膜的渗透系数仍然很低，但已经取得了一些成果。

全氟聚合物抗塑化的另一个应用是在天然气的处理上。最近的研究表明在工业处理条件下，全氟聚合物分离膜 Cytop 与 CA 或 PI 分离膜在二氧化碳/甲烷的分离上具有相同的分离系数，而且全氟聚合物具有相当高的二氧化碳通量。这说明了全氟气体分离膜可以应用在天然气的处理当中。

6.3 碳氟/碳氢相互作用的本质

全氟聚合物的传输性能体现在对于非典型烃类气体的溶解性上。异常低的碳氢溶解性，使全氟聚合物分离膜具有独特的分离性能和抗塑化性。本节将主要讨论碳氢-碳氟溶解性和两者相互作用的本质。碳氟聚合物特殊的碳氢溶解性能已有大量的研究结果，但是这些性能的潜在分子现象还没有理论解释。即使碳氟-碳氟和碳氢-碳氢混合体系在大多数情况下遵循常规的溶解理论，但用常规的溶解理论来预测碳氟-碳氢相互作用的行为却存在争论。例如，C_7H_{16}-C_7F_{16}，C_5H_{12}-C_5F_{12} 和 C_4H_{10}-C_4F_{10} 表现出相当大的液-液两相区，然而理论预测它们是易混合的。另外，许多碳氢-碳氟溶液表现出了相当大的混合焓和体积膨胀，用常规溶解理论预测时，这些性能会有变化。

20 世纪四五十年代，碳氢-碳氟溶液的特殊行为吸引了科学家的广泛关注，出现了大量关于碳氟溶液的实验数据，一些理论也发展起来并可以用于解释与常规溶解理论偏离的原因。其中一种理论认为,几何平均近似理论的缺陷是常规溶解理论在描述碳氢-碳氟溶解行为失效的最可能因素。

常规溶解理论描述混合体系行为是基于纯组分的性质不同、分子相互作用的混合规则。例如,Lennard–Jones 势函数用来描述分子间的势能 Γ_{ii},对于一对同种的球对称非极性分子,其势能为

$$\Gamma_{ii} = 4\varepsilon_{ii}\left[\left(\frac{\sigma_{ii}}{r}\right)^{12} - \left(\frac{\sigma_{ii}}{r}\right)^{6}\right] \tag{6.2}$$

式中　σ_{ii}——在零势能时分子的间距;

　　　ε_{ii}——最小相互作用能;

　　　r——分子中心间距离。

如果是两个不同的分子 i 和 j,假设 Γ_{ij} 具有相同的函数形式,此时 σ_{ij} 是算术平均值,ε_{ij} 是几何平均值,则有

$$\sigma_{ij} = \frac{(\sigma_{ii} + \sigma_{jj})}{2} \tag{6.3}$$

$$\varepsilon_{ij} = \sqrt{\varepsilon_{ii}\varepsilon_{jj}} \tag{6.4}$$

几何平均近似理论对于预测碳氟－碳氢混合行为失效的因素有两个,这两个因素都起源于分子本质的差别:一个是碳氟和碳氢之间的电离电位差,另一个是分子间相互作用的非中心力场,这些关键因素违反几何平均近似固有的假设。接下来介绍以上各因素对于偏离几何平均近似的贡献。

6.3.1　碳氟化合物与碳氢化合物之间不同的电离电位差

非极性分子之间的相互作用力最先由量子力学来描述。两个球对称的非极性分子 i 和 j 之间的吸引能为

$$\Gamma_{ij}^{D} = -\frac{3\alpha_i\alpha_j}{2r^6}\left(\frac{I_iI_j}{I_i + I_j}\right) \tag{6.5}$$

式中　α_i, α_j——分子 i 和 j 的极化率;

　　　I_i, I_j——分子 i 和 j 的电离势值。

如果这些分子的电离势是相等的,则不同分子间的势能可用几何平均定律给出,这可以看成相同分子对的相互作用能的乘积:

$$\Gamma_{ii}^{D}\Gamma_{jj}^{D} = \left[-\frac{3\alpha_i\alpha_i}{2r^6}\left(\frac{I_iI_i}{I_i + I_i}\right)\right]\left[-\frac{3\alpha_j\alpha_j}{2r^6}\left(\frac{I_jI_j}{I_j + I_j}\right)\right] \tag{6.6}$$

因此有

$$\sqrt{\Gamma_{ii}^{D}\Gamma_{jj}^{D}} = \left[-\frac{3\alpha_i\alpha_j}{2r^6}\left(\frac{\sqrt{I_iI_j}}{2}\right) \right] \tag{6.7}$$

由于相互作用能在性质上是相互吸引的,负号放在公式的右边。如果电离势 $I_i = I_j$,则公式(6.5)可以写为

$$\Gamma_{ij}^{D} = \left[-\frac{3\alpha_i\alpha_j}{2r^6}\left(\frac{I_i^2}{I_i+I_i}\right) \right] = \left[-\frac{3\alpha_t\alpha_j}{2r^6}\left(\frac{I_i}{2}\right) \right] \tag{6.8}$$

比较公式(6.7)和(6.8),如果电离电势 $I_i = I_j$,可得

$$\Gamma_{ij}^{D} = \sqrt{\Gamma_{ii}^{D}\Gamma_{jj}^{D}} \tag{6.9}$$

一般来说,两种物质的极化率与其电离势相差甚远,因此相等电离势的假设是有些小误差的。表 6.6 为饱和的碳氟和碳氢化合物的极化率和电离势。随着碳氢化合物和碳氟化合物中碳原子数目的增加,极化率的变化远大于电离势的变化。例如,CH_4 和 $n-C_4H_{10}$ 的电离势间的差值只有 25% 左右,但 $n-C_4H_{10}$ 的极化率比 CH_4 的极化率约大 3 倍。氟炭化合物的电离势(15 ~ 18 eV)明显高于碳氢化合物的电离势(10 ~ 13 eV)。表中 $n-C_4F_{10}$ 的电离势比 $n-C_4H_{10}$ 的电离势大约 70%,而 $n-C_4F_{10}$ 的极化率比 $n-C_4H_{10}$ 的极化率仅大 50%。

表 6.6 饱和的碳氟和碳氢化合物的极化率和电离势

渗透物	极化率 /($10^{-24}\mathrm{cm}^3$)	电离势 /eV
CH_4	2.6	13.1
$n-C_4H_{10}$	8.3	10.1
$n-C_5H_{12}$	10.0	10.6
CF_4	3.9	16 ~ 18
$n-C_4F_{10}$	12.7	17.4
$n-C_5F_{12}$	18.3	15.8
C_6H_6	—	9.2
I_2	—	9.7
CCl_4	—	11.0

如此大的电离势差在应用几何平均近似计算热动力学性能时将产生显著偏差。例如,依据常规溶液理论,两个非极性、非电解质的纯物质 i 和 j 的混合焓 K 与纯物质的内聚能密度 c_{ii} 和 c_{jj} 及其混合物的内聚能密度 c_{ij} 有关。

$$K = c_{ii} + c_{jj} - 2c_{ij} \tag{6.10}$$

如果应用几何平均近似 $c_{ij} = \sqrt{c_{ii}c_{jj}}$ ，则

$$K = (\sqrt{c_{ii}} - \sqrt{c_{jj}})^2 = (\delta_i - \delta_i)^2 \tag{6.11}$$

式中　δ——溶解度参数,定义为内聚能密度的平方根,即 $\delta_i = \sqrt{c_{ii}}$ 。

公式(6.11)是几何平均近似的结果,此时假设电离势都相等。然而,当电离势不同时,应用 Lennard - Jones 势函数来改写分子间的势函数,则 K 变为

$$K = (\delta_i - \delta_j)^2 \left[1 + (1 - f_I f_\sigma) \frac{2\delta_i \delta_j}{(\delta_i - \delta_j)^2} \right] \tag{6.12}$$

其中

$$f_I = \frac{2\sqrt{I_i I_j}}{I_i + I_j} \tag{6.13}$$

$$f_\sigma = \left[\frac{2\sqrt{\sigma_{ii}\sigma_{jj}}}{(\sigma_{ii} + \sigma_{jj})} \right]^3 \tag{6.14}$$

用半经验的方法来估算碳氟和碳氢化合物的电离势,计算 $n - C_4F_{10}/n - C_4H_{10}$ 混合物的 f_I 和 f_σ 值分别为 0.966 6 和 0.994 4。公式(6.12)很好地解释了基于几何平均近似的实验观测和理论预测之间的差别。

有趣的是,电离势差的一个小的矫正 $1 - f_I f_\sigma \approx 0.04$,却可以使大部分实验观测和理论预测之间的差别得到合理的解释。例如溶解度,因为溶解度随焓呈指数变化。处理好碳氢和碳氟化合物之间电离势显著的差异能够使实验观测结果和常规溶液理论预测相一致,至少对于 $n - C_4F_{10}/n - C_4H_{10}$ 混合物是这样的。

然而,也有一些混合物遵循常规的溶液理论而不用考虑它们的电离势差。全氟聚合物与苯、四氯化碳与碘之间具有较大的电离势差(表6.6),但是这些化合物与全氟聚合物混合后遵循常规的溶液理论,说明了混合物的电离势差并不总能解释在溶液热动力学性能中观测到的差异。这也说明在解释碳氢 - 碳氟混合体系上,常规溶液理论的失效除了电离势差还有其他因素 —— 非中心力场。

6.3.2　非中心力场

处理分子间相互作用力最简化的方法是假设力是以分子中的原子为中心做球对称分布。这种假设只是在单原子物质中有效(例如 He,Ne 等),也可以适用在电子分布是以碳原子核为中心做球状分布的简单物质,

如甲烷等。Hamann 等人研究认为对于更大、更复杂的分子,即使其分子是球状的,中心力场的假设通常也是无效的。他们计算了单分子气体 A 和具有四面体结构的气体分子 AA_4 之间的相互作用力,其中假设力的作用点在每个原子的中心位置。另外氢原子之间弱的相互作用力可以忽略,这个模型就可以对甲烷-新戊烷混合气体的相互作用做合理的描述。每个原子 A 用 Lennard-Jones 势能模拟,通过对所有分子对间的作用力求和,对分子的所有方向求平均,可以计算一个分子和其他分子(A 或 AA_4)之间的作用力。应用 lennard-Jones 势能可模拟所有混合相互作用的结果,其结果见表6.7。

表 6.7 单原子物质和多原子物质之间相互作用力的计算

相互作用	分子 i	分子 j	算术平均 相互作用能 σ_{ij}/σ_{AA}	几何平均 相互作用能 $\varepsilon_{ij}/\varepsilon_{AA}$
A-A	A	A	1.00	1.00
AA_4-AA_4	AA_4	AA_4	1.74	2.64
A-AA_4(混合定律)	A	AA_4	1.37	1.62
A-AA_4(模型)	A	AA_4	1.375	1.53

表中的前两行为 A-A、AA_4-AA_4 分子间的算术平均值(σ)和几何平均值(ε)。这些值用 A-A 相互作用的 σ 和 ε 归一化了。第三行表示的是应用算术和几何平均值的混合定律来计算 A 和 AA_4 间相互作用的 σ 和 ε 值,其计算公式分别是(6.3)和(6.4)。根据上面过程的描述,最后一行所呈现出的结果是来源于 Hamann 的计算。

基于表 6.7 中的数据,σ_{A-AA_4} 数值非常接近于单纯物质的算术平均值 σ ,但 ε_{A-AA_4} 的值明显低于单纯物质的几何平均值 ε 。因此,通过对所有单原子间相互作用求和而得到对混合气体势能场的描述,和通过几何平均近似得到的 ε 值并不匹配。这个矛盾暴露了几何平均近似应用到特定的气体混合物的不足。然而,对碳氟-碳氢的混合物,非中心力场的解释不是明确的。另外,类似于电离势能差,非中心力场的修正并不能预测碳氟-碳氢混合物定性的特征。后来,Scott 认为尽管这些理论是当时的首选,但这些理论中没有一个能合理地描述碳氢-碳氟混合物的溶解行为。

如果应用几何平均近似来描述一些混合气体分子间的作用力,就需要对混合物的热力性能进行实验修正。Hildebrand 运用公式(6.12),用一个任意常数 l_{12} 代替公式中的($1-f_1f_\sigma$)项,进而对温度在 110.5 K 的甲烷-四氯化甲烷混合气体的超 Gibbs 自由能进行修订：

$$\Delta G^E = (x_1 v_1 + x_2 v_2)\, \phi_1 \phi_2\, (\delta_1 - \delta_2)^2 \times \left[1 + l_{12} \frac{2\delta_1 \delta_2}{(\delta_1 - \delta_2)^2} \right] \quad (6.15)$$

式中　x_i, v_i, ϕ_i——混合物中第 i 组分的摩尔分数、摩尔体积和体积分数。

图 6.10 是甲烷-四氯化甲烷混合气体在 110.5 K 时的超 Gibbs 自由能实验数据。实验的超 Gibbs 自由能能够用 $l_{12} = 0.07$ 很好地模拟，但此时用几何平均近似进行的理论预测与实验数据有相当的偏离。因此，在预测溶解行为时 l_{12} 数据的微小变化都会引起很大的改变。混合物组分的溶解参数彼此是很接近的。对于上面的例子，110.5 K 时甲烷和四氟化甲烷的溶解度分别为 7.2（cal/cm³）$^{0.5}$ 和 8.0（cal/cm³）$^{0.5}$，这与同温度下通过蒸汽和液体摩尔体积值熵得到的结果是一致的。在 $l_{12} = 0.07$ 时使用这些溶解参数值，在公式（6.15）中方括号项的值大约是 13.6。因此，正如图 6.10 所示，即使很低的 l_{12} 值也会导致热动性能的巨大变化。

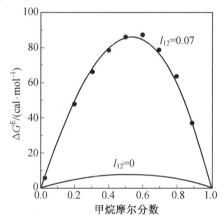

图 6.10　甲烷-四氯化甲烷混合气体在 110.5 K 时的超 Gibbs 自由能

几何平均近似的另一个实验修正为

$$\varepsilon_{12} = (1 - k_{12}) \sqrt{\varepsilon_{11} \varepsilon_{22}} \quad (6.16)$$

式中　k_{12}——实验系数。

Dantzler-Siebert 和 Knobler 使用这个修正的混合定律模拟了小分子碳氢-碳氟混合物的行为。他们发现碳氢和碳氟之间的作用力比 $k_{12} = 0.10$ 时几何平均值的结果小 10%。

几何平均近似的实验修正可用来进行碳氢基聚合物中碳氟化合物气体的描述，并且反之亦然。应用状态方程可对聚合物和渗透剂之间的相互作用进行模拟，De Angelic 等人对在碳氢-碳氟气体-多聚物系统中大约有

10%的这种分子相互作用进行了准确的模拟。

图6.11(a)给出的在聚二甲基硅氧烷(PDMS)中C_2F_6吸附实验数据说明了这一点。在Sanchez-Lacomebe晶格状态的流体方程中,二元混合物的特征压力P_{12}^*与化合物1和化合物2间的相互作用能密切相关。P_{12}^*的计算公式为

$$P_{12}^* = \Psi \sqrt{P_1^* P_2^*} \tag{6.17}$$

式中　P_i^*——组分i的特征压力;

　Ψ——实验混合参数,是P_{12}^*相对于几何平均近似偏离的修正。

当ψ归一化时,P_{12}^*可通过纯组分值的几何平均给出。当$\Psi=1$时带入公式(6.17),在PDMS中C_2F_6的溶解度是超出预测的,数值是约9的一个因子。应用Sanche-Lacombe模型,$\Psi=0.863$被用来拟合实验吸附数据。相比之下,当Ψ为0.963时,可得到在PDMS中的C_2F_6溶解度。

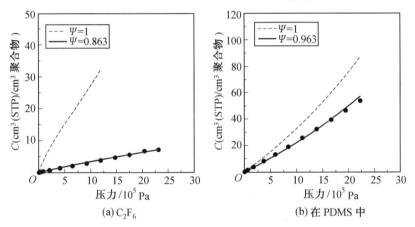

图6.11　应用Sanchez-Lacomebe模型,当$\Psi=1$和Ψ为变量时,C_2F_6和在
　　　　PDMS中的C_2F_6吸收率的实验和预测曲线图

如图6.12(a)所示,在利用高自由体积的相关研究中,对于玻璃态的全氟聚合物Teflon AF1600和AF2400,在Sanchez-lacombe模型和非平衡晶格流体模型中,Ψ不得不减小为0.9,这样可以描述在这些含氟聚合物中C_2F_6的吸附性。然而,就像图6.12(b)所示,当Ψ值归一化时,可以合理地拟合这两个含氟聚合物中C_2F_6的实验吸附数据。在相同系统的最新研究中,应用非平衡统计相关流体(NE-SAFT)理论和非平衡扰动硬球链(NE-PHSC)理论获得了相似的结果。

因此,这些研究中的任何一个,对于含氟聚合物中碳氟气体的溶解度

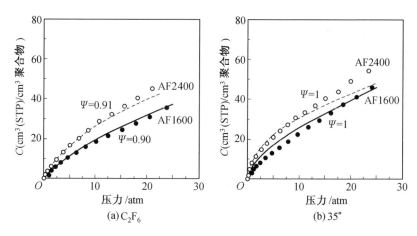

图 6.12　应用非平衡晶格流体（NELF）模型，当 $\Psi=1$ 和 Ψ 为变量时，C_2F_6 吸收率的实验和预测曲线图

和碳氢基聚合物的烃类气体溶解度都可以用很少或没有偏离的几何平均近似来加以描述。然而，对于在碳氢基聚合物中碳氟气体的溶解度或者在含氟聚合物中烃类气体的溶解度，其相互作用能的几何平均都需要做一个近似 10% 的修正。有趣的是，这些气体聚合物系统中的与几何平均定律相关的相互作用能所减少 10% 的量，与 Hildebrand，Dantzler-Siebert 和 Knobler 研究小分子系统中的结果非常相似，这些研究表明分子现象是非常普遍的。

对于碳氢和碳氟化合物之间非常弱的相互作用，上述这些实验性的修订并不能提供分子解释。为了解决这一问题，Song 等人应用第一性原理，用最先进的计算机模拟计算甲烷/四氯化甲烷混合气体的热力学性能。他们将开发的全原子优化势能用于液体模拟（OPLS-AA）势能模型，应用几何平均近似来模拟烷烃和全氟烷烃之间的相互作用。为了确定分子的几何构型和分子的电荷分布，结合 OPLS-AA 得到的几何平均值，明显地背离了计算的碳氟化合物和碳氢分子之间的相互作用能。其目的是去判断在 OPLS-AA 势能中分子几何和分子电荷分布的细微差别，是否可以解释在计算碳氟和碳氢分子间相互作用能中对于几何平均近似明显的偏差。令人惊讶的是，即使这个模型可以对纯组分气体的热力学性能进行准确预测，但这些精确的分子结构和电子分布模型并不能描述甲烷和全氟甲烷混合气体的实验第二维利系数。如果甲烷分子和四氯化甲烷分子之间的相互作用能比几何平均近似计算的值减少 10%，模型计算和实验数据就会一致。因为混合气体的热动性能（如溶解度）和这些相互作用能呈指数关系。在相互作用能中的微小变化对于这些可观察的热动性能都会产生很大影响(图 6.12(a))。在探索了结合许多混合定律和详细检验了势能模型的变化结果之后,Song 等人不得不承认全氟甲烷和甲烷之间弱于预期的相互作用的起源仍是个谜。

非晶玻璃态全氟聚合物的发现使这些材料能应用于制备高性能的气体分离膜。对于含氟聚合物中气体和水蒸气传输性质的研究表明了这些材料具有不同寻常的溶解性能。含氟聚合物表现出了较低的烃类气体溶解度。这些结果和小分子碳氢和碳氟混合物中观察到的结果相类似。尽管这个结果遵循直观的"相似相溶"原则,但通过常规的溶解理论和现代计算机模拟并不能得到分子相互作用的这个结果。碳氟化合物中碳氢化合物气体较低的溶解度比用几何平均近似方法预测的分子相互作用减小10%。这种偏离几何平均的原因仍然是未知的。

含氟聚合物中气体和蒸汽特殊的溶解度对于膜分离的研究有一定的启示作用。含氟聚合物的溶解分离系数和碳氢聚合物的溶解分离系数显著不同。因此,含氟聚合物的渗透系数–分离系数的组合超出了一些气体对的渗透分离系数的上限。更广泛地说,比较于碳氢聚合物,全氟聚合物对烃类气体/轻气体的溶解分离系数的实质差异是材料应用发展的一个方向。在这个意义上,氟化可以作为调整膜分离系数的一种方式来改变非极性材料的溶解分离系数。这种方式和通过改变膜结构来改变其扩散分离系数的方式是相辅相成的。

从应用的角度来看,全氟聚合物较低的碳氢吸收率使聚合物具有较强的抗塑化性能。由于全氟聚合物能吸附相对较少的碳氢物质,聚合物的膨胀和相关膜塑化的驱动力就很小。这样耐膨胀性能就可以应用在膜分离中,如应用在分离烯烃/烷烃或天然气中,其符合"尺寸筛分"及"可抵御高剂量塑化物质侵蚀"的特殊要求。在这种情况下,碳–氟键的独特性可以应用于制备那些传统膜材料达不到的高性能气体分离膜材料。

6.4 含氟聚酰亚胺

聚酰亚胺(PI)以其优良的机械性能、热稳定性、耐化学稳定性,以及对气体良好的分离系数,同时结构较易设计和合成,受到膜科学工作者的青睐,广泛应用于气体分离膜的研究中。但聚酰亚胺材料溶解性能差,且膜的透气性、分离性能不能满足分离要求,这就阻碍了其更为广泛的应用。因此,近年国内外研究热点在于对它的化学改性上。按照分离体系的要求在分子水平上设计其单元结构,通过改变单体二酐和二胺的化学结构,可制备出综合性能更高的聚酰亚胺气体分离膜材料。氟原子具有独特的物理化学性质,如较大的电负性、较小的原子半径、较低的摩尔极化率等。引入氟原子不仅大大改善了 PI 的溶解性,而且赋予 PI 更优异的气体分离功能。含氟聚酰亚胺以其优异的耐化学试剂、机械性能以及对气体的高透过性与分离系数,成为新一代很有前景的理想气体分离膜材料。

6.4.1　含氟聚酰亚胺气体分离膜的国内外研究进展

1908 年,Bogert 和 Rebshaw 通过 4-氨基苯甲酸酐的熔融自缩聚反应在实验室首次制备了 PI。但直到 20 世纪 50 年代,PI 才作为一种具有优良综合性能的高分子材料而逐步得到广泛的应用。20 世纪 60 年代,美国 DuPont 公司开发了一系列 PI 材料,1961 年开发出聚均苯四甲酰亚胺薄膜(Kapton),它是以均苯四酸二酐(PMDA)与 4,4'-二氨基二苯醚(ODA)缩聚而得。Kapton 薄膜具有很好的性能:在-269～250 ℃ 可长期使用,20 ℃ 时断裂伸长率为 80%,拉伸强度为 117.6 MPa,耐磨性极好,电绝缘性优良,不溶于任何有机溶剂和油类,稀酸也不起作用,还有很好的尺寸稳定性。

1966 年,DuPont 公司成功地合成了 2,2-双(3,4-苯二甲酸酐)-六氟丙烷(6FDA),首先推出第一个含氟聚酰亚胺产品,由 6FDA 与 ODA 合成,具有优良的耐热氧化性、溶解性、成型加工性和耐高温性。

20 世纪 90 年代,美国宇航局(NASA)致力于研究可在高温(371 ℃)条件下长期工作的含氟聚酰亚胺,先后开发出了"PMR-Ⅱ-50""V-Cap-75"等含氟聚酰亚胺新品种,主要用作高性能基体树脂、碳纤维复合材料制品,供宇航部门使用。近 30 年来,含氟 PI 已成为科学家们研究的热点。通过对含氟 PI 改性使其性质由传统的不溶不熔、难以成型加工发展到具有可溶性、易加工成型、易于使用的特点,极大地简化了工艺,其应用越来越广泛。

聚酰亚胺应用于气体分离膜领域是在 20 世纪 80 年代中期,凭借其优良的机械性能和热稳定性在一些具有很强应用背景的分离体系上,如 H_2/N_2,O_2/N_2,CO_2/N_2 等领域,取得了很好的效果。含氟聚酰亚胺具有较高的气体渗透速率和气体分离系数。6FDA/DABA(3,5-二氨基苯甲酸)型聚酰亚胺经交联后,CO_2 渗透系数为 $10.40×10^5$ Pa,CO_2/CH_4 分离系数达到 87.0。6FDA/durene(四甲基对苯二胺)聚酰亚胺用于空气分离,其氧气

的渗透系数为 2.48×10^{-12} $m^3 \cdot m/(m^2 \cdot s \cdot Pa)$,$O_2/N_2$ 的分离系数为 4.2。
6FDA/TAPA(三(4-氨基苯基)胺)聚酰亚胺,用于分离 CO_2/N_2,在 35 ℃和
101.3 kPa 的条件下,CO_2 的渗透系数为 4.88×10^{-16} $m^3 \cdot m/(m^2 \cdot s \cdot Pa)$,
分离系数为 30。通过六氟二酐与四甲基对苯二胺缩聚可得到含氟聚酰亚
胺(6FDA-durene)与二甲基乙醇胺(DMEA)反应,从而得到了含有 DMEA
取代基的聚酰亚胺。对于 H_2/N_2 和 O_2/N_2,改性后的聚酰亚胺膜的气体分
离系数有较大提高。6FDA/6FBAHPP(2,2-双(4-(4-氨基-3-羟基苯氧
基)苯)-六氟丙烷)聚酰亚胺分离膜,用于 CO_2/H_2 的分离,其 H_2 的渗透系
数为 64.5×10^5 Pa,分离系数为 3.4。

6.4.2 含氟聚酰亚胺气体分离膜的结构与性能

含氟聚酰亚胺具有优异的化学稳定性和机械性能,以及对气体的高透
过性与分离系数。下面主要从结构和性能角度对含氟聚酰亚胺气体分离
膜几个特性进行分析。

(1)溶解性

含氟聚酰亚胺具有良好的溶解性,含氟基团的引入使得分子链间的距
离增大,同时减小了分子间作用力,分子链的柔性变好,因此使含氟聚酰亚
胺的溶解性大大提高,从而使其加工性得到很大的改善。表 6.8 比较了
含氟和不含氟聚酰亚胺在 3 种溶剂中的溶解性,可以看到含氟聚酰亚胺的
溶解性明显高于不含氟聚酰亚胺。

表 6.8　含氟和非含氟聚酰亚胺在 3 种溶剂中的溶解性

聚酰亚胺	DMAC			DMF			CHCl$_3$		
	3 h	1 d	5 d	3 h	1 d	3 d	3 h	1 d	5 d
6FDA/ODA	s	s	s	s	s	s	s	s	s
6FDA/APB	s	s	s	s	s	s	s	s	s
ODPA/ODA	i	s	s	i	i	i	s	s	s
ODPA/APB	ps	ps	ps	ps	ps	ps	ps	ps	ps

注　①s 指可溶,ps 指部分可溶,i 指不溶;
　　②APB 指全间位三苯二醚二胺,ODPA 指 4,4′-氧双邻苯二甲酸酐

(2)稳定性

研究发现,在聚酰亚胺中引入含氟基团可以提高其耐热氧化稳定性。
含氟聚酰亚胺 4,4′-(2,2,2-三氟-1-苯基亚乙基)二苯酐/对苯二胺

(3FDA/PDA)和6FDA/PDA比不含氟的同类聚酰亚胺表现出更高的热氧化稳定性。

（3）气体选择透过性

许多研究者认为,结构对透气性能的影响与高分子的链间距有直接关系。链间距是指高分子主链间的平均距离,它反映了高分子链段的堆积密度和自由体积。根据高分子膜分离理论,聚合物所具有的刚性骨架和低堆砌密度有利于气体的通过,含氟聚酰亚胺由于不同链段间氟原子的相互吸引,使高分子链发生卷曲及相互缠绕,限制了分子的密实堆积,使自由体积增大;同时由于氟原子间引力大,形成的分子链结构牢固,刚性大,因而在提高气体渗透系数的同时又能保持良好的分离系数。科研人员用计算机模拟了6FDA-ODA及PMDA-ODA的分子结构并进行对比,发现氟原子的引入造成分子链弯曲,并呈螺旋结构,增加了气体扩散的自由体积,从而合理地解释了含氟和不含氟聚酰亚胺气体分离膜分离性能的差异。

图6.13为聚酰亚胺膜与其他气体分离膜材料对CO_2/CH_4分离结果比较。图中连线表示了一般膜材料所遵循的规律:选择性高、分离系数大时,渗透系数低;渗透系数高时,分离系数低。但聚酰亚胺膜却明显偏离该线。引入含氟基团后,膜的分离渗透系数和分离系数都相应得到提高,分离性能明显优于其他膜材料。

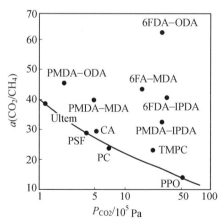

图6.13　聚酰亚胺膜与其他气体分离膜材料对(O_2/CH_4分离结果)比较

6.4.3　含氟聚酰亚胺气体分离膜的发展动向

目前,日本、美国等对聚酰亚胺气体分离膜都进行了广泛深入的研究,美国新开发的聚合物膜,其气体分离的分离系数是目前市售聚合物膜的两倍。开发的聚合物–无机物(SiO$_2$纳米粒子)膜能成功地从气体中分离出有机大分子,可以使大分子透过的速率远大于小分子,对天然气和石油加工等工业领域有重要意义。我国气体膜分离技术自1982年以来,进入全面发展阶段。膜分离的研制和应用开发都达到一定的水平。但是国内研究偏重于膜材料,对膜过程、装置等方面研究较少,今后应全面展开对膜过程和其他过程相结合的研究,扩大产业规模,并将应用领域从目前的废旧资源回收利用扩展到环保、净化等领域。含氟聚酰亚胺气体分离膜因其卓越的机械和气体分离性能,引起了人们广泛的关注。开发新型含氟聚酰亚胺气体分离膜的关键是开发新型含氟单体来制备高性能含氟聚酰亚胺材料,例如,6FDA单体的开发和工业化生产就极大地推动了含氟聚酰亚胺材料的发展,制备的6FDA型聚酰亚胺分离膜材料兼有良好的气体渗透系数和分离系数,并且有良好的加工性能。从分子水平上设计出符合分离体系要求的新型含氟单体,通过对单体和反应条件的控制,合成出高性能含氟聚酰亚胺树脂材料,进而制备出渗透系数和分离系数等综合性能均佳的新型膜材料成为该领域的主要研究目标。含氟聚酰亚胺分离膜比传统聚酰亚胺分离膜具有更优异的稳定性和机械加工性能,以及对气体的高渗透系数与分离系数,随着科学技术的发展,含氟聚酰亚胺必将成功地应用于气体膜分离的各个领域。

参考文献

[1] YAMPOLSKII Y. Materials science of membranes for gas and vapor separation[M]. New York: John Wiley & Sons,Ltd,2010.

[2] PASTERNAK R A,BURNS G L,HELLER J. Diffusion and solubility of simple gases through a copolymer of hexafluoropropylene and tetrafluoroethylene[J]. Macromolecules,1971(4):470-475.

[3] 朱春,徐安厚,宗传永,等. 含氟聚酰亚胺气体分离膜研究进展[J]. 有机氟工业,2012(1):24-27.

[4] 戴俊燕,刘德山. 含氟聚酰亚胺的研究进展[J]. 功能高分子学报,1999,12:337-334.

[5] 王睦铿. 含氟聚酰亚胺的制备及应用[J]. 有机氟工业,1994(2):15-25.

[6] PAULY S. Permeability and diffusion data in Polymer,Handbook[M]. New York:John Wiley & Sons,Ltd.,1989.

［7］ SCOTT R L. The anomalous behavior of fluorocarbon solutions［J］. The Journal of Physical Chemistry,1958,62: 136-145.

［8］ REED I T. The theoretical energies of mixing for fluorocarbon-hydrocarbon mixtures［J］. The Journal of Physical Chemistry,1955,59: 425-428.

［9］ REED I T. The ionization potential and the polarizability of molecules ［J］. The Journal of Physical Chemistry,1955,59: 428-432.

［10］ DANTZLER S E M,KNOBLER C M. Interaction virial coefficients in hydrocarbon-fluorocarbon mixtures［J］. The Journal of Physical Chemistry, 1971,75: 3863-3870.

［11］ BERAN J A,KEVAN L. Semiempirical calculation of molecular polarizabilities and diamagnetic susceptibilities of fluorocarbons,substituted fluorocarbons,ethers, esters, ketones, and aldehydes ［J］. The Journal of Physical Chemistry,1969,73,3860-3866.

［12］ MERKEL T C,BONDAR V I,NAGAIK, et al. Gas sorption,diffusion, and permeation in poly(2,2-bis(trifluoromethyl)-4,5- difluoro -1,3- dioxole-co-tetrafluoroethylene)［J］. Macromolecules, 1999, 32:8427-8440.

［13］ ALENTIEV A Y,SHANTAROVICH V P,MERKEL T C, et al. Gas and vapor sorption, permeation, and diffusion in glassy amorphous teflon AF1600［J］. Macromolecules,2002,35:9513-9522.

第7章 聚取代乙炔气体分离膜

7.1 引 言

聚合物作为膜材料的一种,被广泛应用于气体分离和渗透汽化上。近年来,对常规聚合物膜的气体分离性能、气体透过机理以及渗透汽化行为已有大量的报道。一些高渗透性能的聚合物如聚二甲基硅氧烷,和一些高选择性的聚合物如聚酰亚胺等,已经成功应用于工业生产和生活领域。因此开发出一种具有高渗透性或高选择性的新聚合物材料,对膜分离科学与技术的发展起着至关重要的作用。

自 1974 年,高相对分子质量取代乙炔聚合物——聚苯乙炔在 WCl_6 催化下被成功合成后,科学家们利用复分解催化剂(W,Mo,Ta 和 Nb)对多种取代苯乙炔单体进行聚合,并成功制备了高相对分子质量聚合物(图7.1)。目前,已成功制备了超过 70 种取代聚乙炔自支撑膜被应于气体和液体分离中。迄今为止,在所有取代聚乙炔中,聚[1-(三甲基硅基)-1-丙炔](PTMSP)的透气性最好。更重要的是,这种材料也是所有合成聚合物中透气性最好的材料,与当时已知的透气速率最快的聚合物——聚二甲基硅氧烷(PDMS)相比高出 10 倍,在 25 ℃下,其氧气的透过系数(P_{O_2})约为 6 000 barrer,引起了世界各国科学家的广泛关注。由于聚[1-(三甲基硅基)-1-丙炔]具有极高的气体透过性,许多研究者将其作为一种分离膜材料展开了大量的研究。

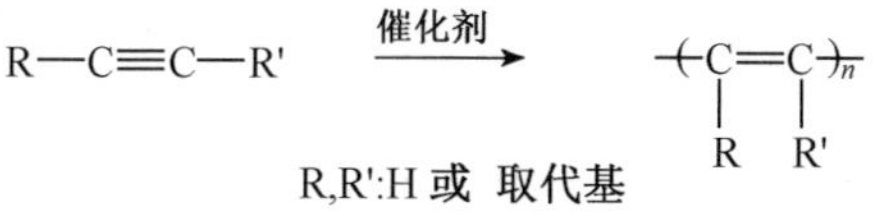

$$R—C\equiv C—R' \xrightarrow{\text{催化剂}} +C=C\frac{}{n}$$
$$\qquad\qquad\qquad\qquad\qquad\qquad R\quad R'$$

R,R':H 或 取代基

图 7.1 取代乙炔的聚合

作为一种重要的膜分离材料,自 1983 年,Masuda 等人发现聚[1-(三甲基硅基)-1-丙炔]这一独特的聚合物,大大推动了其他高透气性取代聚乙炔的合成及表征的发展。图 7.2 中列出了一些有代表性的取代聚乙炔透气膜,这些取代聚乙炔膜的透气性都高于或接近于聚二甲基硅氧烷

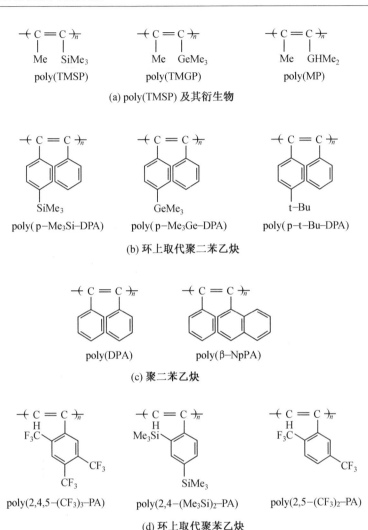

(a) poly(TMSP) 及其衍生物

(b) 环上取代聚二苯乙炔

(c) 聚二苯乙炔

(d) 环上取代聚苯乙炔

图 7.2 用于气体分离的取代聚乙炔透气膜的结构式

(PDMS)膜。其中聚[1-(三甲基-甲锗烷基)-1-丙炔)]（poly（TMGP））和聚（4-甲基-2-戊炔）（poly（MP））具有很高的氧气渗透系数,分别为1 800 barrer和2 700 barrer。另外,刚性的主链和大体积侧基对提高聚合物的气体透过性来说非常重要,例如聚[1-苯基-2-（对-三甲基硅基-苯基）乙炔]（poly（p-Me₃Si-DPA））及其三甲基锗和叔丁基同系物（poly（p-Me₃Ge-DPA））（poly（p-t-Bu-DPA）的氧气渗透系数均达到1 500 barrer。同样,通过脱甲硅基化制备的聚二取代苯乙炔（poly（DPA））和聚（1-β-萘基- 2-

苯乙炔）（poly（b-NpPA）），也具有良好的氧气渗透性（$P_{O_2} = 4\ 000 \sim$
$6\ 000$ barrer）。单取代苯乙炔聚合物中，聚[2,4,5-三-（三氟甲基）-苯乙
炔]（poly（2,4,5-$(CF_3)_3$-PA）（$P_{O_2} = 780$ barrer）以及其他环上取代聚苯乙
炔，如 poly（2,4-$(Me_3Si)_2$-PA）和 poly（2,5-$(CF_3)_2$-PA）的氧气渗透
率也非常高。

有趣的是，一些高渗透性取代聚乙炔表现出了与其他玻璃态聚合物
"相反"的性质。一般来说，根据"筛分机理"，普通的玻璃态聚合物的气体
透过性随着气体分子直径的增大而减小，即小分子对于大分子的选择性总
是大于1。大部分的取代聚乙炔遵循这一规律，然而有一些取代聚乙炔恰
恰表现出相反的规律，即气体的渗透性随着气体分子直径的增大而增大。
因此，可以通过对聚乙炔取代基的选择，设计制备"小分子选择性渗透"和
"大分子选择性渗透"分离膜。在渗透汽化分离液体的过程中也发现了这
一现象。例如，在分离甲醇-水混合物的过程中，取代聚乙炔膜既可以表现
出"甲醇选择性渗透"，又可以表现出"水选择性渗透"的性质。取代聚乙
炔是一类很特殊的聚合物，即同一类聚合物有双重选择性。另外，关于poly
（TMSP）的其他渗透性能如气体渗透率下降等，在一些综述文章中也有介
绍。

本章将详细介绍一种潜在的分离膜材料——含取代基的聚乙炔膜（取
代聚乙炔）的合成以及分离性能评价。这里用于气体分离和乙醇-水分离
的原料为气-气混合物、气-蒸汽混合物以及蒸汽-蒸汽混合物，用于渗透
汽化的原料为有机溶液-水混合物和有机溶液-有机溶液混合物。

7.2 聚合物合成

7.2.1 聚合的一般特征

关于取代聚乙炔的合成，请参考相关书籍和文章。表 7.1 列出了一系
列典型的乙炔类单体，这些单体可以通过聚合反应得到高相对分子质量聚
合物。非取代乙炔可以在 $Ti(O-n-Bu)_4$-Et_3Al 存在下，通过 Shirakawa 等
人报道的方法制备。当选择适当的催化剂时，许多单取代乙炔可以实现聚
合反应。其单体结构不仅限于碳氢化合物，也包含杂原子的化合物，此外，
不仅适用于小空间位阻取代乙炔单体，同样也适用于大空间位阻取代乙炔
单体。例如，小空间位阻的烷基取代乙炔单体可在齐格勒-纳塔催化体系

中聚合,而含有大体积取代基如叔丁基乙炔和邻位取代苯乙炔等,可以在
Mo 和 W 的催化体系中聚合。苯乙炔和丙炔酸酯类单体通过使用 Rh 催化
剂可以制备有规立构聚合物。

表7.1　制备高相对分子质量聚合物的乙炔类单体

类　别	非取代	单取代	二取代	
碳氢化合物	HC≡CH	HC≡C—n—Bu	MeC≡C—n—C₅H₁₁	
		HC≡C—t—Bu	MeC≡C—⟨苯环⟩	
		HC≡C—⟨苯环⟩	⟨苯环⟩—C≡C—⟨苯环⟩—t—Bu	
含杂原子化合物	—	HC≡CCO₂—n—Bu	ClC≡C—n—C₆H₁₃	
		HC≡C—⟨苯环 Me₃Si⟩	ClC≡C—⟨苯环⟩ MeC≡CSiMe₃	
		HC≡C—⟨苯环 F₃C⟩	⟨苯环⟩—C≡C—⟨苯环⟩—t—Bu	

通过对催化剂的选择,多种二取代乙炔也可以通过聚合反应得到聚合
物。但几乎仅限于第Ⅴ,Ⅵ副族的过渡金属催化剂。小空间位阻的二取代
乙炔单体(如 n-二烷基乙炔和 1-氯-1-炔)可以在 Mo 和 W 催化剂中聚
合,而空间位阻较大的单体(1-(三甲基硅基)-1-丙炔和二取代苯乙炔)
则只能在 Nb 和 Ta 催化剂存在下聚合。

表7.2 中列出了一些用于苯乙炔聚合的典型的催化剂。单体的结构
与聚合用催化剂种类是严格对应的。因此,有必要认识各种催化剂的特
征。用于取代乙炔聚合的催化剂可大体分为两种:第Ⅴ,Ⅵ副族的过渡金
属(复分解)催化剂和从第Ⅷ到Ⅹ副族的过渡金属催化剂。在第Ⅴ,Ⅵ副
族过渡金属催化剂存在下,取代乙炔的聚合机理为复分解机理,增长基为
金属卡宾。第Ⅴ,Ⅵ副族过渡金属催化剂可以划分为三种类型:金属氯化
物催化剂、金属羰基类催化剂和金属卡宾类催化剂。这 3 种催化剂中,金
属氯化物催化剂是最方便、活性最高的。MoCl₅ 和 WCl₆ 对多种单取代乙炔,
特别是大位阻单取代乙炔单体(如 HC≡C-t-Bu 和 HC≡CC₆H₄-o-SiMe₃)
的聚合效果很好。当这些催化剂与有机金属助催化剂配合时,其不仅可以

用于单取代乙炔的聚合,也可以用于二取代乙炔单体的聚合中。相比之下,NbCl$_5$和TaCl$_5$对二取代乙炔的聚合非常有效。只有在由TaCl$_5$和组催化剂组成的二元催化剂体系中,大空间位阻的二取代苯乙炔单体才能聚合。

表7.2 用于苯乙炔聚合的典型的催化剂

类别	IV	V	VI	VIII-X
催化剂	Ti(O-n-Bu)$_4$-Et$_3$Al	NbCl$_5$,TaCl$_5$	MoCl$_5$-n-Bu$_4$Sn WCl$_6$-Ph$_4$Sn	Fe(acac)$_3$-Et$_3$Al
(单体①)	(HC≡CH)	(RC≡CR')	(HC≡CR,RC≡CR)	(HC≡CR)
催化剂		TaCl$_5$-n-Bu$_4$Sn	M(CO)$_6$-CCl$_4$-hv (M = Mo,W)	[(nbd)RhCl]$_2$
(单体①)		(PhC≡CC$_6$H$_4$-p-X)	(HC≡CR,ClC≡CR)	(HC≡CPh,HC≡CCO$_2$R)

注 ①HC≡CR 和 RC≡CR′分别代表单取代和二取代乙炔

第VIII到X副族的过渡金属催化剂包括Fe(acac)$_3$-Et$_3$Al(acac,乙酰丙酮)和(nbd-RhCl)$_2$(nbd,2,5-降冰片二烯)。Fe(acac)$_3$-Et$_3$Al为非均相催化剂,可以催化正烷基、仲烷基和苯乙炔。而Rh催化剂,在不同溶剂中(如醇和胺)可以用于苯乙炔和丙炔酸酯单体的聚合,制备顺-反聚合物。

7.2.2 [1-(三甲基硅基)-1-丙炔](TMSP)及其衍生物

表7.3列出了几种有效地用于TMSP聚合的催化剂。通过Ta(V)和Nb(V)的卤化物,特别是TaCl$_5$,TaBr$_5$,NbF$_5$,NbCl$_5$以及NbBr$_5$,制备的poly(TMSP)产率较高。使用TaCl$_5$,TaBr$_5$和NbCl$_5$制备的poly(TMSP)可完全溶于甲苯中,通过较高的黏度值测定,其重均相对分子质量M_w高达几十万(TaCl$_5$作为催化剂制备的聚合物)。TaF$_5$,TaI$_5$和NbI$_5$则无催化活性,因为在这几种金属卤化物存在下,单体无消耗。

溶剂种类对TMSP聚合结果的影响见表7.4。通常在烃类和卤代烃类溶剂中聚合物产率较高。尤其是芳香烃类,如甲苯是最好的溶剂,因为此类溶剂可以很好地溶解催化剂和聚合物,并且同时保持增长基的足够活性,通常增长基的配位能力和反应活性较低。TMSP单体在烃类溶剂中,采用TaCl$_5$作为催化剂制备的聚合物的M_w最高。在大部分溶剂中,与NbCl$_5$相比,TaCl$_5$作为催化剂制得的聚合物的相对分子质量较高。

表 7.3 TMSP 在含氟的铌化物和钽化物为催化剂聚合的结果[①]

序号	催化剂	聚合物			
		产率/%	$M_n/10^{4}$[②]	$M_w/10^{4}$[②]	$[\eta]/(\mathrm{dL}\cdot\mathrm{g}^{-1})$[③]
1	TaF$_5$	0	—	—	—
2	TaCl$_5$	100	13	73	5.43
3	TaBr$_5$	95	11	41	3.80
4	TaI$_5$	0	—	—	—
5	NbF$_5$	94[④]	—	—	—
6	NbCl$_5$	100	21	31	0.71
7	NbBr$_5$	100[⑤]	11	28	0.63
8	NbI$_5$	0	—	—	—

注 ①在甲苯中 80 ℃下聚合 24 h;$[M]_0 = 1.0$ mol/L,$[$Cat.$] = 20$ mmol/L;
　　②通过凝胶渗透色谱测定(GPC);
　　③30 ℃下甲苯中测定;
　　④完全不溶于甲苯;
　　⑤部分不溶于甲苯(约 20%)

关于温度对 TMSP 聚合的影响,当以 TaCl$_5$ 和 NbCl$_5$ 为催化剂时,将聚合温度控制在 30 ~ 100 ℃,其聚合产率可达 100%。当以 TaCl$_5$ 作为催化剂、80 ℃下,聚合物的 M_w 最大可达 7 ×10^5,但是当以 NbCl$_5$ 作为催化剂时,温度的改变对聚合物相对分子质量无明显影响。

TMSP 在以甲苯为溶剂、TaCl$_5$ 为催化剂,80 ℃下反应 1 h 后产率接近 100%。聚合物的特性黏度在整个聚合过程中,基本恒定于 5.0 ~ 5.5 dL/g,这说明高相对分子质量聚合物生成,并且聚合物无解聚发生。通过催化剂 NbCl$_5$ 聚合的 TMSP,在 1 h 后产率也达到 100%。在这种情况下,聚合物的特性黏度相当小(0.7 dL/g),且除了聚合初期,聚合过程中几乎没有变化。

基于上述结果,制备 poly(TMSP)的基本条件为:以 TaCl$_5$ 为催化剂,甲苯为溶剂,80 ℃下反应 24 h,单体浓度$[$TMSP$]_0 = 1.0$ mol/L,催化剂浓度为$[$TaCl$_5]_0 = 20$ mmol/L。在此聚合条件下,可以制备产率约为 100%,$M_w = 73×10^4$,$M_n = 13×10^4$ 的 poly(TMSP)。这种方法是制备用于研究 poly(TMSP)样品的常用方法。

表 7.4 以 $TaCl_5$ 和 $NbCl_5$ 为催化剂时,溶剂对 TMSP 聚合结果的影响[①]

溶　剂	聚合物		
	产率/%	$M_n/10^4$[②]	$M_w/10^4$[②]
$TaCl_5$ catalyst			
Toluene	100	13	73
Cyclohexane	100	21	95
Heptane	62	17	78
CCl_4	31	1.1	3.8
$(CH_2Cl)_2$	100	3.2	25
PhCl	62	14	39
$NbCl_5$ catalyst			
Toluene	100	21	31
Cyclohexane	86	6.2	7.8
Heptane	59	20	30
CCl_4	96	7.5	13
$(CH_2Cl)_2$	100[③]	—	—
PhCl	59	22	35

注　①在甲苯中80 ℃下聚合24 h;$[M]_0$ = 1.0 mol/L,[Cat.] = 20 mmol/L;
　　②通过凝胶渗透色谱测定 (GPC);
　　③完全不溶于甲苯

在研究助催化剂对聚合的影响过程中发现,在 $TaCl_5$–Ph_3Bi 催化体系中聚合而得的 poly(TMSP)具有相当高的 M_w(高达 $4×10^6$)。在标准反应条件下,助催化剂 Ph_3Bi 的加入明显加快了聚合反应的进程,在 30 min 内产率可达 100 %。这种助催化剂的加入,使聚合物的 M_w 增加了 5 倍,这说明与单独的 $TaCl_5$ 催化剂相比,在 $TaCl_5$–Ph_3Bi 催化体系中形成了一种活性更高的增长基。当将助催化剂 Ph_3Bi 与 $NbCl_5$ 一同使用时,得到了不可溶的聚合物 poly(TMSP)。在 $TaCl_5$–Ph_3Bi 催化体系中制备的聚合物的 M_w = $4×10^6$,M_n = $1.8×10^6$,特性黏度 $[\eta]$ = 13.2 dL/g(甲苯中,80 ℃)。这些数据高于其他取代乙炔,因此通过用适当的催化体系,可以很容易地制备 M_w 在几十万到几百万的聚合物 poly(TMSP)。

在研究溶剂对 TMSP 聚合的影响时发现,催化剂与溶剂的组合为

$NbCl_5$/环已烷时,可制备相对分子质量分布(MWD)非常窄的聚合物。在此聚合条件下,M_n 与单体的转化率成正比,而聚合物的 MWD 仍然很窄(M_w/M_n,约为 1.2),与转化率无关。通过改变单体与催化剂的比例,可得到窄 MWD,M_n 为 $1 \times 10^4 \sim 20 \times 10^4$ 的 poly(TMSP)。这个发现表明,寿命较长的增长基的存在,同时也为制备 MWD 窄的 poly(TMSP)提供了一个有用的方法。

几种 TMSP 同系物的聚合反应结果见表 7.5。$MeC \equiv CSiMe_2(n-C_6H_{13})$ 在 $TaCl_5$ 与有机金属助催化剂如 Ph_3Bi 和 Ph_4Sn 的摩尔比为 1:1 的混合物中聚合,可得到高产率、M_w 超过 1×10^6 的聚合物。$MeC \equiv CSiMe_2Ph$ 和 $MeC \equiv CSiEt_3$ 在 $TaCl_5$ 催化体系中聚合得到中等产率,M_w 约为 5×10^5 的聚合物。含有两个 Si 原子的单体 $MeC \equiv CSiMe_2(CH_2SiMe_3)$,只在 $TaCl_5$ 存在下聚合,得到了高产率、M_w 超过 1×10^6 的聚合物。结构稍微改变的单体 $MeC \equiv CSiMe_2(CH_2CH_2SiMe_3)$ 在 $TaCl_5$–助催化剂体系中聚合,得到 M_w 约为 4×10^5 的聚合物。Nb 催化剂与相应的 Ta 催化剂相比活性较低。

表 7.5　TMSP 同系物的聚合反应结果,$CH_3C \equiv CXR_1R_2R_3$ [①]

$XR_1/R_2/R_3$	催化剂	产率/%	$M_w \times 10^{-3}$ [②]
Si/Et/Et/Et	$TaCl_5$–Ph_4Sn	25	510
Si/Me/Me/n-C_6H_{13}	$TaCl_5$–Ph_4Sn	75	1 400
Si/Me/Me/Ph	$TaCl_5$–Ph_4Sn	15	460
Si/Me/Me/–$CH_2Si(CH_3)_3$	$TaCl_5$	100	1 500
Si/Me/Me/–$CH_2CH_2(CH_3)_3$	$TaCl_5$–Ph_4Sn	58	400
Si/Me/Me/Me	$TaCl_5$	82	1 400
Si/H/Me/Me	$TaCl_5$	70	—

注　①在甲苯中 80 ℃下聚合 24 h;$[M]_0 = 1.0$ mol/L,[Cat.] $= 20$ mmol/L;
　　②M_w 由 GPC 测定

上述 TMSP 聚合条件下,利用 $TaCl_5$ 催化剂,含有 Ge 的 TMSP 同系物 1-(三甲基锗基)-1-丙炔(TMGP)也可以聚合。此类单体的聚合活性更高,聚合反应几乎瞬间完成。相比之下,在标准的聚合条件下,TMSP 的聚合在进行 1 h 后才完成。虽然关于聚合物的相对分子质量暂无报道,但由于此聚合物有成膜性,可以说明其相对分子质量非常大。实际上,此聚合物可溶于二硫化碳,不溶于其他有机溶剂,如甲苯和氯仿。但是根据最新文献报道,poly(TMGP)溶于一般溶剂中,如甲苯,并测出其 M_w 高于 $1×10^6$。

4,4-二甲基-2-戊炔(MeC≡C-t-Bu)的结构与 TMSP 的结构相似,只是其硅原子被碳原子所取代。然而这种单体在以上适合 TMSP 的所有聚合条件下均无法聚合。4-甲基-2-戊炔(MeC≡C-i-Pr,MP)这种空间位阻较小的单体可以通过使用单独的催化剂 NbCl₅ 和 TaCl₅ 或配以合适的助催化剂的条件下得到相应的相对分子质量在几十万的聚合物。Poly(MP)只能溶于四氯化碳、环己烷和甲基环己烷中,而在其他溶剂中有略微的溶胀(例如它可吸收 160%(质量分数)的甲苯)。

7.2.3　聚二芳基取代乙炔及其衍生物

在 TaCl₅ 存在的催化体系中,二苯基乙炔(DPA)经聚合可得到高热稳定性的不可溶聚合物。一般来说,在聚乙炔重复单元中有两个相同取代基的烷基的聚合物是不溶的,而含有一个甲基团和一个长烷基链为取代基的聚乙炔在有机溶剂中是可溶的。这种趋势可以根据这两种类型大分子的比表面积不同来解释。根据这个理论,对于含有环上取代基的 DPAs 的聚合,如果一个大体积取代基与其中一个苯环组合在一起,聚合物就变为可溶。因此根据这个理论,许多新型可溶的高相对分子质量 DPAs 聚合物制备成功。其中包括在对位和间位带有三甲基硅基、叔丁基、正丁基、苯氧基和咔唑基等基团的 poly(DPAs)。

表 7.6 为不同结构的 DPAs 单体在 TaCl₅-n-Bu₄Sn 催化条件下的聚合结果。其中(1-苯基-2-对-(三甲基硅基)苯乙炔)(p-Me₃Si-DPA)单体聚合的产率较高(达到 85%)。与期望的结果相同,这种聚合物在如甲苯、氯仿等常用溶剂中是可溶的。更有趣的是,这种聚合物的相对分子质量高达 200 万。m-Me₃Si 同系物聚合后也能得到相对分子质量在 100 万的可溶聚合物。尽管 Nb 和 Ta 在元素周期表中属于同一族,Nb 催化剂却无法实现 DPA 单体的聚合。p-Me₃Ge 和 m-Me₃Ge 同系物的聚合,与 Me₃Si 为取代基的单体的聚合条件相似。p-Me₃Ge 聚合物在任何溶剂中都不是完全可溶的,而 m-Me₃Ge 聚合物却在甲苯和氯仿中完全可溶。在含有烷基取代 DPAs 中,叔丁基同系物的聚合产率为 84%(表 7.6),聚合物在甲苯和二氯甲烷中完全可溶,通过凝胶渗透色谱(GPC)测得其重均相对分子质量为 360 万。实际上,通过光散射法测定的 M_w 比通过 GPC 测定的值小一半。含正丁基的聚合物在甲苯和氯仿中也可溶,其 M_w 约为 100 万。另外,含苯氧基同系物,尽管其含有醚键,其聚合产率也非常高(约为 70%),聚

合物相对分子质量与其他同系物相似,在 100 万以上。含有咔唑取代基的聚合物的溶解性是所有 poly(DPAs) 中溶解性最好的,其相对分子质量为 5×10^5。

表 7.6 由 $TaCl_5-n-Bu_4Sn(1:2)$ 催化的取代二苯乙炔($C_6H_5C \equiv CC_6H_4-p$ 或 m-R)的聚合[①]

R	聚合物(甲醇不溶部分)				
	单体转化率/%	产率/%	$M_w/10^3$		$M_n/10^3$
			GPC	LS[②]	GPC
p-Me$_3$Si	95	85	2 200	—	750
m-Me$_3$Si	100	87	1 400	—	250
m-Me$_3$Ge	91	60	1 800	—	730
p-t-Bu	100	84	3 600	1 600	1 400
p-u-Bu	100	82	1 300	940	460
p-PhCH$_2$	100	74	870	430	350
p-PhO	100	69	1 700	1 200	400
p-N-carbazolyl	100	67[③]	490	—	190

注 ①甲苯中 80 ℃下反应 3~24 h,$[M]_0 = 0.1 \sim 0.5$ mol/L;$[TaCl_5] = 20$ mmol/L;
②光散射;
③CHCl$_3$ 可溶

在紫外可见光谱下,溶于四氢呋喃中的环上取代 poly(DPAs) 显示出两个最大吸收波长,分别为 370 nm 和 430 nm,摩尔吸光系数范围为 4 000 ~ 6 000 mol/(L·cm)。无论是哪种环上取代基,其能带边缘约为 500 nm,聚合物的颜色为黄色,与光谱相对应。在空气中的热重分析(TGA)结果显示,聚苯乙炔在 200 ℃时开始失重,而 poly(DPA) 直到 500 ℃才开始失重,其热稳定性明显高于其他取代乙炔聚合物。带有取代基的 poly(DPA) 的起始失重温度一般为 400~5 000 ℃,说明这类聚合物具有很高的热稳定性。

含有大体积、非极性、球型取代基的 poly(DPAs),如 Me$_3$Si 和 t-Bu 基团,具有良好的透气性。这些聚合物膜的氧气渗透率(P_{O_2})约为 1 000 barrer,近似为聚二甲基硅氧烷的 2 倍。显然,poly(DPA) 的环状取代基的形状对氧气透过率起到了很重要的作用。因此,poly(DPA) 同系物成为一类新的聚乙炔材料,这种性能好、功能独特的材料的出现得到了人们的广泛关注。

如上所述,poly(DPA)2(图 7.3)在任何溶剂中都不可溶,而其含有大体积环状取代基的同系物,如聚[1-苯基-2-对-(三甲基硅基)苯乙炔]4

(图7.3)在一般的溶剂如甲苯和氯仿中是可溶的,并且可通过溶剂铸膜法制备聚合物膜。而聚合物2(图7.3)不溶于任何溶剂,所以无法直接通过传统的溶剂浇铸法制膜。如果可以实现聚合物4(图7.3)的脱甲硅基反应,就可以得到聚合物2(图7.3)的膜。实际上,已经通过对聚合物膜4(图7.3)进行脱甲硅基反应来制备 poly(DPA)聚合物膜4(图7.3,5)已取得成功。其反应条件是:将聚合物膜4(图7.3)浸泡在正己烷/三氟乙酸的混合溶液中(体积比为1∶1),通过红外光谱(IR)确定其反应程度。制备的聚合物膜5(图7.3)的热稳定性很好,并且不溶于任何溶剂,其氧气渗透系数在25 ℃时为6 000 barrer,与 poly(TMSP)相差无几。聚合物膜5(图7.3)的高透气性可能由于聚合物内部产生了分子尺寸的空隙。聚(1-对-萘基-2-苯乙炔)7(LTU 7.3)与 poly(DPA)2(图7.3)相似,不溶于任何溶剂,而高相对分子质量聚[1-β-萘基-2-(对-(三甲基硅基)苯乙炔)] 9 ($M_w=3.4\times10^6$)(图7.3)可以通过选用 $TaCl_5$-n-Bu_4Sn 催化体系在环己烷中聚合而得,并且溶于一般有机溶剂。因此,可以采用与处理聚合物膜4(图7.3)的同样方法,通过对聚合物膜9(图7.3)进行脱甲硅基反应来制备聚(1-β-萘基-2-苯乙炔)膜10(图7.3),这种膜也是不可溶的,其热稳定性非常高。起始聚合物膜9(图7.3)和脱甲硅基聚合物膜10(图7.3)都表现出很高的 P_{O_2},在25 ℃时约为4 000 barrer。

7.2.4 环上取代聚苯乙炔

苯乙炔单体在 W 和 Rh 催化体系中,在适当的条件下可以得到产率很高的聚合物。当使用 Rh 为催化剂时,非大位阻对位和间位取代聚苯乙炔同系物的相对分子质量可达几十万,甚至更高,而以 W 作为催化剂时其聚合物相对分子质量只有几万。因此,Rh 催化剂是合成高相对分子质量、高成膜性聚苯乙炔的首选。另外,利用 W 和 Mo 催化剂制备单取代苯乙炔聚合物的研究也有报道。迄今为止,聚代基空间位阻较小的乙炔单体如1-己炔等,经聚合后无法制备高相对分子质量聚合物,而带有大体积取代基的单体如叔丁基乙炔等,在此类催化剂作用下可制得高相对分子质量聚合物。苯乙炔聚合物的相对分子质量则处于前两者中间。由此看来,邻位取代苯乙炔的聚合应该可以制备高相对分子质量聚合物,事实证明,这种猜测是正确的,其结果将在后面章节进行讨论(表7.7)。

在适当的条件下,邻-(甲基苯基)乙炔作为结构最简单的邻位取代苯乙炔,在使用 W 作为催化剂的条件下,其聚合产率将近100%。以

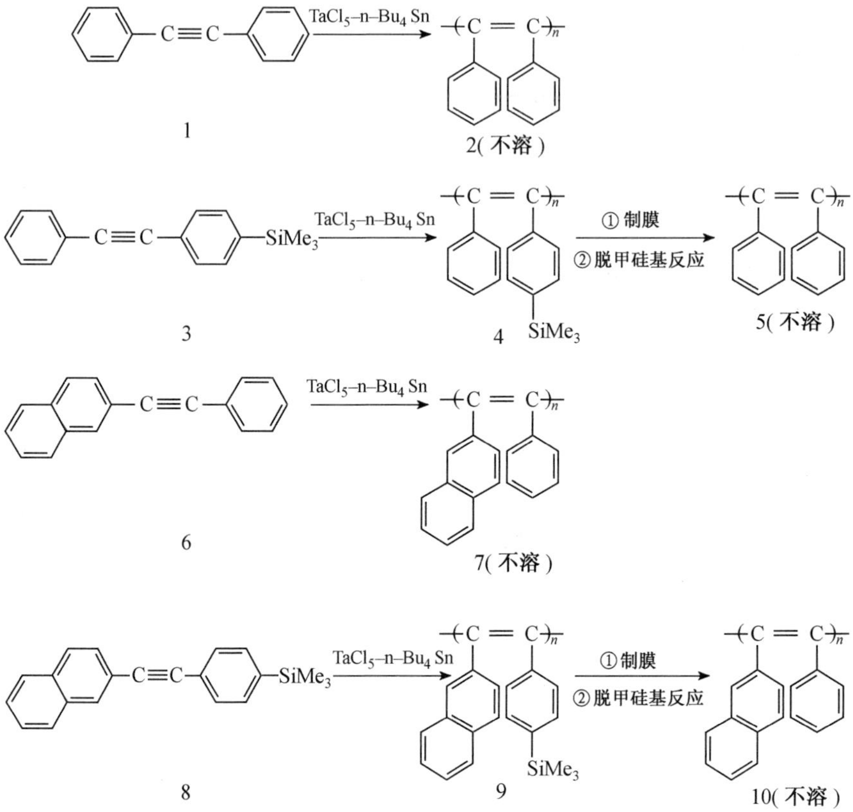

图 7.3　二取代乙炔及其同系物的聚合反应

$W(CO)_6$-CCl_4-hv 作为催化剂,制备的聚(邻-(甲基苯基)乙炔)的 M_w 最高(约为 8×10^5)。邻-二甲基-苯乙炔和(对-叔丁基-邻,邻-二甲基-苯基)乙炔,在 $W(CO)_6$-CCl_4-hv 催化下聚合而得的聚合物的溶解性非常好,相对分子质量和产率也很高(M_w>2×10^6)。三甲基硅基和三甲基锗基二者都是空间位阻较大、供电子基团,邻位上含有这两种大空间位阻基团的苯乙炔单体,在 W 和 Mo 催化剂存在下聚合产率较高,所得聚合物的 M_w 超过 100 万。邻位带有大体积吸电子基的邻-(三氟-甲基)苯乙炔,在上述聚合条件下同样可以制得高相对分子质量聚合物。因此,邻位取代基的位阻效应很大程度上影响了苯乙炔的聚合能力以及产物的相对分子质量。电子效应对聚合性质基本无影响。一些含氟类苯乙炔聚合物也通过对含氟单体(如 $HC \equiv C$—C_6F_5,$HC \equiv C$—C_6F_4-p-n-Bu 以及 $HC \equiv C$—C_6H_3-2,5-$(CF_3)_2$)进行聚合而制备出来。

表 7.7　苯乙炔及其同系物的聚合

单　体	催化剂	$M_w/10^3, M_n/10^3$ 或 $[\eta]/(dL \cdot g^{-1})$
$HC \equiv CPh$	$WCl_6 - Ph_4Sn$	$15(M_n)$
$HC \equiv CPh$	$(nbd-RhCl)_2$	$350(M_w)$
$HC \equiv CC_6H_2-p-Adm$	$(nbd-RhCl)_2$	$>1\ 000(M_w)$
$HC \equiv CC_6H_2-o,o-Me_2-p-t-Bu$	$W(CO)_6-CCl_4$	$2\ 600(M_w)$
$HC \equiv CC_6H_4-o-SiMe_3$	$W(CO)_6-CCl_4$	$3\ 400(M_w)$
$HC \equiv CC_6H_4-o-GeMe_3$	WCl_6	$690(M_w)$
$HC \equiv CC_6H_4-o-CF_3$	$W(CO)_6-CCl_4$	$1\ 600(M_w)$
$HC \equiv CC_6H_3-2,5-(CF_3)_2$	$W(CO)_6-CCl_4$	$0.35([\eta])$
$HC \equiv CC_6F_5$	WCl_6-Ph_4Sn	$0.61([\eta])$
$HC \equiv CC_6F_4-p-n-Bu$	WCl_6-Ph_4Sn	$110(M_w)$

　　作为一种商业化聚合物透气膜,聚二甲基硅氧烷的气体渗透性最高,其归因于柔软的硅氧烷链(Si-O-Si)的存在。因此为了尝试得到高气体渗透性膜,一些含有低聚硅氧烷取代基的苯乙炔单体被成功合成,如聚[2,4-二(三甲基硅基)苯乙炔]等。另外由于含氟聚合物对氧气有一定的亲合作用,因此一系列含氟类苯乙炔聚合物被开发出来,如聚[2,4,5-三(三氟甲基)苯乙炔](图 7.4)。

　　由于苯乙炔聚合物表现出的良好性能,一些可用于气体分离膜的特殊结构的苯乙炔聚合物也被开发出来,例如树枝状苯乙炔聚合物(图 7.5)和单手性螺旋聚合物。由于在 Rh 催化剂存在下,即使空间位阻较大的取代苯乙炔单体,也可以通过聚合制备顺-反式结构的高相对分子质量聚合物,因此,多种枝状苯乙炔单体(DENPA)被设计合成出来。DENPA 在 Rh 催化剂存在下制得聚合物的聚合度大于 1 000,且溶于常见的有机溶剂,如 THF 等。这种带枝状结构的聚合物的成膜性非常好,与零代聚苯乙炔同系物相比,一代枝状聚合物 poly(DENPA)的氧气选择透过性更好。聚苯乙炔具有高度可控的化学结构,如高顺式比和螺旋主链结构,导致其具有较刚硬的主链,使得聚苯乙炔具有较好的成膜性,因此有关静态单手性螺旋性聚苯乙炔的合成及其在气体透过膜上应用得到了报道。含有两个羟基和一个不同长度的烷基或硅氧烷基为取代基的苯乙炔单体在 $[Rh(nbd)Cl]_2$

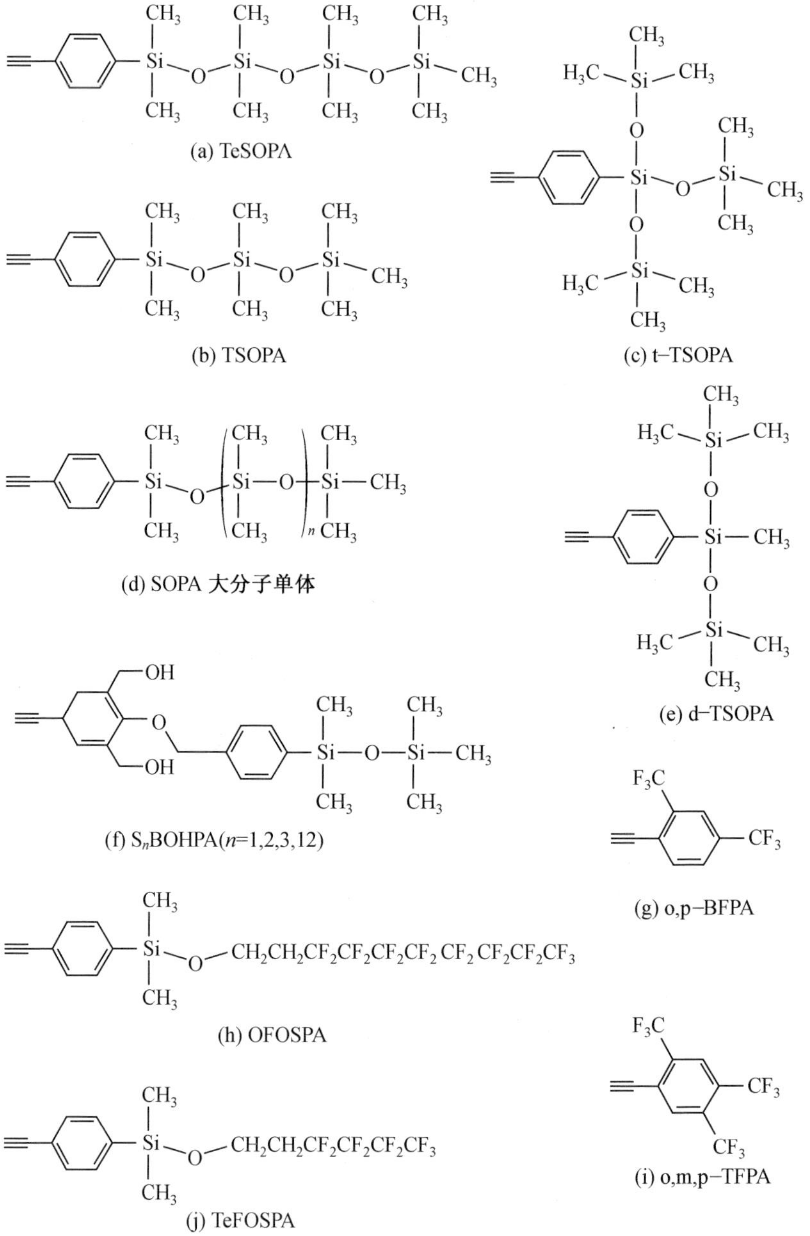

(a) TeSOPA

(b) TSOPA

(c) t–TSOPA

(d) SOPA 大分子单体

(e) d–TSOPA

(f) S_nBOHPA(n=1,2,3,12)

(g) o,p–BFPA

(h) OFOSPA

(i) o,m,p–TFPA

(j) TeFOSPA

图 7.4　一系列含硅、含氟取代聚苯乙炔的化学结构式

为主催化剂,手性胺为助催化剂的条件下通过螺旋选择性聚合,可以制备静态单手性螺旋聚合物。由于两个羟基的分子内氢键作用,此类聚合物的

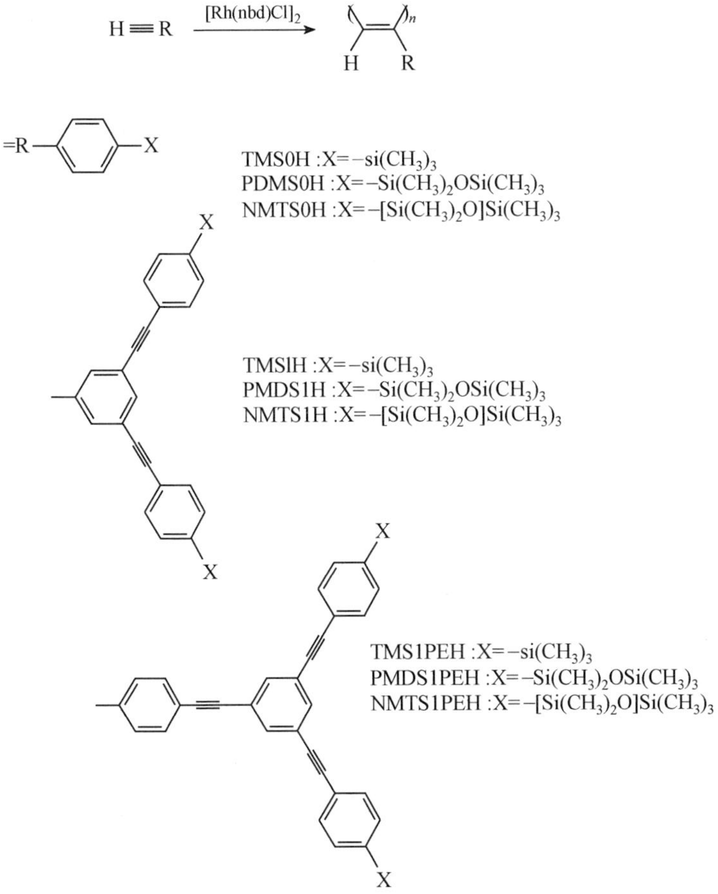

图 7.5 树枝状苯乙炔聚合物的合成

螺旋结构在溶剂中可以保持稳定。其中侧链含有 3 个硅氧烷的 poly(S3BDHPA)的重均相对分子质量最高,可高达 2.29×10^7,且具有良好的成膜性。

7.3 气体和蒸汽的分离

7.3.1 气体/气体分离

膜过程发展中,混合气体的分离是膜应用在工业上的一个成功的例子。工业上对于膜过程的应用主要包括 H_2/N_2 分离,即从合成氨驰放气中

回收 H_2；O_2/N_2 分离，制备惰性富氮气体。气体透过聚合物膜的机理为溶解-扩散机理。一般来说，气体在膜分离系统的操作条件下处于非压缩状态，气体扩散相对于气体溶解是一个主导行为。因此，基于"分子筛分"机理，小分子气体透过聚合物膜的速度要高于分子较大的气体。到目前为止，已成功合成超过 70 种取代聚乙炔，在常温条件下，所有的聚合物均为玻璃态。可通过改变聚乙炔的取代基来制备更多高性能的气体和液体分离膜。例如，取代聚乙炔膜在 25 ℃下氧气渗透参数可以从 1 barrer 变化到 6 000 barrer。与其他玻璃态聚合物如聚砜类、聚碳酸酯类相比，取代乙炔聚合物的渗透性范围非常广。另外，一些取代聚乙炔膜的氧气渗透性能比商用的聚合物富氧膜，如聚二甲基硅氧烷膜（P_{O_2} = 600 barrer，P_{O_2}/P_{N_2} = 2.0）、聚（4-甲基-1-戊烯）（P_{O_2} = 32 barrer）以及聚（氧-2,6-二甲基苯）（P_{O_2} = 15 barrer）还高。与透气量最高的商品化工业级聚二甲基硅氧烷相比，有近乎 10 种取代聚乙炔的气体渗透性高于它。

一般来说，高渗透性聚合物的选择性较低，反之亦然。Robeson 报道了几对气体基于这种平衡关系的上限。从图 7.6 中可以发现，取代聚乙炔膜对 O_2 的渗透性与 O_2/N_2 的选择透过性的数据分布在 Robeson 上限以下。即使这些聚合物的渗透性完全相同，其选择性却各不相同，因此，说明聚合物的自由体积和分布是各不相同的。在取代聚乙炔中，高渗透性的取代聚乙炔一般都含有球状的取代基，例如 t-Bu，Me_3Si 和 Me_3Ge 基团等。另一方面，许多透过性低的聚乙炔，一般都含有长的烷基链，例如 n-C_6H_{13} 基团。此外，如果有一个取代基为苯环，并且这个苯环上不带有任何球状取代基的情况下，与其他取代乙炔相比，它的气体渗透性一般较低。

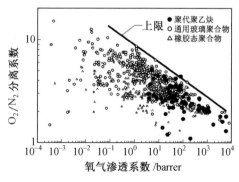

图 7.6 取代聚苯乙炔的氧气透过性及氧气/氢气选择透过性关系

那些氧气渗透系数高于 100 barrer 的取代聚乙炔被分为 4 类,其氧气渗透系数和 O_2/N_2 分离系数的相关数据见表 7.8。结果表明这些聚乙炔有着极高的氧气渗透性,其高性能归因于这些聚合物具有很高的自由体积和"特殊的"自由体积分布。同时推测出,产生这种特殊性能的原因是由于它们具有较低的内聚能、刚性的主链和球状的取代基。

表7.8　高渗透性取代聚乙炔的 O_2 渗透系数($P_{O_2} \geqslant 100$ barrer)和 O_2/N_2 分离系数(P_{O_2}/P_{N_2})

类别	$\begin{array}{c}+\!\!\!\!-C\!\!=\!\!C-\!\!\!\!+ \\ \mid\quad\mid \\ R^1\quad R^2\end{array}$		P_{O_2} barrer[①]	P_{O_2}/P_{N_2}
	R^1	R^2		
Poly(TMSP) 及其同系物	Me	$SiMe_3$	$(4\sim9)\times10^3$	1.8
	Me	$SiEt_3$	860	2.0
	Me	$SiMe_2Et$	500	2.2
	Me	$SiMeEt_2$	440	2.1
	Me	$SiMe_2-i-Pr$	460	2.7
	Me	$SiMe_2-n-C_3H_7$	100	2.8
	Me	$GeMe_3$	7 800	—
	Me	$i-Pr$	2 700	2.0
	Me	$(CH_2)_3SiMe_3$	130	2.4
	Me	$C_6H_4-p-SiMe_3$	240	2.4
环上取代聚二苯乙炔	Ph	$C_6H_4-p-SiMe_3$	1 100~1 550	2.1
	Ph	$C_6H_4-m-SiMe_3$	1 200	2.0
	Ph	$C_6H_4-p-SiMe_2-i-Pr$	200	2.3
	Ph	$C_6H_4-m-SiMe_2-i-Bu$	110	2.5
	Ph	$C_6H_4-m-GeMe_3$	1 100	2.0
	Ph	$C_6H_4-p-t-Bu$	1 100	2.2
	Ph	$C_6H_4-p-n-Bu$	100	1.7
	$\beta-naphthyl$	$C_6H_4-p-SiMe_3$	3 500	1.8
聚二取代苯乙炔	Ph	Ph	6 000	1.3
	Ph	$\beta-naphthyl$	4 300	1.6

续表 7.8

$\begin{array}{c}-\!\!-\!\!(C\!\!=\!\!C)\!\!-\!\!\\ \ \ \mid\ \ \mid\ \\ R^1\ \ R^2\end{array}$		P_{O_2} barrer[①]	P_{O_2}/P_{N_2}
R^1	R^2		
H	$C_6H_2,4,5\text{-}(CF_3)_3$	780	2.1
H	$C_6H_3\text{-}2,5\text{-}(CF_3)_3$	450	2.3
H	$C_6H_4\text{-}o,p\text{-}(SiMe_3)_2$	470	2.7
H	$C_6H_4\text{-}p\text{-}SiMe_3$	170	2.7
H	$C_6H_4\text{-}o\text{-}GeMe_3$	110	2.0
H	t-Bu	130	3.0

环上取代聚二苯乙炔和叔丁基乙炔

注　1 barrer = 1×10^{-10} cm³·(STP)·cm/(cm²·s·cmHg)

在取代苯乙炔类聚合物中,高相对分子质量环上取代聚二苯乙炔的热稳定性很高(软化温度 $T_0 > 400$ ℃),而且通过溶剂浇铸法制备的聚合物膜的成膜性较好。聚二取代苯乙炔的渗透性比聚单取代苯乙炔高很多。尤其是带有球状环上取代聚二苯乙炔,例如 t-Bu,Me₃Si 和 Me₃Ge 基团,其氧气渗透系数高达 1 100 ~ 1 500 barrer。如果其中一个球状上环取代基被其他取代基代替,例如正丁基和苯氧基,其渗透系数就会降低 10 倍。

与环上取代聚二苯乙炔不同,不含有任何环上取代基的聚二苯乙炔不溶于任何溶剂。因此,聚二取代苯乙炔膜是在三氟乙酸作为催化剂的条件下,通过对聚[1-苯基-2-p-(三甲基硅基)苯乙炔]膜的脱甲基硅基化作用制备而成。脱甲基硅基化的膜为热稳定性很高的自支撑膜,且不溶于任何溶剂,其气体渗透系数非常高(例如,在 25 ℃下,P_{O_2} = 6 000 barrer),与 poly(PTMSP)相差无几。脱甲基硅基化后的聚合物膜的氧气渗透系数增加了 4 倍。聚二苯乙炔膜的高气体渗透性可能由于脱除 Me₃Si 基团后产生了分子级别的孔隙,而这种孔隙大于气体分子尺寸。以同样的方法,聚(1-β-萘基-2-苯乙炔)膜可以通过聚{1-β-萘基-2-[p-(三甲基硅基)苯基]乙炔}膜的脱甲基硅基化制备。脱甲基硅基化后的膜在 25 ℃下的透过系数为 4 300 barrer,透过性提高了 20%。从聚二苯乙炔的脱甲基硅基化对气体透过性的影响来看,其效果远远高于聚(1-萘基-2-苯乙炔)。

表 7.8 显示,高渗透性取代聚乙炔的 O_2/N_2 分离系数在 2 左右。对于 poly(TMSP)来说,在众多的修饰方法中,其聚合物膜的氟化是提高渗透系数的最有效的方法。通过使用 F₂ 气体在 N₂ 中(约 0.1%(体积分数)F₂)将

poly(TMSP)膜的表面氟化后,其 O_2/N_2 分离系数由 1.5 增加到 5.1。另一种方法是将甲基丙烯酸六氟丁酯与 poly(TMSP)膜混合,然后通过紫外光照射。处理后的 poly(TMSP)膜的 O_2/N_2 的分离系数在 25 ℃ 下增加到 5.4。poly(TMSP)基质膜的最大 O_2/N_2 分离系数约为 5。

7.3.2 蒸汽/气体分离

蒸汽/气体混合物的膜分离过程早在 20 世纪 80 年代末已经商品化。天然气中 C3+烃类/CH_4 的分离,以及从空气中去除挥发性有机物(VOC)等已经被广泛应用。通常蒸汽要被选择性地从蒸汽-气体混合物中除去,也就是说,蒸汽(例如,混合物中的大分子)需要比气体(例如,混合物中的小分子)更快地透过聚合物膜。由于玻璃态聚合物拥有较强的"尺寸-筛分"能力,所以这类聚合物不适用于蒸汽/气体的分离。因此,橡胶态聚合物例如聚二甲基硅氧烷,在工业中应用广泛。

表 7.9 中列出的一些高渗透性取代聚乙炔与普通的玻璃态聚合物相比,表现出截然相反的渗透性能。聚(1-三甲基硅基-1-丙炔)(TMSP)、聚(1-苯基-1-丙炔)(poly(PP))和聚砜的气体渗透性与渗透物的尺寸的关系如图 7.7 所示。一般,基于较强的"尺寸-筛分"机制,传统的玻璃态聚合物(如聚砜和聚碳酸酯)的气体渗透性,随渗透物尺寸的增加而减小。

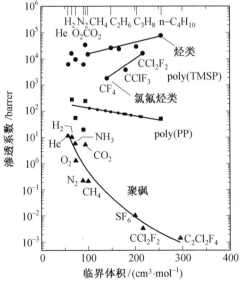

图 7.7 在 23℃下(1-三甲基硅基-1-丙炔)、聚(1-苯基-1-丙炔)以及聚砜对不同气体的渗透系数

对小分子/大分子的分离系数通常大于 1。大部分的取代聚乙炔如 poly (PP)，也遵循这个机制。然而，一些高渗透性的取代聚乙炔如 poly (PTMS)，却表现出相反的性能，它们的气体渗透性随渗透物尺寸的增加而增加。这是由于这些高渗透性取代聚乙炔的"尺寸-筛分"能力较弱，并且含有较大的自由体积以及较特殊的分布，因此与那些低透过性取代聚乙炔和传统的玻璃态聚合物不同。通过不同取代基的选择对取代苯乙炔的结构进行设计，可以同时得到具有"小分子优先选择"（例如 poly(PP)）和"大分子优先选择"（例如 poly(TMSP)）性能的聚合物膜。

表7.9　高渗透性取代聚乙炔和普通的玻璃态聚合物对混合气体的渗透性[①]

聚合物	温度/℃	渗透系数[②]/barrer		分离系数 $n-C_4H_{10}/CH_4$	渗透系数比值 $CH_{4混}/CH_{4纯}$
		$n-C_4H_{10}$	CH_4		
poly(TMSP)	23	53 500	1 800	30	0.1
poly(MP)	25	7 500	530	14	0.2
poly(MP)/SiO_2(45%（质量分数）)纳米复合材料	25	25 000	1100	23	—
聚砜	23	0.13	0.21	0.6	1
聚二甲基硅氧烷	23	7 200	1 200	6	1

注　①气体混合物：2% n-丁烷/98%甲烷（2%，98%为摩尔分数）；正丁烷的相对分压（p/p_{sat} = 0.16），poly(TMSP)混合进料分压：聚砜和聚二甲基硅氧烷为 1.82 MPa，poly(MP)为 1.01 MPa；poly(MP)/二氧化硅（45%（质量分数））纳米复合材料为 1.13 MPa，所有聚合物的渗透压为 0.1 MPa；
　　②1 barrer = 1 × 10^{-10} cm^3(STP)·cm/(cm^2·s·cmHg)

　　蒸汽-气体混合物在聚合物中的选择性通常等于或低于各物质在纯组分中的选择性的比值。然而有趣的是，相反的现象出现于一些"大分子优先选择"的取代聚乙炔中。这些聚合物在蒸汽-气体的混合物的分离中，蒸汽/气体的分离系数却远远高于通过测量纯组分的分离系数后得到的比值。这是由于在蒸汽-气体混合物中，蒸汽的存在导致气体渗透性锐减的结果。表7.9 总结了 $n-C_4H_{10}/CH_4$ 在 poly(TMSP)和 poly(MP)中与通常的玻璃态聚合物如聚砜、橡胶态聚合物如聚二甲基硅氧烷中的分离性能的比较。聚二甲基硅氧烷和聚砜对于混合气体和纯气体组分测定有着相同的渗透性。与此相反，对于 poly(TMSP)，$n-C_4H_{10}$ 在 $n-C_4H_{10}/CH_4$ 混合物中的渗透性比纯 n-C$_4$H$_{10}$的渗透性低 30% ,而 CH$_4$ 在混合物中的渗透性比在纯 CH$_4$ 中的渗透性低 90% 。n-C$_4$H$_{10}$/CH$_4$在混合物中的选择性比纯 n-C$_4$H$_{10}$与纯 CH$_4$ 的渗透性的比值高 6 倍。因而 poly(TMSP)对于混合气体的 n-C$_4$H$_{10}$/CH$_4$ 分离系数为 30,与其他用于分离此二元混合物相比,其分离系数最高。poly(TMSP)的这种截面尺寸效应在其他蒸汽-气体混合物(如 SF$_6$-He, C$_{3+}$-CH$_4$ 以及氟氯烃-N$_2$)的分离中可以被观察到。

这种截面尺寸效应在可凝聚的复合组分存在下,由取代聚乙炔如 poly(TMSP)和 poly(MP)中极大的自由体积引起的。在 poly(MP)中填充气相二氧化硅使其自由体积增加的同时,混合气体 n-C$_4$H$_{10}$/CH$_4$ 的分离系数和 n-C$_4$H$_{10}$的渗透系数都有所提高,如图 7.8 所示。25 ℃下,混合物组分为 98%(摩尔分数)甲烷和 2%(摩尔分数)正丁烷,进料压为 1.13 MPa,渗透压为 0.1 MPa。

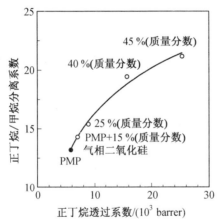

图 7.8　气相二氧化硅在聚(4-甲基-2-戊炔)(poly(MP))中的填充量对正丁烷的渗透系数和正丁烷/甲烷的分离系数的影响

在 30 ℃下,通过熟化的 poly(TMSP) 从 CO$_2$-iso-C$_4$H$_{10}$混合物(例如可凝聚气体和蒸汽的混合物)中分离 CO$_2$ 时,气体分压为 60 cmHg 的条件下,CO$_2$ 的渗透性为 300 barrer;气体分压为 16 cmHg 时,iso-C$_4$H$_{10}$ 的渗透系数为 80 barrer。CO$_2$-iso-C$_4$H$_{10}$的分离系数为 3.8。然而,与 n-C$_4$H$_{10}$/CH$_4$ 分离不同,在通过 poly(TMSP) 分离 CO$_2$-iso-C$_4$H$_{10}$混合物时并无截面尺寸效应产生。iso-C$_4$H$_{10}$对 CO$_2$ 的渗透并无促进效果。在另一个 CO$_2$-丙酮混合物分离的例子中,CO$_2$ 的渗透系数随着增加丙酮的气体分压而有微小的增加,而丙酮的透过性却不依赖于 CO$_2$ 的气体分压的变化而变化。针对

iso-C_4H_{10}-丙酮混合物,混合气体中的每一组分的渗透性都高于纯组分在相应分压下的透过性。基于这些研究结果,对高透过性取代聚乙炔来说,在蒸汽的存在下气体渗透性反而下降的例子极为罕见,仅在分离蒸汽与低极性低凝聚态气体中表现为这种趋势。

7.3.3 蒸汽/蒸汽分离

可凝聚分子混合物分离在应用上的发展,无外乎是将各组分从 VOC 混合物或 C_3 烃类的异构体中分离出来。关于蒸汽混合物的分离性能的研究还很少。取代聚乙炔分离蒸汽混合物时表现出较高的渗透系数和较低的分离系数。poly(TMSP)对 C_3H_6/C_3H_8 的分离系数为 1.7。研究表明,poly(TMSP)经溴化后可提高其选择性,当溴的质量分数为 13% 时,分离系数由 1.7 增至 2.3。与 C_3H_6/C_3H_8 的分离有所不同,poly(TMSP)在分离 C_2 混合物的过程中,烷烃比烯烃更容易透过,其 C_2H_4/C_2H_6 的分离系数为 0.88。

对于 C_4 烃类混合物,poly(TMSP)分离 iso-C_4H_8/iso-C_4H_{10} 的分离系数为 3.0。通过在 poly(TMSP)中添加 $AgClO_4$,可以提高 iso-C_4H_8/iso-C_4H_{10} 的分离系数。在 poly(TMSP)/$AgClO_4$ 复合膜中 $AgClO_4$ 的质量分数为 32.7% 时,分离系数将提高至 5.6。取代聚乙炔在蒸汽/蒸汽分离应用中并没有明显的分离效果,因此需要设计新的方案来提高其分离系数。

7.4　渗透汽化

7.4.1 醇/水的分离

第一个商业化的液体分离膜系统出现在 1982 年,通过渗透汽化法对乙醇-水混合物进行分离。渗透汽化过程的优点是可以避免混合液体共沸蒸馏的问题。一般来说,一类聚合物具有"水优先选择"或者"醇优先选择"的行为之一。对于分离乙醇-水混合物,取代聚乙炔类膜同时表现出"乙醇优先选择"和"水优先选择"两种行为。取代聚乙炔是非常罕见的一类聚合物,类型相同却拥有相反的选择性。

表 7.10 为不同取代基的聚乙炔对乙醇/水混合物的渗透汽化的分离系数以及透过率。高渗透性的取代聚乙炔为"乙醇优先选择"(例如乙醇/水的分离系数>1),而低渗透性取代聚乙炔为"水优先选择"(例如乙醇/水的分离系数<1)。厚度为 20 μm 的 poly(TMSP)膜分离乙醇/水的透过率

为 4.5×10^{-3} gm/($m^2 \cdot h$)，分离系数为 12，而聚(1-苯基-2-氯乙炔)对乙醇/水的透过率为 0.23×10^{-3} gm/($m^2 \cdot h$)，分离系数为 0.21。例如，poly(TMSP)为取代乙炔聚合物中"醇优先选择"的一种，乙醇和丁醇优先透过，虽然水比乙醇扩散快，但是溶解选择性在这种情况下起了主导作用，因此乙醇在 poly(TMSP)中优先透过。与之相反，扩散选择性则为"水优先选择"类取代聚乙炔的主导因素。

表 7.10　不同取代基的聚乙炔对乙醇/水混合物的渗透汽化的分离系数($\alpha_{H_2O}^{EtOH}$)以及透过率(R)（EtOH 进料质量分数为 10%，30 ℃）

$\begin{array}{c}-C=C-_n \\ \mid \quad \mid \\ R^1 \quad R^2\end{array}$		阀后压力 /mmHg	厚度 /μm	$\alpha_{H_2O}^{EtOH}$	R/(10^3gm · ($m^{-2} \cdot h^{-1}$)
R	R′				
	Me	SiMe$_3$	1.0	约20	12	4.5
	Ph	C$_6$H$_4$-p-SiMe$_3$	2.0	53	6.9	4.2
	Ph	Ph	2.0	46	6.0	5.9
	β-naphtyl	C$_6$H$_4$-p-SiMe$_3$	2.0	32	5.3	6.9
	Ph	β-naphtyl	2.0	45	3.4	14
	Cl	n-C$_6$H$_{13}$	1.0	约20	1.1	0.41
	Me	n-C$_5$H$_{11}$	1.0	约20	0.72	0.57
	H	t-Bu	1.0	约20	0.58	0.65
	H	CH(n-C$_5$H$_{11}$)SiMe$_3$	1.0	约20	0.52	0.40
	Me	Ph	1.0	约20	0.28	0.24
	Cl	Ph	1.0	约20	0.21	0.23

注：表中第一列纵向标注 "EtOH 优先选择"（前六行）与 "水优先选择"（后五行）。

"醇优先选择"的 poly(TMSP)膜在醇/水混合物通过渗透汽化过程中，渗透率与醇/水选择性随着醇尺寸（例如甲醇<乙醇<丙醇）的增加而减小（例如甲醇>乙醇>丙醇）。poly(TMSP)的渗透汽化性能依赖于溶解性，而溶解性又与醇的极性有关。低极性的 poly(TMSP)能使极性小的醇优先透过。异丙醇/水的选择性比正丙醇/水的选择高，可能是由于异丙醇与 poly(TMSP)的亲和性比正丙醇好。

将聚二甲基硅氧烷接枝到 poly(TMSP)的 α-甲基上，在 30 ℃下分离 7%（质量分数）乙醇-水溶液时，poly(TMSP)的渗透率为 1.2×10^{-3} gm/($m^2 \cdot h$)，乙醇/水的选择性为 11。当将聚二甲基硅氧烷接枝到 poly(TMSP)上（共聚物中含12%(摩尔分数)的二甲基硅氧烷),其渗透率增加至2.5×10⁻³ gm/(m²·h),同时其分离系数也增加至28。

7.4.2 有机液体/水的分离

通过渗透汽化从污水中分离有机液体的过程已经工业化。橡胶态聚合物(如聚二甲基硅氧烷和乙丙三元共聚物)在分离水与一些有机液体(如甲苯和三氯乙烯)的混合物时,通常表现为"有机液体优先选择"的性质,且与聚合物结构无关。与之相反,取代聚乙炔根据它们的取代基的不同,分别具有"有机液体优先选择"和"水优先选择"两种性质。如图7.9所示,poly(TMSP)为"有机液体优先选择"的取代聚乙炔的一种。在30 ℃下,这种聚合物将乙腈/水混合物中乙腈的质量分数为7%提高到88%,其渗透率为7×10⁻² gm/(m²·h),乙腈/水的分离系数为101。随着进料侧的有机液体浓度的增加,除了醋酸以外,总的"有机液体/水的选择性"降低了。进料醋酸的质量分数增加到25%之前,其醋酸的选择性是逐渐增加的,然而随着浓度的继续增加,其分离系数逐渐降低。在50 ℃下,当10%(摩尔分数)的三甲基硅基基团引入到poly(TMSP)的α-甲基上时,其渗透率和乙腈/水的分离系数同时增加了两倍。与poly(TMSP)相比,三甲基硅基基团修饰的poly(TMSP)在分离一些溶剂如丙酮和二氧杂环乙烷时,同样表现出了很高的通量和有机液体/水的分离系数。

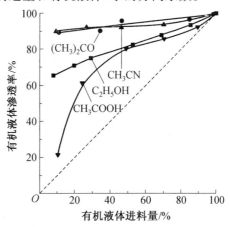

图7.9 poly(TMSP)膜对有机液体/水渗透汽化分离的透过曲线图

poly(TMSP)膜在氟烷基丙烯酸酯单体的存在下,经γ-射线照射后25 ℃下分离含有0.5%(质量分数)氯仿/水的混合物时,其通量与氯仿/水的分离系数同时增加。poly(TMSP)膜的氯仿/水的分离系数为860,而含氟 9%（质量分数）的 poly（TMSP）膜的氯仿/水的分离系数为 1 500。将 poly（TMSP）与 62%（质量分数）的聚（1H,1H,9H-十六氟甲基丙烯酸酯）共混后,在 25 ℃下,分离 0.02%（质量分数）丁酸乙酯混合液时,得到的丁酸乙酯/水的分离系数约为 600。丁酸乙酯的扩散性比水低很多,而丁酸乙酯的溶解性却比水高很多。由于在传递过程中,溶解性起主导作用,因此丁酸乙酯透过修饰的聚合物比水更快。

在苯/水混合物分离时（苯的进料浓度为 600 mg/L）,在 25 ℃渗透汽化条件下,poly（TMSP）对苯/水的分离系数为 1 600,poly（PP）为 400。随着 poly（PP）在共混物中含量的增加,水的透过率逐渐地减小,当 poly（PP）增加到 25%（质量分数）时,苯的透过率维持在一个恒定的常数。因此,poly（TMSP）/poly（PP）共混物的苯/水分离系数比这两种聚合物单独制备的膜要高很多（图 7.10）,例如 poly（TMSP）/poly（PP）（75/25）共混膜的苯/水分离系数为 2 900。

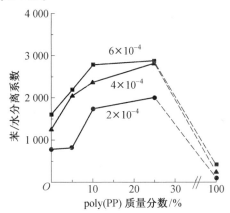

图 7.10　聚（1-苯基-1-丙炔）（poly（PP））在聚（1-三甲基-1-丙炔）（poly（TMSP）/poly（PP））混合物中的比例对苯/水分离系数的影响

（25 ℃,水溶液中苯含量为:200×10^{-4}（●）,400×10^{-4}（▲）

7.4.3　有机液体/有机液体分离

渗透汽化技术分离有机液体混合物的工业化应用正在处于发展阶段。实际上,到目前为止关于有机液体混合物渗透汽化的分离性能的研究非常少。在通过渗透汽化法分离苯-环己烷混合物时,与其他聚合物相似,含有苯基取代基的聚乙炔表现出了苯选择透过性。在温度为 30 ℃,进料液含有 50%（质量分数）的苯时,poly(DPA)的苯/环己烷分离系数为 1.6。这个数据是醋酸纤维素的 1/10。而膜厚为 46 μm 的 poly(DPA)的渗透率为 191 gm/($m^2 \cdot h$),透过速度比醋酸纤维素高 560 倍。与苯的质量分数为 50% 的进料液相比,苯的质量分数为 10% 时,选择性略微提高,但是,渗透率却为前者的一半。poly(-NpPA)上的 β-萘基提高了 poly(DPA)的分离系数,然而渗透率却由于苯环被 β-萘基取代而减小。因此,聚乙炔的取代基对有机液体的分离有一定的潜在影响。

取代聚乙炔可以在复分解催化剂中进行合成,如本章所述,这种聚合物有较好的气体和液体分离性能。基于不同研究者发表的数据来看,一些渗透性好的取代聚乙炔如 poly(TMSP),是应用前景非常好的一种膜材料。

在空气富氧中的应用。这种情况下,对 O_2/N_2 渗透性的要求不是很高。高透过性取代聚乙炔的 O_2/N_2 分离系数约为 2,通过对聚合物的修饰,其分离系数最高可达到 5。取代聚乙炔膜还可以应用于天然气中除去蒸汽-气体混合物中的蒸汽以及空气中的有机挥发性气体(VOC),其中蒸汽为微量组分。这里可以设计"蒸汽优选择"的取代聚乙炔膜,实际上,"蒸汽优先选择"的取代聚乙炔 poly(TMSP),已经实现了混合气体 n-C_4H_{10}/CH_4 的分离,分离系数为 30,与其他用于分离此二元混合物的聚合物膜相比,其分离系数最高。最后一种较为期待的应用领域是除去水中的有机液体,如 VOCs 中的卤代烃等。有机液体为水溶液中的微量组分,并且可以被选择性除去。多种取代聚乙炔可表现出较高的渗透率和"有机液体优先选择"的性质。这些聚合物较难溶胀,在渗透过程中可以较好地维持其力学稳定性。

取代聚乙炔的这种分离性能归因于其较大的自由体积与特殊的自由体积分布的结合。根据不同的应用,通过控制取代基的种类来设计"最佳取代"聚乙炔的研究仍有很大的空间,从而发现其更多、更新、更吸引人的优越性能。

参考文献

[1] NAGAI K,MASUDA T,NAKAGAWA T,et al. Poly[1-(trimethyl-silyl)-1-propyne] and related polymers:synthesis,properties and functions[J]. Prog. Polym. Sci. , 2001,26:721-798.

[2] MASUDA T,ISOBE E,HIGASHIMURA T,et al. Poly[1-(trimethylsilyl)-1-propyne]:a new high polymer synthesized with transition-metal catalysts

and characterized by extremely high gas permeability[J]. J. Am. Chem. Soc. ,1983 ,105: 7473-7474.

[3] KWAK G S,MASUDA T. Synthesis structure, and properties of poly[1-(trimethylgermyl)-1-propyne]) [J]. J. Polym. Sci. Part A: Polym. Chem. Ed. , 2000 ,38: 2964-2969.

[4] NAGAI K,TOY L G,FREEMAN B D,et al. Gas permeability and n-butane solubility of poly(1-trimethylgermyl-1-propyne) [J]. J. Polym. Sci. Part B: Polym. Chem. Ed. ,2002 ,40: 2228-2236.

[5] TSUCHIHARA K,MASUDA T,HIGASHIMURA T. Stereochemical studies on chiral, nonconjugated, nitrogen-substituted carbanions generated by tin-lithium exchange[J]. J. Am. Chem. Soc. ,1991 ,113: 8548-8549.

[6] ITO H,MASUDA T,HIGASHIMURA T. Synthesis and properties of germanium-containing poly(diphenylacetylenes) [J]. J. Polym. Sci. Part A: Polym. Chem. Ed. ,1996 ,34: 2925-2929.

[7] KOUZAI H,MASUDA T,HIGASHIMURA T. Synthesis and properties of poly (diphenylacetylenes) having aliphatic para-substituents [J]. J. Polym. Sci. Part A: Polym. Chem. Ed. ,1994 ,32: 2523-2530.

[8] TERAGUCHI M,MASUDA T. Poly(diphenylacetylene) membranes with high gas permeability and remarkable chiral memory[J]. Macromolecules, 2002 ,35: 1149-1151.

[9] SAKAGUCHI T,KWAK G,MASUDA T. Synthesis of poly(1-β-naphthyl-2-phenylacetylene) membranes through desilylation and their properties[J]. Polymer, 2002 ,43: 3937-3942.

[10] AOKI T,NAKAHARA H,HAYAWA Y. Trimethylsilyl-group containing polyphenylacetylenes for oxygen and ethanol permselective membranes [J]. J. Polym. Sci. Part A: Polym. Chem. Ed. ,1994 ,32: 849-858.

[11] FUJIMORI J,HIGASHIMURA T. Synthesis of poly[1-(trimethylsilyl)-1-propyne] with a narrow molecular weight distribution by using NbCl$_5$ catalyst in cyclohexane[J]. Polym. Bull,1988 ,20: 1-6.

[12] NIKI A,MASUDA T,HIGASHIMURA T. Effects of organometallic cocatalysts on the polymerization of disubstituted acetylenes by TaCl$_5$ and NbCl$_5$[J]. J. Polym. Sci. Part A: Polym. Chem. Ed. ,1987 ,25: 1553-1562.

[13] TACHIMORI H,MASUDA T,KOUZAI H,et al. Synthesis and properties

of poly (diphenylacetylenes) having ether linkages[J]. Polym. Bull, 1994,32: 133-140.

[14] TACHIMORI H, MASUDA T. Synthesis and properties of a poly (diphenylacetylene) containing carbazolyl groups[J]. J. Polym. Sci. Part A: Polym. Chem. Ed. ,1995,33: 2079-2085.

[15] TABATA M, YANG W, YOKOTA K. 1H−NMR and UV studies of Rh complexes as a stereoregular polymerization catalysts for phenylacetylenes: Effects of ligands and solvents on its catalyst activity [J]. J. Polym. Sci. Part A: Polym. Chem. Ed. ,1994,32: 1113-1120.

[16] FUJITA Y, MISUMI Y, TABATA M, et al. Synthesis, geometric structure, and properties of poly (phenylacetylenes) with bulky para−substituents [J]. J. Polym. Sci. Part A: Polym. Chem. Ed. ,1998,36: 3157-3163.

[17] ABE Y, MASUDA T, HIGASHIMURA T. Polymerization of (o−methylphenyl) acetylene and polymer characterization[J]. J. Polym. Sci. Part A: Polym. Chem. Ed. ,1989,27: 4267-4279.

[18] YOSHIDA T, ABE Y, MASUDA T, et al. Polymerization and polymer properties of (p−tert−butyl−o, o−dimethylphenyl) acetylene [J]. J. Polym. Sci. Part A: Polym. Chem. Ed. ,1996,34: 2229-2236.

[19] MIZUMOTO T, MASUDA T, HIGASHIMURA T. Polymerization of [o−(trimethylgermyl) phenyl] acetylene and polymer characterization[J]. J. Polym. Sci. Part A: Polym. Chem. Ed. ,1993,31: 2555-2561.

[20] TSUCHIHARA K, MASUDA T, HIGASHIMURA T, et al. Polymerization of[2,5−bis (trifluoromethyl) phenyl] acetylene and polymer properties [J]. Polym. Bull,1990,23: 505−511.

[21] KESTING R E, FRITZSCHE A K. Polymeric gas separation membranes [M]. New York: Wiley Interscience,1993.

[22] ROBESON L M. Correlation of separation factor versus permeability for polymeric membranes[J]. J. Membr. Sci. , 1991,62: 165-185.

[23] TOY L G, NAGAI K, FREEMAN B D, et al. Pure−gas and vapor permeation and sorption properties of poly[1−phenyl−2−[p−(trimethylsilyl) phenyl] acetylene] (PTMSDPA) [J]. Macromolecules, 2000,33: 2516−2524.

[24] NAGAI K, TOY L G, FREEMAN B D, et al. Gas permeability and hydrocarbon solubility of poly[1−phenyl−2−[p−(triisopropylsilyl) phenyl] a-

cetylene][J]. J. Polym. Sci. Part B: Polym. Phys. Ed. , 2000,38:
1474-1484.

[25] FREEMAN D D, PINNAUI. Polymer membrane for gas and vapor separa-
tion[J]. ACS Symposium Series,1999,733:1-27.

[26] MERLEL T C,FREEMAN B D,SPONTAK R J,et al. Ultrapermeable,
reverse-selective nanocomposite membranes science[J]. Science,2002,
296,519-522.

[27] NAGAI K,HIGUCHI A,NAKAGAWA T. Bromination and gas permea-
bility of poly(1-trimethylsilyl-1-propyne) membrane[J]. J. Appl.
Polym. Sci. , 1994,54: 1207-1217.

[28] SAKAGUCHI T,YUMOTO K,KWAK G. Pervaporation of ethanol/water
and benzene/cyclohexane mixtures using novel substituted polyacetylene
membranes[J]. Polym. Bull, 2002,48: 271-276.

[29] NAGASE Y,ISHIHARA K,MATSUI K. Chemical modification of poly
(substituted-acetylene): II. Pervaporation of ethanol /water mixture
through poly(1-trimethylsilyl-1-propyne)/poly(dimethylsiloxane)
graft copolymer membrane[J]. J. Polym. Sci. Part B: Polym. Phys.
Ed. , 1990,28: 377-386.

[30] NIJHUIS H H,MULDER M H V,SMOLDERS C A. Selection of elasto-
meric membranes for the removal of volatile organics from water[J]. J.
Appl. Polym. Sci. , 1993,47: 2227-2243.

[31] MISHIMA S, NAKAGAWA T. Pervaporation of volatile organic com-
pounds/water mixtures through poly(1H,1H,9H-hexadecafluorononyl
methacrylate)-filled poly(1-trimethylsilyl-1-propyne) membranes[J].
J. Appl. Polym. Sci. , 2002,83: 1054-1060.

[32] AOKI T,KANEKO T,MARUYAMA N,et al. Helix-sense-selective pol-
ymerization of phenylacetylene having two hydroxy groups using a chiral
catalytic system[J].J. Am. Chem. Soc. , 2003,125: 6346-6347.

[33] ZANG Y,AOKI T,LIU L,et al. Pseudo helix-sense-selective polymeri-
zation of achiral substituted acetylenes[J]. Chem. Commun. , 2012,
48: 4761-4763.

[34] AOKI T,KANEKO T. New macromolecular architectures for permselec-
tive membranes-gas permselective membranes from dendrimers and en-
antioselectively permeable membranes from one-handed helical polymers

［J］. Polym. J. , 2005,37: 717-735.

［35］ ZANG Y,AOKI T,TERAGUCHI M,et al. Synthesis and oxygen perme-
ation of novel polymers of phenylacetylenes having two hydroxyl groups
via different lengths of spacers［J］. Polymer, 2015,56: 199-206.

第8章 炭化气体分离膜

8.1 引　言

炭膜是一种新型的无机膜,由于其具有许多优异的性能,近年来发展迅速,已成为无机膜领域的重要组成部分。

炭膜是指由炭素材料构成的分离膜。炭膜这个术语的出现可以追溯到 20 世纪 60 年代,最初的工作集中在吸附与表面扩散的研究上。我国于 20 世纪 90 年代初开展了炭膜的研究,王树森等人在陶瓷基板上复合酚醛树脂基炭膜,研究了 O_2/N_2 的分离情况及影响因素。尤隆渤等人采用聚丙烯腈中空纤维膜为膜的原材料,从制备工艺条件、气体渗透性等方面对炭膜进行了研究。以炭粉和石油沥青为原料,采用不同的成型方法制备了炭膜,并对其性能进行了系统的研究。王振余以煤沥青为原料,经成型、预氧化及炭化等步骤制备了分子筛炭膜,对 H_2/CO_2 有较好的分离作用。尽管国内已开展了部分研究,但是同国外相比,还有较多的工作需要深入系统的研究。

炭膜是"炭分子筛膜(CMSM)"的简称,一般是含碳物质,即前驱体材料在惰性气体或者真空保护条件下,经过高温热解制备而成,用于满足分离目的的一种膜材料。目前已用作炭膜前驱体的材料可分为天然形成和人工合成两类。由于人工合成聚合物的组成稳定、成分单一,不会因为杂质的存在而影响炭膜的性能,因而大多选用聚合物作为前驱体材料。这些聚合物材料主要有聚酰亚胺、聚糠醇、酚醛树脂、聚偏二氯乙烯、聚丙烯腈、中间相沥青、纤维素衍生物等。

（1）炭膜的优点

①炭膜具有较高的分离系数。其 O_2/N_2 分离系数可达 10 以上,最高可达 36,丙烯/丙烷分离系数达 100 以上,远远高于其他分离膜材料。

②炭膜具有较高的热稳定性。由于炭膜是在经过高温热解制备而成的,因此在无氧条件下,该种膜材料热稳定性远远高于其他分离膜材料。

③炭膜具有良好的化学稳定性。该种膜材料可以在有机溶剂、强酸、强碱条件下具有良好的稳定性。

（2）炭膜的缺点

①炭膜是非常易碎的较脆材料,限制了大规模的商业化进程。由于制备过程的影响因素较多,炭膜的成膜性差。此外,暴露在环境湿度较大的条件下,要用预清洁器来脱除堵塞毛孔的吸附性强的蒸汽。

②"分子筛炭膜"与其他的气体分离膜相比,具有较高的选择性和较小的气体渗透量,进一步制得高选择性和高通量的气体分离用炭膜,提高其分离能力是一重要课题。

③气体分离用炭膜对纯净、干燥的原料气分离效果好,但由于碳有亲水特性,暴露在含有水蒸气的气体中,尤其是相对湿度较大的气体中,会使炭膜的选择性和渗透量都大大下降,工业待处理气中往往含有大量水蒸气,因此,如何处理好此问题是气体分离用炭膜能否工业化的关键之一。

8.2　炭膜的分类

根据结构的不同,炭膜可分为非支撑炭膜和支撑炭膜。非支撑炭膜又可分为平板状非支撑炭膜、管状炭膜、中空纤维炭膜和毛细管炭膜;支撑炭膜又可分为平板状支撑炭膜和管状支撑炭膜。其中,平板膜适用于实验室研究,其他种类则多用于工业应用。

8.2.1　非支撑炭膜

平板状非支撑炭膜是指在一定温度和湿度条件下,将配制好的前驱体溶液直接在平整的玻璃板上流延成膜,干燥后经炭化而制成。平板状非支撑炭膜比较脆、易裂、机械强度差,在加工和操作时难度较大,因而在实际中很少用。

管状炭膜是指以聚合物等含炭原料为前驱体,通过加入一定量的黏结剂。混合均匀后加压挤出成型,经炭化烧结而成。由于管状炭膜有较好的机械强度,因而也可用作支撑炭膜的支撑体。

中空纤维炭膜是指将前驱体溶液由内插式喷丝头挤出,经短时间蒸发后,进入凝胶浴,凝胶后的中空纤维膜经洗涤、干燥后炭化制成。但因机械强度较差,使中空纤维炭膜的发展与应用受到了限制。

毛细管炭膜是指将前驱体聚合物溶液涂在非常细的聚四氟乙烯(PTFE)管上,通过一定的装置控制 PTFE 管以一定的速率通过具有一定直径的孔(通过孔的直径来控制涂层的厚度),然后放到恒温水浴下使其凝结,干燥后将形成好的毛细管薄膜从 PTFE 管上取下,进行炭化。

8.2.2 支撑炭膜

支撑炭膜主要是指将聚合物膜按照一定的成膜方法复合到支撑体后，经热解而制成，其制备工艺流程如图8.1所示。在制备过程中前驱体的选择、所采用的成膜方法、炭化条件的合理控制是制备高性能炭膜的关键性环节。

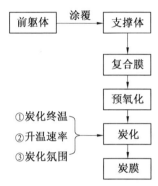

图 8.1　炭膜的制备工艺流程

8.3　炭膜的制备

8.3.1　前驱体的选择

炭膜的孔结构及分离性能在很大程度上取决于前驱体材料的性质，选择适当的前驱体对制备具有理想孔结构的高性能分离炭膜至关重要。聚合物前驱体的选择是制备炭膜的第一个重要影响因素，不同前驱体的高温裂解可制备出不同性能的炭膜。制备炭膜的原料一般包括热固性的树脂、石墨、煤、沥青和植物。但炭膜前驱体的选择，必须具有高的含碳率和良好的热固性，热固性聚合物在高温裂解过程中既不熔融也不变形，大都选用耐高温聚合物作为前驱体材料，例如聚酰亚胺及其衍生物、酚醛树脂、聚丙烯腈（PAN）、聚糠醇（PFA）和聚醚砜酮等材料。

许多研究者采用耐高温聚合物作为前驱体材料，如聚酰亚胺、聚偏二氯乙烯等，是因为它们具有特殊的结构以及在热解过程中不经历任何熔融或软化的状态，但这些材料仅限于用在实验室中制备炭膜，还没有进行大批量的商品化生产，对于聚酰亚胺、酚醛树脂、聚糠醇、纤维素衍生物等价格比较低,且又能在热解后达到很好的分离要求的制膜材料的开发将更大地吸引广大研究者的目光。

随着制膜技术的发展,Ozaki 提出用一种热解聚合物共混物来制备炭膜的方法,这种聚合物共混物是由热稳定性不同的两种聚合物组成,其中炭化聚合物在热解后构成炭膜的基体,而热解聚合物由于热分解作用在炭膜基体上形成多孔性结构。应用这种方法分别以聚二亚苯基四酰亚胺和聚乙二醇作为炭化的聚合物和热解聚合物制备出高性能分离炭膜。随着溶胶-凝胶技术的日趋成熟,这种共混物又扩展到本身不相容的有机组分和无机组分的混合。利用这项技术制备出聚酰亚胺-硅氧烷前驱体复合材料,在这种材料中,硅粒子能充分分散到聚酰亚胺基体中,最大限度地发挥出聚酰亚胺和硅氧烷在膜分离方面共同的优势,尽可能地降低了碳易于被氧化的缺点。在周期表中 Si 是与 C 同族且相邻的元素,可以说 C 和 Si 的结合是扩展其在气体分离方面应用的自然选择,也为炭膜下一步的发展开辟了广阔的前景。

运用热重分析方法可以迅速地给出有机聚合物发生热分解反应的起始温度和热解反应进行最激烈的温度区间,以及在该温度区间所求取的动力学参数,这对有机聚合物薄膜转变成炭膜的快速开发提供了科学依据。

8.3.2 成膜方法

同一种膜材料制成的分离膜,由于不同的成膜方法和参数,膜性能差别很大。好的成膜方法能将聚合物溶液充分浸润到支撑体的孔道中,并能在支撑体表面形成光滑且致密的均匀薄层,只有这样的薄膜层在炭化时才能产生没有针眼、孔径均一的理想孔结构。人们通常采用的成膜方法主要有浸渍法、相转化法、蒸汽沉积聚合法、超声波沉积法等。

(1)浸渍法

浸渍法是将清洗干净的支撑体以一定的速率浸入到配制好的前驱体溶液中,静置一段时间,让前驱体溶液中的分散质在毛细管力的作用下充分渗透到支撑体中,直到在其表面形成一层薄膜,从而达到浸渍成膜的目的。浸渍法是一种操作简单却非常实用的在支撑体表面附着致密薄层的方法,用这种方法制成的膜经炭化后可很好地满足一定程度的分离要求,因而被广大研究者采用。在用浸渍法成膜过程中,支撑体的浸渍与提升速率对成膜质量影响较大,若控制不好,将会造成膜的厚度不均一,炭化后的膜表面易龟裂。

（2）相转化法

相转化法是利用涂膜液与周围环境进行溶剂、非溶剂传质交换,原来的稳态溶液变成非稳态而产生液-液相转变,最后固化形成膜结构。沉浸凝胶法是最常用的相转化制膜法,在用此方法涂膜的过程中,由于凝胶化作用,有机溶液分成两相:一相是富含有机聚合物的固相构成膜的基体;另一相是含有较少的聚合物组分相,形成了膜的多孔性结构,因而用相转化法制成的膜多为不对称膜。一般来说,环境因素对相转化法成膜影响较大,所以采用相转化法成膜必须严格控制好环境条件,如温度、湿度等。

（3）蒸汽沉积聚合法

蒸汽沉积聚合法是指将事先经含有催化剂溶液充分浸润后的支撑体放入盛有已汽化成蒸汽的前驱体材料的容器中,经过一段时间,让蒸汽在支撑体的大孔内进行充分扩散,并在催化剂的作用下发生缩聚反应,尽管聚合后的膜层是不透气的,然而经过炭化处理后,形成具有较好分离效果的、孔径均一的微孔。用蒸汽沉积聚合法制成的膜,在选择性上要比浸渍法好得多,但气体的渗透通量有一定程度降低。

（4）超声波沉积法

超声波沉积法是指将清洗好的支撑体安装在以一定转速旋转的装置上,同时将超声波喷射器固定在离支撑体中心线上部一定距离,并能沿着支撑体做轴向运动。这时,将配制好的聚合物溶液按一定的体积、流速流向喷射器,通过调整超声波发射器的频率来控制喷射器对支撑体的喷射达到成膜的目的。由于超声波沉积法成膜技术是利用超声波高频振荡,将涂膜液雾化成为超微晶粒,并通过风动装置将雾化的超微晶粒扩散到空气中,以零冲击的速率均匀沉积在支撑体表面形成均匀、致密的薄膜。所以采用超声波沉积法容易制成表面均匀且很薄的膜,经炭化后形成的炭膜孔径均一,具有较高的气体选择性和通量,是一种成膜效果非常理想的成膜方法。

在实际研究过程中,成膜的方法还有很多种,如喷涂法等,可以根据需要选择不同的成膜方法。

8.3.3 炭化

将成型好的原料膜在惰性气体保护下,在一定的加热条件进行热处理,这就是炭化法。其基本原理是基于加热过程中,膜原料中各基团、桥键、自由基和芳核等复杂的分解聚合反应,通过炭化,原料中热不稳定部分以挥发组分形式脱除,如以 CO, CO_2, H_2O, H_2S, H_2 等小分子形式脱出,结果形成多孔性的炭化产物,但是一次炭化产物所形成的孔一般孔径较大,孔分布较宽,且存在许多闭孔,影响了其选择性和渗透性,需要对其孔隙进行调整,才能制得分离用炭膜,炭膜中的微孔是在炭化时形成的,因此炭化条件的选择至为重要。炭化条件主要包括升温速率、炭化终温、恒温时间及降温速率等。聚合物膜的炭化也是制备理想的分离炭膜的关键因素。炭化条件不同,制备炭膜的膜孔径则有很大的差异,从而使炭膜表现出不同的分离性能。影响聚合物炭化的因素主要为炭化氛围、惰性气体流率、炭化升温速率、炭化温度以及炭化恒温时间等。

(1)炭化氛围的影响

炭化反应的氛围不同,前驱体聚合物热解过程的机理则有很大的差别。在一般情况下,裂解反应的活化能随热解氛围中压力的增加而明显降低。因而在真空环境中,裂解反应主要为单分子裂解;而在惰性气体氛围环境中,裂解作用由于气相热、质传递的增加而加强,从而加速了炭化反应的进行,促进了炭膜基体的多孔性结构的形成,结果与在真空条件下炭化相比,炭膜具有较高的渗透性和稍有降低的选择性。

(2)惰性气体流率的影响

在聚合物热解过程中,既产生了很多挥发性气体,如 H_2, CO, CO_2 等,又有很多非挥发性副产物。在气体流率较低的情况下,这些副产物不能较快地导出,导致其进一步裂解成小分子而沉积在炭膜的表面,这一点类似于化学气相沉积作用,使孔被堵住,严重影响了气体的渗透通量;当提高气体的流率后,这些副产物可很快地被气体带出,基本抑制了上述情况的发生。

(3)炭化升温速率的影响

炭膜的孔隙结构主要是由在炭化时发生的热解反应和缩聚反应所形成的小气体分子析出而形成的。炭化过程中,气体的析出速率和析出气体的扩散速率的相对差值是影响孔结构的主要因素,而这两项又依赖于炭化时的升温速率和膜材料的性质。因而,炭化时的升温速率的合理选择将直接影响炭膜的分离性能。实际升温速率不能超过临界的升温速率,否则,气体的析出速率将大于其扩散速率,从而导致气体的堆积,并大量地从膜材料中冲出造成不规则大孔的出现。

(4)炭化温度的影响

随着炭化温度的升高,大量小气体分子的析出使膜的孔隙结构得到充分发展,表现在气体的渗透速率增加,同时气体的分离系数也得到一定程度的提高。当炭化温度超过 900 ℃后,气体分子析出有所减少,这是由于高温热处理作用,孔结构收缩占主导地位,随着孔的收缩,气体的渗透速率降低,而分离系数并没有得到进一步的明显改善。通过对大量前驱体聚合物炭化温度的实验考察,炭化温度应控制在 600 ~ 900 ℃比较适宜。可根据所选择的前驱体性质来确定最佳的炭化终温。

(5)炭化恒温时间的影响

炭化恒温时间对炭膜分离性能的影响远不及升温速率和炭化温度影响的明显。随着炭化恒温时间的延长,气体的渗透速率略有增加,分离系数则变化不明显,当炭化恒温时间超过 60 min 后,两者变化都很小。

研究表明,在诸多的影响因素中,炭化氛围、升温速率对炭膜的孔结构及分离性能的影响较大,其次为炭化终温和惰性气体流率,而恒温时间的影响则相对较小。

8.4 炭膜的应用

炭膜的应用十分广泛,主要应用于液体分离、气体分离以及催化分离。本节主要介绍炭膜在气体分离中的应用。

在气体分离方面,炭膜最重要的一个应用前景是通过半连续化过程从空气中有效分离出高纯度的氮气和氧气,且费用很低。炭膜分离空气时不发生相变化,操作温度为室温,工艺简单,分离系数大。利用分子筛炭膜可从 CO_2 含量高、其他渗透较快、小分子含量少的组分的原料中进行 CO_2 的分离和富集;可应用于第 3 次采油的 CO_2 浓缩、天然气或煤层瓦斯气中 CO_2 的分离,以及气田气的 CO_2 提纯等。炭膜有较强的耐有机蒸汽能力,利用有机蒸汽易液化的特点以及炭膜的毛细管冷凝机理,可以达到较好的脱除效果。炭膜还可以用于氢气的富集、分离轻的烷烃和炔烃,特别是对丙烷和丙炔的分离。对轻的烷烃和炔烃的分离是石油化工的关键技术。除此之外,由于炭膜具有耐热、耐腐蚀的特点,可以从工业废气中除去有害的痕量气体,如从煤气中脱除 NH_3、H_2S 等,或作为催化剂的载体纯化工业废气。具有腐蚀性的悬浮物也可用炭膜进行处理,这将提高腐蚀性产品的质量,也为环境保护提供了新的可行性方案。

在生产应用中,炭膜主要有以下几个方面的应用。

8.4.1 氢气回收

有机膜分离在 H_2/N_2 分离中已成功应用,我国已工业化的中空纤维有

机膜的 H_2/N_2 分离系数为 30。Vincent 以聚酰亚胺为原料,利用惰性气体保护下炭化和真空炭化两种方法制备了炭膜,随着炭化温度的升高,炭膜的气体透量减少,而气体分离系数增大, H_2/N_2 分离系数达到 188。

8.4.2　O_2/N_2 分离

O_2/N_2 分离是气体分离中的重要领域,由于 O_2/N_2 的相对分子质量较接近,一般难以分离,而分子筛炭膜对 O_2/N_2 的分离效果却较好。Hidetoshi 等人制备的分子筛炭膜 O_2/N_2 的分离系数达到 11.4。Jones 等人制备的中空纤维炭膜对含有己烷的空气分离, O_2/N_2 的分离系数可达 13 左右,但随着时间的延长,氧气的通量下降,经过丙烯吹扫后,氧气的通量又得以恢复。

8.4.3　CO_2/N_2,CO_2/CH_4 的分离

随着工业化程度的提高,CO_2 排放量增大,温室效应日益严重,工业废气温度较高,且往往含有腐蚀性气体,传统的有机膜不适用,而炭膜具有耐热、耐腐蚀的特点,正适用于从工业废气中脱除 CO_2。在工业生产中,从天然气、沼气中脱除 CO_2 可以提高天然气、沼气的燃值与等级。Hidetoshi 等人制备的炭膜,CO_2/N_2 的分离系数达到 19,CO_2/CH_4 的分离系数达到 25;Jones 等人制备的炭膜,CO_2/N_2 的分离系数达到 55,CO_2/CH_4 的分离系数可达到 180 以上。

8.4.4　烃类气体的分离

低碳的烃类气体的分离是重要的石油化工技术。例如丙烯是重要的化工原料,可以用蒸馏法、吸附法、膜分离等几种方法将其从丙烷中分离,膜分离节省能源,其应用发展与日俱增。Hiroyuki 等人将有机膜炭化后,用水蒸汽活化,使其孔径变大,适宜于烃类气体的分离,C_3H_6/C_3H_8 的分离系数达到 20 左右,CH_4/C_3H_{10} 的分离系数达到 200 以上。Kenjo 等人制备的炭膜 C_3H_6/C_3H_8 的分离系数达到 530。

8.5　炭膜的功能化

为了进一步提高炭膜的气体渗透性能,扩大其应用范围,近年来各国学者逐渐把目光转移到对前驱体的改性与设计上来,采用不同的方法对炭膜前驱体进行改性研究,从而进一步改善炭膜的分离性能,目前主要有以

下几种功能化方法:

①对前驱体进行"接枝",将功能化基团引入有机聚合物前驱体中,在炭膜的制备过程中通过功能基团的分解提高膜的渗透系数。

②对有机前驱体进行各种非溶剂浸渍处理,利用溶剂对高分子的"溶胀"作用改变前驱体的自由体积从而改善炭膜的性能。

③将金属或金属盐(如 Pt,Pd,Ag 等)添加到有机前驱体重,利用金属对不同气体的特殊作用从而提高膜的分离性能。

④通过聚合物共混的方法,将在高温下容易分解的聚合物作为有机添加剂引入有机前驱体,通过有机添加剂的热分解作用从而实现对炭膜的"造孔"作用。

⑤在聚合物前驱中引入对气体分子有输导作用的无机粒子,增加炭膜孔隙率,减小气体分子传质阻力,从而增大气体渗透系数。

8.5.1 在有机前驱体中引入功能化的官能团

有机前驱体的分子结构对所形成的炭膜结构及性能有重要影响。Koros 等人采用包含—CF_3 基团以及含甲基共聚型的聚酰亚胺(AP)(图 8.2)为前驱体所制备的炭膜对氧气渗透系数达到 800 barrer 以上,分离系数达到 7~8。在聚酰亚胺侧链上引入功能基团,最大限度地增强了聚合物在炭化过程中的结构稳定性,从而避免了炭化过程中聚合物结构的完全变化,从而达到提高气体通量的目的。

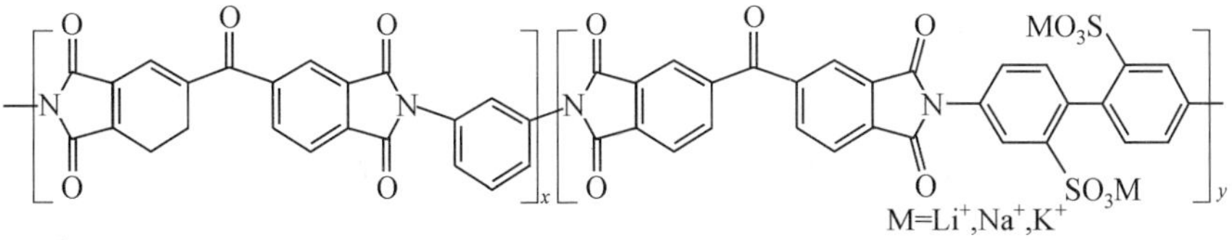

(a)

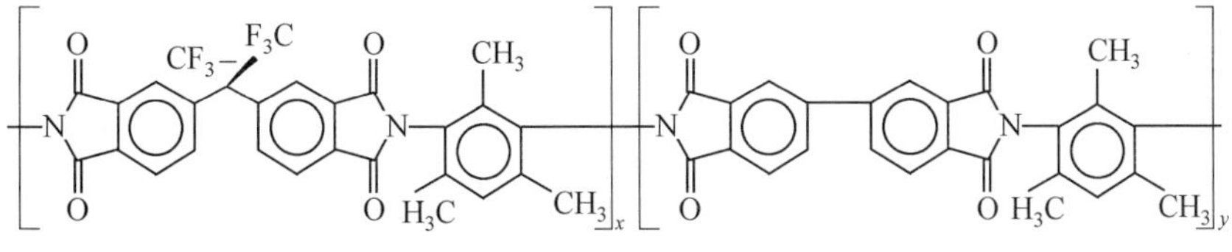

(b)

图 8.2 含多种功能基团的共聚聚酰亚胺(AP)

Zhou 等人将磺酸基团引入酚醛树脂中,合成了磺酸基酚醛树脂并以之作为前驱体制备出了具有高通量的炭膜。他们利用磺酸基团高温易分解的特性,使磺酸基在分解溢出小气体分子的同时产生丰富的微孔,从而提高了炭膜对气体分子的渗透量。该膜在 500 ℃炭化后,H_2,CO_2 和 O_2 渗透率分别达到 1.95×10^6 barrer,8×10^6 barrer 和 2.4×10^6 barrer,H_2/CH_4,CO_2/CH_4 和 O_2/N_2 分离系数达到 65,27 和 5.2。Kim 等人成功合成了碱金属离子取代的磺化聚酰亚胺(图 8.2(a))并以之作为前驱制备了最终含有碱金属的炭膜。他们考察了 3 种碱金属离子(Li^+,Na^+,K^+)的存在对炭膜气体分离性能的影响,最终所制备的含 Li 离子的炭膜 O_2/N_2 选择性在 5.7 左右。研究发现,碱金属离子的存在对于提高膜的热稳定性有很大帮助,并且气体渗透系数随着离子直径的增加而增大。对于炭化之后的膜通过 XRD 分析发现,炭层间距也随着离子直径的增加而增大,笔者认为由于离子直径的不同所引起的炭膜炭层间距的变化是导致炭膜具有不同渗透能力的主要原因。Kim 等人还将羧酸基团引入聚酰胺酸,并且研究了不同数量羧基的引入对所制备炭膜的分离性能的影响。他们认为在炭化过程中,羧酸基的分解造成了炭膜内部微孔容积的增大,羧酸基团的分解起到了"造孔"的作用,从而影响了炭膜气体分离性能。在 700 ℃用改性前驱体炭化所制备的炭膜对氧气的渗透系数达到了707 barrer,O_2/N_2 分离系数达到 9 左右。

8.5.2　对有机前驱进行非溶剂浸渍处理

Tin 等人将炭膜前驱体聚酰亚胺浸渍到非溶剂型溶液中,如甲醇、乙醇、丙醇、丁醇等,经过长时间浸渍后,再将前驱体进行炭化制备炭膜。研究发现,由于溶剂的浸渍作用使得高聚物的玻璃转化温度降低,链的刚性减弱,使得制备的炭膜具有更加紧密的结构和更窄的孔径分布,从而改善了炭膜对气体的选择性,但是该方法不能有效提高膜的渗透系数。

8.5.3　在有机前驱中引入金属或金属盐

Barsema 等人首次将硝酸银和醋酸银溶液引入到聚酰亚胺中,并以之为前驱体制备了含金属的功能化炭分子筛膜,添加了银的聚酰亚胺在 600 ℃炭化后氧气渗透系数比未添加的炭膜提高了 2.4 倍,由于 Ag 对 O_2 的化学吸附作用,从而使这种膜的 O_2/N_2 分离膜性能有所提高,但是银含量以及炭化最终温度不宜过高,否则会使银在炭表面形成致密层而增大传质阻力。由于钯和铂等贵金属对氢气具有特殊的传输作用,因此在炭膜中引入此类贵金属无疑会提高氢气的渗透效果。日本 Yoda 等人在超临界条件下将钯盐引入到聚酰亚胺中,然后炭化制备出了 C/Pd 复合膜,复合膜中钯粒子分散均匀、粒度均一。研究发现,复合炭膜对氢气的渗透系数大大提高,含钯的功能炭膜透氢能力比不含钯的炭膜提高 16 倍以上。这种复合膜可以用于氢气回收与分离以及作为燃料电池中核心膜材料。尽管钯和铂等金属由于其自身的结构性质能提高炭膜的气体分离性能,但由于其价格昂贵,会增加炭膜制备的成本。

南京工业大学的张利雄等人选择了钯和铂的同族元素镍作为掺杂金属,他们首先将镍粒子掺杂到酚醛树脂溶液中,然后采用浸渍涂膜法在氧化铝为支撑体上制备了含镍复合炭膜。实验结果表明,在掺杂了质量分数为 1%,镍粒子后,复合炭膜对氢气的渗透系数有明显提高。由于镍与贵金属钯和铂同族,因此认为镍对氢气的渗透有促进作用。挪威的 Lie 及其合作者们利用廉价的木质素作为原料制备出了炭分子筛膜,他们还在前驱体中添加了各种金属的盐类,期望以硝酸盐在高温热解的反应释放出气体分子来增加炭膜的孔隙率从而提高气体通量,但效果不是很明显。

8.5.4　易分解聚合物共混

采用聚合物共混炭化是一种十分有效地增加炭膜的孔隙率的方法。Hatori 等人将聚乙二醇(PEG)添加到聚酰亚胺中,但是由于添加聚合物的性质不同以及聚合物间的相分离作用往往会形成介孔或大孔,不适合小气体分子的分离。韩国 Kim 等人将聚乙烯吡咯烷酮(PVP)加入到聚酰亚胺前驱中,成功制备了对小气体分子有很好分离效果的炭膜。研究发现,气体的渗透系数随 PVP 含量的增加而增大,但随炭化终温的升高而减少,炭层间距和气体渗透系数有相同的变化规律。他们在 550 ℃炭化制备 PVP 质量分数为 10% 的炭膜,O_2 渗透系数达 630 barrer,O_2/N_2 分离系数保持在 10 左右,700 ℃炭化所制备的炭膜,O_2 渗透系数为 230 barrer,O_2/N_2 分离系数达 14。

8.5.5　无机粒子引入有机前驱体

在聚合物分离膜中,硅橡胶类聚合物对 O_2 有较高的渗透系数,但分离系数很低,Park 等人将硅橡胶(PMDS)引入到聚酰亚胺前驱然后经过热解制备了 C/SiO_2 复合膜,通过改变 PMDS 含量以及控制炭化终温制备出了具有高分离性能的 C/SiO_2 复合膜,O_2/N_2 分离系数可以达到 20 左右。他们认为 PMDS 的引入使炭膜内部产生两相,一部分为炭,一部分为 SiO_2,这种复合膜的制备充分利用了炭材料和 SiO_2 各自的优点,从而使这种复合膜表现出优异的分离性能。随后,Park 等人系统地研究了不同种类的含二氧化硅的聚合物以及含硅聚合物链长度对所制备的气体分离的影响。研究发现,有机前驱中所引入的含硅聚合物链长度越长,气体渗透系数越大,但选择性会相对降低。

沸石分子筛是一类具有规则孔道结构的无机材料,广泛应用于吸附分离、催化等相关领域,由于该种材料自身孔隙结构发达、孔径均一,并且可以改变制备条件控制其孔径大小,因此是一种可以提高炭膜渗透系数的理想填充材料。近年来,大连理工大学炭素材料研究室成功将沸石分子筛成功引入到有机聚合物前驱体中,制备了系列高效分离复合膜材料。由于纯炭膜内部的微孔结构的无序性,使气体分子在膜内的扩散阻力较大,气体的渗透速率较小。沸石分子筛的成功引入不仅可以有效地改善炭膜的孔隙结构,而且沸石分子筛内部的规则孔道以及分子筛与炭母体间形成的微相间隙提供了气体在膜内渗透扩散通道,减小气体分子的传递阻力。在保持较高的选择性情况下,提高了气体的渗透速率及通过率,沸石分子筛的内部孔道在复合膜中保存完好,能够为小气体分子提供快速扩散通道。研究表明,C/ZSM-5 复合膜对 O_2 的渗透系数可以达到 671 ~ 2 146 barrer,远远超过 Robeson's 上限,比聚合物膜及纯炭膜的渗透系数提高几十倍到几千倍,而 O_2/N_2 分离系数则保持在 8.7 ~ 11.4。

目前,炭膜的研究正处于起步阶段和技术研发阶段。大量研究表明,炭膜分离技术将成为工业分离过程的又一重要方法。在气体分离方面,炭膜有着极大的应用前景。现在,世界上有 20 多家公司在生产无机膜,多数已投入市场 5 年。无机膜市场被多孔陶瓷膜统治着,仅有几家生产商生产炭膜。炭膜的制备成本比较昂贵,这既限制了炭膜在大规模膜组件中的应用,又限制了炭膜的工业化生产。因此,寻找一种既具有良好的分离性能又经济可行的膜材料是炭膜研究领域的主要研究方向。

现在炭膜技术面临着很多挑战,主要是:在分离气体产率合理的情况下,获得更高的选择性;处理复杂的混合气体时,在不增加压力的情况下,达到预期分离效果,并且能保持良好渗透性能。要达到上述要求,在优化炭膜的制备条件方面还有许多因素需要研究。炭膜与聚合物膜及其他无机膜相比具有优异的性能,能分离分子尺寸相近的气体混合物,能在很苛刻的环境下进行分离。因此,炭膜具有很大的发展潜力,能在市场上取代有机膜及其他的无机膜。不过,在炭膜成为商品统治膜市场之前,在聚合物前驱体的研究、成膜及炭化工艺条件的优化、膜性能的改进方面还需要进一步探索研究。

炭分子筛膜因其卓越的机械性能和气体分离性能,越来越多地引起了人们的关注。随着对这一领域研究的深入,选择最优方法对炭膜前驱体结构以及组成进行改性,并优化制备工艺,开发新型、简单的成膜方法将是主要的研究方向。此外,随着世界性的能源危机,如何有效地通过炭分子筛膜获得能源显得日益重要,一方面使其对于混合气体中氢气和甲烷的分离性能在适当操作条件下能大幅度提高;另一方面对于生物燃料的分离和净化的应用研究,将是今后炭膜研究的重要发展方向。

参考文献

[1] 李琳,王同华,曹义鸣,等. 气体分离炭膜的结构设计、制备及功能化 [J]. 无机材料学报,2010,25(5):449-456.
[2] 王秀月,王同华,宋成文,等. 前驱体分子结构对聚糠醇基炭膜微结构及气体分离性能的影响[J]. 高等学校化学学报,2007,28(6):1143-1146.
[3] 魏微,刘淑琴,王同华,等. 炭膜的制备研究[J]. 化工进展,2000(3):18-21.
[4] 魏微,刘淑琴,王同华,等. 气体分离用炭膜[J]. 炭素技术,1999(6):37-39.

第9章　分子筛膜

9.1　引　言

　　近年来,无机膜成为研究的热点,如在多孔材料上再复制超薄分子筛或在载体上原位合成厚度仅为纳米级的笼形分子筛。由于分子筛的孔径均一、尺寸可调且大小为 0.3 ~ 1 nm,与一般分子的尺寸相近,因此可以依据其孔径大小来筛分不同尺寸的分子。同时分子筛的硅/铝比可调节,其阳离子可交换,使其库仑场强度可以得到控制,故可根据该特点来选择性地吸附和渗透具有大小相同而极性或可极化程度不同的分子。这些特点使分子筛膜为气体的分离提供了良好的应用前景。另外,由于分子筛本身是石化工业中常用的催化剂的载体,若再将催化活性组分经离子交换引入,这种双功能型分子筛膜便可实现分子水平上的分离和催化一体化的膜催化。借助膜催化,通过吸附与分离不断地增加反应物和移走产物,同时简化产物的回收、提纯步骤,降低能耗,节省投资。

　　分子筛膜是一种高效、节能、环保的新型材料,具有可调控的微孔结构、可调变的催化活性、耐高温、抗化学和生物腐蚀等优点,被广泛应用于膜分离、膜反应器、化学传感器、电绝缘体等领域。由于分子筛的孔径一般在 1 nm 以下,使得分子筛膜在气体分离选择性上可达到相当高的水平。若再将催化活性组分引入,便可使之分子水平上同时具有分离和催化的双重功能(即催化-分离一体化),这种双功能型的分子筛膜将对现有的许多重要催化反应带来巨大的改变,产生非常可观的经济效益。理想的分子筛膜是单晶或聚晶膜,仅仅含有分子筛的孔道,没有晶粒间隙或针孔,气体分子完全在分子筛孔道中扩散分离,构型扩散和分子筛筛分分离机理是气体分离的基础,这也是分子筛膜发展的目标。对于催化-分离一体化来说,小分子气体分离(H_2,CO_2,CO,N_2,O_2,C_1 ~ C_4 烃等),尤其是 H_2 与其他气体的分离更具有潜在的应用价值。

　　分子筛膜一般分为支撑膜和无支撑膜两大类,但具有实际应用价值的分子筛膜主要为支撑膜,因此本书主要介绍支撑膜的合成方法和应用。直至目前报道,已有 10 余种分子筛用作膜的主体材料,例如用于气体渗透的

Silicalite-Ⅰ,Silicalite-Ⅱ,ZSM-5,TS-1,LTA,LTL,X 与 Y 型沸石等分子筛膜。

9.2 分子筛膜概述

9.2.1 分子筛作为膜材料的优点

构成分子筛的骨架元素是硅、铝及其配位的氧原子,其中的铝或硅,可以用磷、镓、铁等元素取代形成杂原子型分子筛。分子筛这种骨架元素可取代的特性,也预示着对分子筛的改性是丰富多样的。硅铝分子筛骨架的最基本单位是硅氧四面体和铝氧四面体。当分子筛仅仅是由硅氧四面体组成时,其骨架呈电中性。此时的分子筛,表现为疏水性。当有铝氧四面体时,其骨架就呈现负电性。随着硅/铝比的减小,其亲水性越强。分子筛的孔道尺寸大小由氧原子构成的环的大小决定。通常分子筛孔道的大小为 0.3~1 nm。在分子筛形成过程中孔道和空腔充满一些阳离子和水分子,水分子可以通过加热驱除,而阳离子则定位在孔道或空腔的一定位置上。这些离子可以通过阳离子交换等方法进行一定程度孔径调变。一般分子的动力学直径为 0.2~1 nm,选择不同孔径的分子筛可以对不同尺寸的分子进行筛分。由于许多分子的形状不是圆形,而是狭长形,这样的分子也能通过比自己小的分子筛孔道。

二次孔组成的无机氧化物膜具有较宽的孔径分布,从而影响了分离效率,而分子筛是具有规则孔道的多孔性材料,其孔径具有分子大小的级别,孔径分布窄且可通过离子交换或修饰而微调。因此,由分子筛构成的无缺陷膜,将可对待分离体系实现分子筛分,从而极大地提高分离的选择性。而且分子筛具有良好的热稳定性、化学稳定性,同时本身也是工业中重要的催化材料,这种优良的特点恰好能够弥补其他膜材料的不足,满足作为优良膜材料的基本要求,为无机膜的发展起到推波助澜的作用。分子筛膜可以通过待分离组分分子的大小和(或)极性的不同来进行选择性分离。分子筛的吸附性能受其骨架硅/铝比影响,硅/铝比低则对极性分子吸附能力强,因此不同极性的分子在分子筛孔中因选择吸附而得以分离。与其他无机膜比较,分子筛膜具有以下优点:

①分子筛作为规整孔道的微孔晶体材料,其孔径在微孔范围内,孔径分布单一,而且孔径接近许多小分子气体和重要工业生产原料(如丁烷异

构体、甲苯异构体、二甲苯异构体等），可以在分子水平上实现分离，能够显著提高分离效率。图9.1为几类常见分子筛的晶胞结构及其孔道特征。

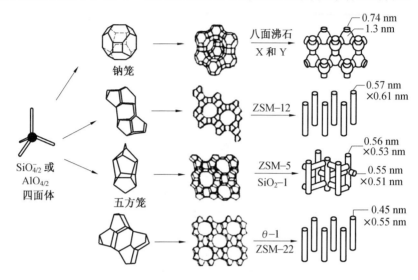

图9.1　几类常见分子筛的晶胞结构及孔道特征

②分子筛作为重要的催化材料，具有显著的化学、机械和热稳定性能，是其他材料无法比拟的。

③分子筛种类繁多，孔径大小从0.2 nm到20 nm都可以找到相应的分子筛，因此可以通过选择合适的分子筛作为膜材料来分离所分离对象。而实现小分子气体的分离（尤其是H_2的分离）和异构烃的分离，对于工业生产具有重要的经济价值。

④分子筛是重要的催化材料，是化工生产中最常用的催化剂或催化载体，因此是实现理想催化-分离一体化的首选膜材料。

9.2.2　分子筛膜的表征

（1）物相和形貌表征

分子筛膜的表征手段主要有X射线衍射（XRD）、扫描电子显微镜（SEM）、原子力显微镜（AFM）、X射线能谱（EDX）、微分析电子探针（EPMA）及X射线光电子能谱（XPS）。用XRD可以确定成膜分子筛的类型、结晶度和晶粒大小，并且由XRD结果还可以计算出成膜分子筛的晶粒大小：

$$D = 1 \times \lambda / b\cos\theta \tag{9.1}$$

式中　b——峰宽；

　　　λ——波长；

　　　θ　衍射角。

若分子筛膜发生了定向生长，则在 XRD 谱图上能够明显显示出峰强的变化，因此用 XRD 还可以判断分子筛生长的取向。

利用 SEM 可以更形象、直观地观察膜的生长情况。由样品表面的照片可以初步判断膜的完整性和连续性，同时也可以观察到聚晶状态、颗粒大小及取向以及缺陷大小等情况；而截面则能观察到膜的厚度以及与载体的结合情况。EDX，EPMA 及 XPS 等表征手段可以测定复合膜径向元素分布，从而对分子筛膜的构成及膜层与基体的作用进行研究，并可以由此判断合成液是否渗透到基膜的孔内形成分子筛，堵塞孔道从而导致渗透量下降。膜的分离能力可以通过混合物的吸附平衡数据和扩散数据预测，但由于混合物吸附平衡数据随时间变化，实验准确测定相对比较困难。原位测定混合物分离系数的工作是一个挑战。NMR 脉冲梯度扫描技术是解决上述问题的最好方法。

（2）渗透性能表征

衡量分子的膜分离性能主要是两个参数：渗透系数和分离系数，前者反映了流体在膜内的传送速率；后者则以截留率或分离因子来表征，反映了流体经过膜层后的分离效果。气体分离被认为是无机膜最有前途的应用领域之一。无机膜有许多独特的物理化学性能，它在涉及高温和有腐蚀性气体的分离过程中，有着其他膜材料无可比拟的优势，因而具有良好的发展前景。气体膜分离的两个基本要求为高渗透率和高选择性。将膜用于气体分离有两个重要的技术指标：渗透系数（J）和分离系数（选择性，α），它们分别表示膜的透过特性和分离特性。气体的渗透系数表示的是在单位压力差时，单位时间内通过单位面积的气体量，其计算公式如下：

$$J = \frac{M}{tsp} \tag{9.2}$$

式中　J——渗透系数，$mol \cdot s^{-1} \cdot m^{-2} \cdot Pa^{-1}$；

　　　M——渗透气体的摩尔数，mol；

　　　t——渗透需要的时间，s；

　　　p——膜两侧的压力差，Pa；

　　　s——膜的有效面积，m^2。

理想分离系数表示的是双组分气体（A 和 B）分别通过膜渗透系数之比，其计算公式如下：

$$\partial_i = \frac{J_A}{J_B} \tag{9.3}$$

式中 J_A —— 气体 A 通过膜的渗透系数;

J_B —— 气体 B 通过膜的渗透系数。

真实分离系数表示的是混合双组分气体通过膜的分离系数,其公式计算如下:

$$\partial_R = \frac{y_A / y_B}{w_A / w_B} \tag{9.4}$$

式中 w_A 和 w_B —— 膜的进料侧组分 A 和 B 的摩尔分数;

y_A 和 y_B —— 膜的渗透侧组分 A 和 B 的摩尔分数。

9.3 分离机理

气体分离服从于努森扩散,而醇/水液体分离的选择性却很高,说明液体分离往往是依据组分吸附能力大小进行分离,而不是分子筛筛分和构型扩散机理。因此,即使膜存在一些缺陷或针孔,膜仍然具有高的液体分离性能。所以,气体分离最能反映膜的完整性。多孔无机膜应用与气体分离过程,主要存在以下几种气体传输机理:黏性流、努森扩散、表面扩散、多层扩散、毛细冷凝、分子筛分及构型扩散。多孔无机膜气体分离机理与膜孔大小以及被分离物质的性质密切相关。

当膜的孔径与分子的大小相近时,气体分子按大小不同而被分离。当两种气体中的一种气体的动力学直径大于膜的孔径时,该气体不能透过,而另一种气体分子的动力学直径因比膜的孔径小而能通过膜孔渗透或扩散到膜的另一侧,从而达到分离两种气体的目的,这种分离机理为分子筛分。

当两种气体均能透过膜孔且两种气体的动力学直径与膜孔的相近时,由于气体分子动力学直径的微小变化会导致扩散系数的显著变化,从而达到较高的分离系数,此时称为构型扩散。

由于混合气体的分离性能情况比较复杂,从单组分的渗透选择性较难推断混合气体的分离选择性。混合气体的分离一般分为以下两种情况:

①一种气体分子尺寸小于孔道尺寸,另一种气体分子尺寸大于孔道尺寸,分离完全依据分子筛筛分作用。

②两种气体分子尺寸都小于孔道尺寸,分离除了与分子尺寸大小有关外,与分子吸附性能和形状大小也有很大关系。大分子优先占据孔道阻碍

小分子通过,真实分离系数远远低于理想分离系数,如 H_2/N_2 分离,理想分离系数在 10 左右,真实分离系数最大为 4.8;吸附性强的分子优先吸附阻碍弱吸附分了通过,吸附性强分了优先通过,真实分离系数高于理想分离系数,如 CO_2/N_2 分离,理想分离系数为 5~10,而真实分离系数为 20~50。分离系数是 CO_2 气体分子小的动力学尺寸和较强的吸附能力两者共同作用的结果,因此,气体组分在扩散能力、竞争吸附能力或二者协同的作用是混合组分(CO_2/N_2,CO_2/CH_4 等)分离的重要原因。两种气体分子的分子动力学尺寸接近,但这种微小的差异引起的在孔道内扩散系数显著变化实现分离,即为构型扩散分离。如 $n-C_4H_{10}$,$i-C_4H_{10}$,二者动力学尺寸接近,分离选择性却很高。因此,仅仅依赖于单组分气体的分离选择性来判断混合气体的选择性是不准确的。单组分气体渗透方法是评价膜完整性最简单且最快捷的方法,而混合气体组分的分离则与气体本身的性质有密切关系。因此,渗透理论的计算研究尚需要进一步完善,其研究发展有利于为气体分离提供理论依据。

9.4　气体分离分子筛膜的分类与研究

9.4.1　MFI 型分子筛膜

MFI 型分子筛膜是一类迄今为止被研究得最多的分子筛膜。MFI 分子筛是高硅低铝分子筛的突出代表(其中 silicallte-1 为全硅型分子筛),这类分子筛具有很高的热稳定性(骨架破坏温度为 800~1 000 ℃),以及高的抗酸性和水热稳定性。图 9.2 为 MFI 型沸石骨架示意图。

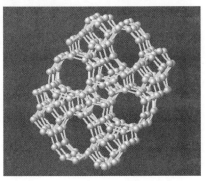

图 9.2　MFI 型沸石骨架示意图

由于具有良好的水热稳定性,这类分子筛的再生性能很好。它还具有憎水亲油的性质,即水吸附容量小于甲醇、正己烷等有机物的吸附容量。更为重要的是这类分子筛的有效孔径为 0.5 nm,而烷烃分了的直径为 0.45 ~ 0.6 nm,芳烃中苯、对二甲苯、邻二甲苯分子的直径为 0.45 nm,因此在从甲烷、甲醇、合成气制烃类或芳烃,芳烃的烷基化、歧化、异构化等催化反应中,MFI 型分子筛具有良好的择形筛分能力,掺杂 C,ZnO 的 ZSM-5 还是一种性能优异的环保型催化剂。这类分子筛构成的分子筛膜可能用于有机物/水体系分离、烷烃正异构体的分离、大分子气体/小分子气体(H$_2$ 或 N$_2$ 等)的分离等领域。已有不少的报道称合成出对正/异构丁烷、氢气/低碳烷烃(3 个碳原子以上)等气相分离体系以及醇/水渗透蒸发分离体系具有高选择分离性能的 MFI 型分子筛膜。

常用合成 MFI 型分子筛膜的方法是直接原位水热合成,一般需要多次合成才能消除较大缺陷,使膜的厚度较厚,导致一方面渗透率显著下降;另一方面受热易产生裂缝,从而显著降低渗透选择性。自 Xu 等人首次采用气相法合成出 ZSM-5 分子筛后,Mat-sukata 等人采用该方法在 α-Al$_2$O$_3$ 陶瓷片上成功地制备出致密较薄的 ZSM-5 分子筛膜,膜的厚度为 20 μm,混合气体 N$_2$ 和 O$_2$ 的分离系数为 0.69,偏离努森扩散值为 0.93。Hedlund 等人在预吸附纳米晶种(约 60 nm)的 α-Al$_2$O$_3$ 陶瓷管上,无模板剂法制备出厚度仅为 1.5 μm 致密超薄 ZSM-5 分子筛膜,气体渗透能力(H$_2$O,H$_2$,CO$_2$,O$_2$,N$_2$,CH$_4$)按照分子尺寸由小到大依次是:H$_2$O>H$_2$>CO$_2$>O$_2$>N$_2$>CH$_4$。H$_2$/O$_2$ 和 H$_2$/n-C$_4$H$_{10}$ 的理想分离系数分别为 15 和 214,显示出很强的分子筛分能力,但 H$_2$ 渗透率较低。Lai 等人采用相同方法在 α-Al$_2$O$_3$ 陶瓷管上制备的 ZSM-5 分子筛膜,H$_2$/n-C$_4$H$_{10}$ 理想分离系数超过 1 000,O$_2$/N$_2$ 分离系数为 9 ~ 10;在温度为 423 K 时,混合气体 H$_2$/N$_2$ 和 H$_2$/CH$_4$ 的分离系数分别为 38 和 61,同样表现出较低的 H$_2$ 渗透率。尽管无模板剂法制备分子筛膜具有超薄致密和选择性高等优点,但气体(H$_2$)渗透率较低(约 10^{-9} mol·m^{-2}·s^{-1}·Pa^{-1})。但是,该膜的 n-C$_4$H$_{10}$/i-C$_4$H$_{10}$ 理想选择性接近努森扩散,并没有显示出对异构烃的分离。与采用模板剂法制备的相同类型膜相比,无模板剂法制备的膜具有高的分子筛筛分性能,但没有构型分离能力,研究认为可能是合成中无定型物被包裹在孔道中所致。然而,Lassinantti 等人采用相同方法制备出厚度为 2 μm 的 ZSM-5 分子筛膜,混合n-C$_4$H$_{10}$/i-C$_4$H$_{10}$ 的分离系数却高达 17.8。Oonkhanond 等人采用电泳技术,在阳极氧化铝上原位合成厚度为 7 ~ 30 μm 的致密 ZSM-5 分子筛膜,膜的厚度可以通过改变反应胶的浓度、电位和合成时间来控制,n-C$_4$H$_{10}$/i-C$_4$H$_{10}$的理想选择性接近努森扩散。Zhang 等人采用气相法在 α-Al$_2$O$_3$陶瓷管上制备出无缺陷致密 Silicalite-1 膜,气体 N$_2$渗透率随温度的提高而增加,这是气体活化扩散的表现。Pan 等人采用无模板剂法,在 α-Al$_2$O$_3$陶瓷片上制备出厚度为 5 μm 的 Silicalite-1 膜,混合气体(H$_2$,CH$_4$,C$_2$H$_6$,C$_3$H$_8$,C$_3$H$_6$,n-C$_4$H$_{10}$,i-C$_4$H$_{10}$)渗透分离实验显示,在温度为 25 ~ 200 ℃时,C$_3$ ~ C$_4$烃不能透过。Masuda 等人采用硅烷催化裂解(CCS)修饰 MFI分子筛膜孔道的方法,能使混合气 H$_2$/N$_2$的分离系数从 1.4 ~ 4.5 提高到90 ~ 140,显示出明显修饰效果,但气体的渗透通量却显著降低。Yan 等人通过有机物高温焦化后修饰的方法来消除缺陷,n-C$_4$H$_{10}$/i-C$_4$H$_{10}$的理想分离系数显著提高,达到 322 ~ 325,同样表现为低的渗透系数。Guan 等人制备的钛硅分子筛膜上 N$_2$从 O$_2$中分离,理想分离系数为 2.8,混合分离系数为 2.3 ~ 3.2,与以往其他膜不同的是该膜显示出选择分离 N$_2$的能力。

9.4.2 A 型分子筛膜

A 型分子筛为富铝型分子筛,亲水性强、孔径小、水热稳定性较差。从理论上讲,具有小孔径的 A 型分子筛膜可能应用于氢气、氮气、氧气等小分子气体的选择分离。A 型分子筛由于具有 0.3 ~ 0.5 nm 的分子筛孔道,是分离小分子气体的首选分子筛膜。图 9.3 为 A 型分子筛三维结构图。

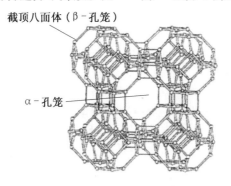

图 9.3 A 型分子筛三维结构图

Hed-lund 等人用阳离子高聚物改性多孔氧化铝陶瓷载体表面电荷,然后预吸附约 120 nm 的 LTA 晶种二次合成出超薄定向生长的 NaA 分子筛膜,渗透结果不确定。图 9.4 为 NaA 型分子筛骨架结构。

Boudreau 等人采用相同的方法,详细考察了合成条件,在硅片上制备出超薄定向生长 A 型分子筛膜。Ma 等人在 α-Al$_2$O$_3$陶瓷片上用干凝胶气

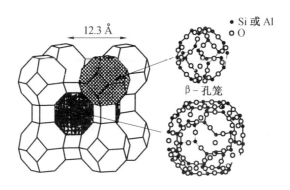

图9.4　NaA型分子筛骨架结构

相转化法制备出 A 型分子筛膜，H_2/N_2 的理想分离系数低于努森扩散，$n-C_4H_{10}/i-C_4H_{10}$ 的理想分离系数为 2.3，渗透数据表明存在晶粒间隙。Kita 等人在多孔氧化铝陶瓷管上合成出 A 型分子筛膜，研究了 H_2 与 N_2，CH_4，O_2，CO_2，SF_6 等气体的分离性能，分离系数接近努森扩散选择性。Aoki 等报道了在 $\alpha-Al_2O_3$ 陶瓷管上制备出厚度为 0.4 ~ 3.8 μm 的致密 A 型分子筛膜，He，H_2O，H_2，CO_2，O_2，N_2，C_3H_8 等气体渗透结果显示，室温下 H_2 的渗透率为 7 ~ 10 mol·m^{-2}·s^{-1}·Pa^{-1}，H_2/N_2 的理想分离系数最高为 10，混合气体选择性最大为 4.8。Xu 等人在多孔 $\alpha-Al_2O_3$ 陶瓷片载体上，预吸附约 0.5 μm 的 NaA 晶种，在澄清反应胶溶液中经过多次合成制备出致密 A 型分子筛膜，室温下 $H_2/n-C_4H_{10}$，O_2/N_2 的理想分离系数分别为 19.1 和 1.8，高于努森扩散选择性。与 Aoki 等人报道的结果相比，H_2/N_2 的理想选择性接近，但有较高的 H_2 渗透率。该课题组又采用相同方法在凝胶反应体系中通过多次合成制备出室温下 $H_2/n-C_4H_{10}$ 理想分离系数为 106 的 NaA 分子筛膜，渗透率低于在澄清体系合成的 NaA 分子筛膜，但这是迄今为止选择性最高的 NaA 分子筛膜。Han 等人报道了在多孔 $\alpha-Al_2O_3$ 陶瓷片上，微波法快速合成 A 型分子筛膜，只需要 15 ~ 20 min 就可以合成厚度较薄且稳定性好的 A 型分子筛膜，但没有研究其渗透性能。Xu 等人采用澄清的 A 型分子筛反应胶在多孔 $\alpha-Al_2O_3$ 陶瓷片上，用微波法合成较为致密的分子筛膜，并研究了渗透性能，O_2/N_2 和 $H_2/n-C_4H_{10}$ 的分离系数分别为 1.02 和 11.8，高于努森扩散，且渗透量是常规合成的 4 倍，显示出很高的渗透能力。该方法为制备高渗透率分子筛膜提供一条新的途径。采用常压回流微波加热体系，研究了微波场中分子筛膜在凝胶反应体系的合成规律。

　　从分子筛膜应用的观点出发，在保持一定的选择性的同时提高渗透率是分子筛膜今后发展的趋势。为了减少反应中反应胶进入载体孔道并阻塞孔道,提高气体的传输能力,在载体和分子筛膜之间添加活性层是效果最好的方法之一。微波加热和常规加热合成 NaA 分子筛膜的实验结果表明,预涂晶种在合成分子筛膜过程中起到了增加载体表面凝胶层的晶核数量和促进分子筛连生成膜的作用,因此,NaA 分子筛膜的形成是来自于载体表面吸附凝胶层的晶化。

9.4.3 NaY 型分子筛膜

NaY 型分子筛膜在分离 CO_2/N_2 上表现出很高的选择性。图 9.5 为 NaY 型分子筛结构。

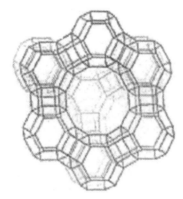

图 9.5 NaY 型分子筛结构

Kusakabe 等人研究了在 α-Al_2O_3 陶瓷管上合成出 NaY 型分子筛膜的 CO_2/N_2 分离选择性能。在温度为 30 ℃时,混合组分分离系数为 20 ~ 100。在经过 LiCl,KCl,$MgCl_2$,$CaCl_2$ 和 $BaCl_2$ 等碱性和碱土阳离子交换膜中,LiY 膜显示最高的 CO_2 渗透率和最低的 CO_2/N_2 选择性;KY 膜则显示出最高的选择性,而 NaX 膜比 NaY 膜显示出低的 CO_2 渗透率和较高的 CO_2/N_2 选择性。Lassinantti 等人采用阳离子聚合物改性 α-Al_2O_3 陶瓷管载体表面电荷,然后预吸附带相反电荷的纳米 NaY 晶种(约 70 nm)方法,制备出定向生长厚度为 0.15 ~ 2.7 μm 的 NaY 分子筛膜。Web 等人采用上面方法研究了常规加热和微波加热两种体系合成 NaX 分子筛膜的气体分离,常规合成混合气 N_2/CO_2 的最大分离系数为 8.4,微波合成仅为 5.5,而 CH_4/CO_2 的分离系数基本接近,分别为 3.3 和 3.5,理想分离系数基本接近努森扩散值。像 H_2,N_2,O_2,CO_2,CH_4 等小分子气体在 FAU 型(孔径为 0.74 nm)分子筛膜上分离遵循的是吸附扩散分离机理,表面吸附是扩散的关键步骤。

9.4.4 SAPO 型分子筛膜

与 A 型分子筛孔径大小相似,SAPO-34 和 SAPO-44 同样具有约 0.40 nm 的孔径,也是理想分离小分子气体的首选分子筛膜。图 9.6 为 SAPO-34 分子筛骨架拓扑结构示意图。

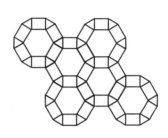

图 9.6 SAPO-34 分子筛骨架拓扑结构示意图

Zhang 等人在多孔陶瓷管上制备出的 SAPO-34 膜上 H_2/N_2 的理想分离系数为 10 左右,该膜不透过 $n-C_4H_{10}$ 和 $i-C_4H_{10}$,显示很强的分子筛筛分作用,表明该膜无缺陷,但渗透率较低,不适合实际工业化应用。Poshusta 等人相继报道了在多孔陶瓷管上制备的 SAPO-34 膜上 H_2/N_2,CO_2/CH_4,CO_2/N_2,N_2/CH_4,H_2/CH_4,H_2/CO_2 等混合气体组分的分离性能。在室温和 138 kPa 压力条件下,CO_2/CH_4 混合分离系数最高达 36,而 H_2/CH_4 的混合分离系数最高达 8,同样具有较低的渗透系数。

9.5 分子筛膜合成方法

为了得到好的分离性能,分子筛膜应采用粒径较小、纯度较高、分布较均匀的分子筛晶体。分子筛膜的形成包括 2 个关键性阶段,即载体表面的晶核生长和连续分子筛膜的形成。分子筛膜的制备方法包括水热合成法、二次生长法、微波合成法、堵孔法、脉冲激光沉积法和电泳沉积法等。

9.5.1 水热合成法

水热合成法是近年来制备分子筛膜最常用的方法。其操作步骤是将硅源、铝源按照一定的比例配成合成液,其组成一般可写成 $xM_2O:Al_2O_3:ySiO_2:zH_2O$,其中 M 代表碱金属,$x$,$y$,$z$ 分别代表摩尔比。然后将合成液倒入反应釜中,放入载体在适当的温度下进行反应,反应结束后用去离子水清洗膜,至中性并干燥。这种合成方法所需的合成时间一般较长。由于合成液在载体表面随机成核,因此合成的分子筛膜很难连续、致密。为了得到高性能的分子筛膜,通常要求多次重复进行原位水热合成,这就是多次水热合成法。

这种方法可以减少成膜过程中缺陷的生成原料按照一定的硅/铝比配制成反应混合物,将多孔支撑体浸入到成膜液,在反应釜中通过直接晶化法在支撑体表面成膜,水热合成方法操作简单,但合成膜的性能取决于支撑体表面的性能。张叶等人以莫来石为支撑体采用原位水热合成法,制备了致密无缺陷的分子筛膜F7G。研究表明,所制备的膜对甲醇、乙醇、异丙醇和叔丁醇等不同分子尺寸的醇类体系脱水都具有良好的分离效果,随着醇类分子尺寸的增大,膜的分离因子和水通量都呈增大趋势。用该方法已经合成出 MFI,SAPO-34,SAPO-44,A 型等多种类型的分子筛膜。该方法的优点是操作简单、适用性强、投资成本低。但利用该方法对膜的微结构如膜厚度、晶粒粒径、晶粒取向不能很好地控制,而且通常会导致孤立颗粒生成,虽然多次水热晶化可使晶粒形成连续的膜,在一定程度上可解决此问题,但该方法重复制膜仍受到很大限制。

9.5.2 二次生长法

早在 1994 年,Tsapatsis 等人建议利用胶体沸石悬浮液先浇铸成膜前驱物,再通过它进行二次生长制备沸石膜。该方法是首先在载体基质上预涂布晶种层,然后在一定的晶化条件下,晶种层可作为生长中心,不断地从反应液中汲取所需物质而充分晶化成长,填充晶体间的空隙,得到致密的分子筛膜。这种成膜过程可消除膜分子筛晶体生长的诱导期,越过成核阶段,使其在争夺晶化所需的活性硅铝物种的竞争中占据有利地位,确保充分生长成为成片紧密的孪生聚晶膜。徐晓春等人对 A 型分子筛膜的研究更加证实了这一点,当 Al_2O_3 载体上没有预涂晶种时,48 h 后,XRD 谱图上显示 A 型分子筛膜的峰强度很弱,SEM 表征显示在载体 Al_2O_3 表面没有形成具有明显的 A 型分子筛结构出现,测定分子筛膜对 $H_2/n-C_4H_{10}$ 的渗透选择性发现与载体 Al_2O_3 相近,以此证明在载体表面并没有形成 A 型分子筛膜。之后,在预涂晶种的载体上合成 NaA 分子筛膜,6 h 后,在载体上就形成了 NaA 分子筛膜,更加证明了预涂晶种能够大大地缩减晶体形成过程中成核期,大大提高膜合成效率。与以前的原位合成技术相比,二次生长法对最终膜的微结构如膜厚、取向程度可较好地控制,这种事先形成前驱物薄层技术的出现为更广大范围内在水热条件下合成连续膜提供了一种新的工具。通过二次生长法可以对分子筛膜的形貌、交联性、厚度和晶体取向等进行有效控制。Hasegawa 等人采用二次合成法在无模板剂的情况下,在多孔载体上合成出了 $n(Si):n(Al)=3:2$ 的 CHA 分子筛膜。在温度为 348 K 的条件下,分离质量分数为 90% 的乙醇水溶液的渗透系数和分离系数分别为 4.14 kg/(m^2·h) 和 39 500,在 pH=2 的条件下,分离水的时间长达 10 h,较 A 型分子筛膜有了很大提高。

9.5.3　微波合成法

微波合成法是近年来发展起来的一种合成方法,利用微波加热可以在较短的时间内合成多种沸石材料。1995 年,Girnus 就报道了用微波加热合成法合成 AlPO4–5 分子筛。他是利用微波加热处理合成凝胶或前驱物,在较短时间内合成分子筛及分子筛膜。合成时间缩短到 60 s,并且发现合成了理想的一维分子结构。Han 等人利用微波加热法合成 LTA 分子筛膜,微波加热大大地加快了晶化速率,合成时间由常规的 3 h 缩短到 10 min,膜厚由常规的 5~8 μm 降到 4 μm,而且分离系数增加了 3~4 倍。Mintova 等人也曾报道用微波加热合成法合成了超薄的 AlPO4–5 沸石膜,并发现通过改变晶化温度、含水量及模板剂用量可以成功地控制膜的形貌、晶粒取向和尺寸。尽管之前已经有大量关于合成 MFI(ZSM–5,Silicalite–1)分子筛的报道,但是利用微波加热合成 MFI 分子筛膜的报道仍然很少,原因可能是由于三丙基氢氧化铵在微波加热条件下快速分解造成的。Motuzas 采用微波加热法在 Al$_2$O$_3$ 载体上合成出了 MFI 分子筛膜,晶化温度为 160 ℃,晶化时间为 30~150 min,并且提供了 3 种去除模板剂的方法。此外,SOD,FAU,ETS–4 分子筛膜的微波合成法也有报道。

利用微波合成法处理合成分子筛和分子筛膜,在与传统水热合成法相同的合成配比下,最明显的特征就是缩短反应时间。此外,微波合成法还有其他优势,主要表现在分子筛膜的形态、化学组成、渗透选择性、致密性等方面,但微波法对实验设备的要求较高,特别是对微波功率的控制。

9.5.4　堵孔法

堵孔法顾名思义就是将载体浸渍在分子筛合成母液中,利用抽真空的方法形成的负压使母液进入载体孔道内,在合适的水热合成条件下,使分子筛晶体在载体孔道内生长。由于分子筛晶体生长在载体孔道内,因此利用此方法合成出的分子筛膜具有更好的机械强度和热稳定性。Daramola 利用堵孔法合成了 MFI–陶瓷分子筛膜,并且测试了它分离二甲苯同分异构体的性能。在 453 K 下,对二甲苯的渗透量为 4.5×10^{-6} mol/$(m^2 \cdot s)$,邻间对二甲苯的分压力分别为 0.32 kPa,0.27 kPa,0.62 kPa。对二甲苯-邻二甲苯的分离系数为 107。LIY 等人合成复合 MFI-Al_2O_3 膜,结果显示,在合成过程中分子筛膜的前驱体扩散到载体孔道内,这种扩散导致载体在没有形成连续的分子筛膜前,分子筛晶体在载体孔道内逐渐生长。在至少 53 h 后,分子筛晶体才嵌入到载体表层。纳米复合 MFI-Al_2O_3 膜结构在纳米领域相对于其他传统类膜结构对于提高气体的分离性能有着重要的影响。Rouleau 等人还用堵孔法合成了 FAU-Al_2O_3 分子筛膜,在 323 K 下测定等摩尔 CO_2/N_2 的分离系数是 12,CO_2 的渗透系数是 0.4×10^{-6} mol/$(s \cdot m^2 \cdot Pa)$。

9.5.5 脉冲激光沉积法

脉冲激光沉积法是一种新型的分子筛膜制备方法。它是由 Balkus 等人提出来的,方法是将脉冲激光照射已合成好的分子筛,将其蒸涂到载体上。再经过二次生长,合成出一层薄的分子筛膜,用这种方法在销蚀过的硅片上制备出 UTD-1 分子筛膜。这种方法的特点是易于制得定向生长、高度结晶的分子筛膜;分子筛膜的附着强度高、覆盖完全,易于控制膜的厚度,可以在三维载体上制备分子筛膜。Continho 采用脉冲激光沉淀法在锡硅片载体上生长出部分定向的 X 型分子筛膜,而在烧结的多孔不锈钢载体上分子筛膜是不连续和不定向的。L Washmon 等人先用脉冲激光照射已经合成的 0.4 nm 的磷酸铝镁分子筛,使其销蚀蒸渡到多孔不锈钢金属载体上,再用水热处理使其晶化,晶体定向生长而成 MAPO-39 膜,此外还制备出 AlPO4-5,MeAPO4-5(Me=Mn,V,Co,Fe),MCM-22,MCM-41 等分子筛膜。

9.5.6 电泳沉积法

电泳沉积法是通过外电场的作用,促使带电粒子迁移到基膜表面形成薄膜,因而可以制备比较均匀、致密、厚度可控的薄膜。黄爱生等人在金属表面合成了致密的 A 型分子筛膜,并且提出了电场中分子筛膜形成的机理。当合成中无外加电场时,溶液中不断产生的分子筛晶粒一方面因重力作用而沉降,另一方面因热运动而扩散。在这两种因素的影响下,粒子随机无序地迁移到基膜表面形成分子筛膜。由于金属为疏水性基膜,反应中产生的分子筛晶粒很难吸附迁移到基膜表面,因而很难合成均匀致密的分子筛膜。因此在外加电场的作用下,带负电的分子筛晶粒均匀快速地迁移到基膜表面形成分子筛膜。这样,一方面可以形成比较均匀致密的分子筛膜;另一方面有助于加快分子筛膜的合成,从而有效地抑制转晶。Mohammadi等人也采用电泳法合成出 A 型分子筛膜,设置电压和电流分别为10 V和0.25 A。实验发现,升高电压,阳极区域会有气体生成;降低电压,则需要更长的时间才能合成出合适直径的分子筛膜。

9.5.7 气相法

气相法可以认为是溶胶-凝胶法与蒸汽相法的有机结合。先将载体浸入由硅源、铝源、无机碱和水形成的溶胶中,一定时间后取出载体并在低温下干燥,再放入溶剂和有机模板剂的蒸汽相中于一定的温度和自生压力下晶化而成为分子筛膜。这种合成方法很难保证干凝胶可以全部晶化,同时可能形成几种不同的分子筛。合成膜之后还需要通过干燥去除有机物,这样在膜层中易形成较大缺陷,即使进行多次干胶合成也不能弥补这种缺陷,因为晶体生长主要还是发生在已生成的分子筛膜上。Matsufuji 等人用汽相法制备 FER 分子筛膜的过程是将多孔氧化铝体于室温下母液浸渍24 h,室温下干燥24 h,将所配的溶胶倒入晶化釜中,将处理过的 Al_2O_3 载体放在釜的上方,在453 K 下晶化5 d。在晶化过程中,来自釜底蒸汽相的硅铝酸根粒子在载体表面是活动的,能进入氧化铝载体孔道内部,从而形成致密的 FER-氧化铝复合层。与传统的水热法相比,合成过程中配置的合成液可以循环使用多次,减少溶液的浪费,同时提高分子筛的产量,但利用该法很难保证其硅铝凝胶的全部转化,而且在晶化的同时会有几种分子筛同时形成,这不利于分子筛膜的稳定性。另外,要在载体表面形成均匀且较薄的凝胶层也较困难。

9.5.8 两步变温法

顾名思义,两步变温法将成膜晶化过程分为两步,即低温和高温。低温有利于成核,高温则促使晶体增长,可有效控制膜生长过程。孙维国等人采用两步变温法得到连续均一的纯硅膜,在水/硅比低、晶化温度高的条件下,只需经一次合成,60 ℃下膜对质量分数为4.8%乙醇的渗透率为1.25 kg/(m² · h),分离系数为36.2。但经再次合成后,渗透系数及分离系数均劣化。水/硅比高的合成液在合成温度较低的情况下,经再次合成后,渗透系数和分离系数均得到很大程度的提高,60 ℃下对质量分数为

4.52%乙醇的渗透通量和分离系数分别高达 2 800 kg/(m² · h) 和 3 403，在这样高的分离系数下该通量达到了国内外报道的最大值，该方法可推广到其他高性能沸石分子筛的合成。Li 等人采用二次变温法合成出 ZSM-5 分子筛膜，与传统水热法合成的分子筛膜相比更均匀。室温下，氢气的渗透系数是 2.4×10^{-6} mol/m²，氢气/正丁烷的分离系数是 129，氢气/异丁烷的分离系数是 1 548。Kong 等人采用此方法在多孔不锈钢管载体合成出大面积、高质量的 silicalite-1 分子筛膜。与传统方法(一步合成法)相比，合成的分子筛膜薄而紧密，低温下有大量晶核生成，当晶体生长期完成后，迅速升高晶化温度，能促进膜在载体上迅速生长。通过这种方法合成出来的膜具有良好的渗透性能和重复利用性。氢气的渗透系数和氢气/正丁烷的分离系数分别是 12.25×10^{-7} mol/(m² · s · Pa) 和 46.1，大约是努森系数的 5 倍。此外，高温下测试膜在乙苯和氢气的气体混合物中的热稳定性，400 ℃下持续 80 h，它们的分离系数是 190，显示出优良的热稳定性。

9.5.9 变浓度法

变浓度法合成分子筛膜，预涂在载体表面的纳米晶种粒子形成凝胶层，此层晶种诱发更多新的晶核生成；在浓晶液中，发生固相机理和液相机理作用，晶核会逐渐长大；在稀晶液中，是液相机理起作用，载体表面晶粒的部分溶解，晶粒表面的修饰和再生长，使膜内晶粒的形貌更加完整，有效地减少了晶化液的用量和合成次数，膜层厚，膜质量好。成岳等人利用此方法在合成分子筛膜中做了很大的贡献，他采用此方法合成了 ZSM-5 分子筛膜，并且提出了变浓度法合成分子筛膜的机理。

变浓度法合成分子筛膜的成膜机理分为以下几步：

①要促使凝胶层形成，必须先预涂晶种，但是低温并不利于凝胶层的快速形成，高温条件下才能促使凝胶作用快速进行。合成液中原始的粒子通过布朗运动移到载体表面，经过粒子间的团聚而在载体表面形成一层凝胶，由于多孔陶瓷的平均孔径约为 2 μm，当凝胶粒子吸附在表面的同时，许多凝胶粒子进入了孔内，提高了膜层的致密性。当凝胶的生成速度和溶解速度相等时，凝胶中便会有晶核出现。

②当晶化液的浓度比较高时，通过第一步的凝胶层，载体表面形成了大量的晶核，晶化一定时间后，由于封死了载体管，在晶化过程中管壁内外存在压力差，使晶化液中 H_2O 容易通过孔口，大分子很难通过，这时同时发生固相机理和液相机理作用，晶核会逐渐长大。载体表面或孔口的晶粒向着空间自由能较小的趋势生长。

③稀晶液中的晶化过程基本上是液相机理在起作用,同时载体表面的晶粒部分溶解,但是封死载体管的附近离子浓度很低,因此在合成体系内形成独立新核的可能性减小,而是对已形成的晶核表面进行修饰生长,由于晶粒表面的修饰和再生长,晶间区域逐渐减少,膜内的晶粒的形貌更加完整。

9.6 气体分离分子筛膜的应用

9.6.1 气体分离分子筛膜的渗透应用

气体分离是分子筛膜具有重大应用潜力的领域。与传统的气体分离技术(如深冷法、吸附法和吸收法等)相比,气体膜分离技术可以大大降低分离成本,简化分离工艺。现在,气体膜分离技术已广泛应用于空气的富氧、富氮,天然气中各种烃类的分离与合成,石化工业中 H_2 的回收以及工业废气中污染性气体如 SO_2,NO_2 的脱除等领域。分子筛膜由于具有很好的热稳定性,更适合在较高温度下分离气体混合物。所研究的气体分离体系有 H_2/N_2,H_2/CH_4,N_2/CH_4,CO/CH_4,CO_2/N_2,正/异丁烷、邻/对二甲苯等。分子筛膜由于膜层致密,在高温下性能比多孔膜更稳定,更适合高温下气体分离和反应过程。

分子筛膜在液相组分的分离上已经取得了很好的效果。用于液相中水/醇分离的 A 型分子筛膜显示出很强的水分离处理能力。在低浓度的水/醇混合液中,水/醇分离系数超过 1 000。用于醇/水分离的商品化的 A 型分子筛膜已经有售。气体分离服从于努森扩散,而醇/水液体分离的选择性却很高,说明液体分离往往是依据组分吸附能力大小进行分离,而非分子筛筛分和构型扩散机理。对于分离液体,即使分子筛膜存在一些缺陷或针孔,膜仍然具有高的液体分离性能。而对于气体分离来说,对膜的完整性要求较高,因此气体的分离性能最能反映膜的完整性。

(1)醇/水分离

作为汽油的一种混合物,乙醇中水的质量分数必须小于 2×10^{-3},而产品乙基叔丁基醚中要求乙醇的含水量小于 0.5×10^{-3},具有亲水性的 LTA 型分子筛膜可通过渗透蒸发脱去有机物中的水,因此可用于无水酒精的生产。在氧化铝载体上合成的 840 型分子筛膜,已用于连续可循环的渗透蒸发系统,对乙醇/水混合物进行了分离。当混合物通过膜的时间为 120 ~

140 h,该工艺可以生产出质量分数接近100%的乙醇。与此时间相对应的分离系数和渗透系数分别为3 350～6 050和0.4～1.0 kg/(m² · h)。当乙醇在截留侧质量分数高于98%时,分离系数高于1.0×10³。整体结果表明,该膜可用于醇/水分离,且表现出良好的选择性和稳定性。Soydas等人采用具有回路的流动系统,使合成液流经Al₂O₃管状载体,合成了MFI型分子筛膜。

由于A型分子筛具有低的硅/铝比,晶体内表面具有很强的库仑场效应,具有强的亲水性能,由它构成的膜通过渗透汽化可以从高浓度的有机物中将水脱出,同时大小不同的分子也可以通过渗透蒸发在膜上得到选择性分离。正由于这些优点,人们对分子筛膜在渗透蒸发中的应用进行了广泛的探索,取得了令人兴奋的结果。A型分子筛膜的渗透蒸发性能除了与膜本身的质量有关外,其分离指标还与渗透液原料的真空度有关。一般来说,原料的水含量越少,分离系数越低,渗透系数也越小;原料中另一组分极性越小,分子直径越大,分离效果越好,渗透系数也越大。如果渗透温度升高,通量增大,分离系数则会下降。

(2)氢气分离

ZSM-5型沸石分子筛膜是典型的高硅、微孔沸石膜(孔径为0.5～0.6 nm),具有很好的筛分效应和极高的耐热稳定性,而且其本身具有良好的催化功能,可实现催化与分离的很好结合。因此,特别适用于中高温催化脱氢反应体系的研究,它是有机膜甚至其他无机膜无法实现的。

①ZSM-5沸石膜(图9.7)应用于乙苯脱氢制苯乙烯反应。

乙苯脱氢制苯乙烯是石油化工的重要过程,所得产品在聚苯乙烯、工程塑料和合成橡胶等方面有广泛的用途。该反应生产过程技术已比较成熟,现在90%以上的苯乙烯产品是由该方法生产而得的。但目前还存在着转化率较低、能耗高而导致成本高等缺点,因此,许多研究者一直致力于对该过程的改进和新技术的开发工作。一种方法是对关键技术——新催化剂的开发,其中Fe-ZSM-5沸石分子筛催化剂对乙苯脱氢和乙苯氧化脱氢生成苯乙烯反应具有良好的催化活性,并受到了广泛研究,取得了较好的结果。该催化剂倍受关注的主要原因是利用了ZSM-5型沸石的优越性能和沸石骨架中引入Fe杂原子物种带来的特殊活性。另一种方法是近年来提出的作为改进合成新技术——乙苯脱氢膜催化技术,其实质是在无机膜反应器上进行催化反应的同时,不断将产物分离出去,使可逆反应获得超出热力学平衡值的高转化率,而且副产纯氢可以利用。因此,乙苯脱氢制苯乙烯的无机膜催化工艺成为无机膜催化脱氢应用研究的重点和热点,预计该技术是最可能较快实现工业应用的技术之一。目前,国内外有许多单位开展了这方面的研究。Wu 等人用孔径为 4 nm 的陶瓷管膜反应器研究了乙苯脱氢制苯乙烯反应,结果膜反应器与固定床相比,乙苯转化率可增加10% ~15%,苯乙烯选择性可增加 2% ~5%。但膜的稳定性差些,经600 ~6 400 ℃反应后,膜管的气体渗透量增加约42%,膜孔径由 4 nm 增加至9 nm。他们用数学模型对此过程进行了分析计算,证明了膜反应器提高了乙苯脱氢反应的转化率的可能性。Becke 等人也模拟了 Al_2O_3 陶瓷膜反应器上乙苯脱氢生成苯乙烯过程,并测定了 H_2 和乙苯通过膜管的扩散系数,预计与固定床相比,乙苯转化率可增加 20%,在该膜上的扩散是努森扩散。

 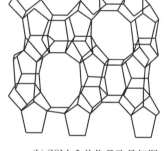

(a) ZSM-5 孔道结构图　　　　(b) ZSM-5 单位晶胞骨架图

图9.7　ZSM-5 孔道结构图和 ZSM-5 单位晶胞骨架图

②沸石膜低碳烃脱氢芳构制芳烃。

近年来,随着石油资源的日益减少和天然气的丰富,利用天然气、油田轻烃和炼厂气等低碳烃进行芳构化制芳烃引起了人们很大的研究开发兴趣。因为它可以利用丰富、廉价烃类资源制备附加值极高的化工原料(苯、甲苯和二甲苯等)。图9.8 为可用于二甲苯异构体分离的 MFI 型分子筛膜。

低碳烃芳构化制芳烃过程是利用天然气、油田轻烃和炼厂气中所含的C1 ~ C6 烷烃,在金属改性的 ZSM-5 沸石双功能催化剂作用下,经脱氢、聚合、环化和氢转移等步骤形成芳烃。在反应过程中因受到一定的热力学和动力学因素的控制,芳烃的产率受到了限制。多年来,人们一直在研究高性能的芳构化催化剂,以便提高芳烃收率,但收效甚微。直至现在,也只有BP 公司和 UOP 公司联合开发了液化气(主要是 C3 和 C4)芳构化为芳烃的 Cyclar 过程示范装置和日本能源公司开发了轻烃(主要为 C5 和 C6)芳

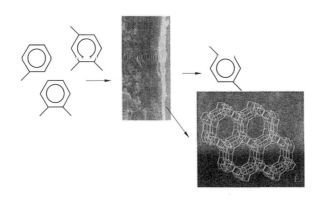

图9.8 可用于二甲苯异构体分离的 MFI 型分子筛膜

构化制芳烃示范装置,但因效率低、经济效益不佳而未得到大规模工业推广应用。近年来,无机膜技术的开发研究,将膜分离技术应用于低碳烃脱氢芳构化制芳烃技术,大大提高了芳烃的收率,已引起了许多学者的高度重视,并积极致力于推向工业化。Clyaosn 等人较早采用 Pb-Ag 合金膜反应器应用于丙烷芳构化制芳烃的研究,在膜厚为 100 μm,反应温度为 773 K,空速为 1.7 h^{-1} 时,与无膜反应相比,芳烃收率可提高 5.4%,当反应温度为 823 K 时,芳烃收率可提高 8%。随后,Uemiya 等人在厚 8.6 μm 的钯膜反应器上研究了丙烷芳构化反应,发现膜对丙烷芳构化的作用取决于膜对反应系统中氢的选择渗透性能,膜越薄,透气量越大,芳烃收率越高。在反应温度为 773 K、空速为 1.7 h^{-1} 时芳烃收率可提高 23%。Kuskaabe 等人采用 CVD 法在氧化铝底膜上制成了膜,并研究了丙烷芳构化反应,结果芳烃收率可提高 10% 左右,该膜对 S,Cl 等抗中毒能力较强。

进入 21 世纪以来,世界各国更加大了对氢能的研究与开发。在化工、炼制排出的废气中富含一定量的氢气,为了有效利用能源,采用膜分离技术回收氢气具有重要的应用价值。Huang 等人在多孔氧化铝载体上,以氨丙基三乙氧基硅烷为共价键连接剂,水热合成了 LTA 型分子筛薄膜,厚度约为 3.5 μm。该膜具有良好的分子筛分性能。在 293 K 时,对二元混合物 N_2/CH_4,H_2/N_2,H_2/O_2,H_2/CO_2 的分离系数分别为 3.6,4.2,4.4 和 5.5,高于努森扩散系数,H_2 的渗透系数为 0.3 μmL/(s·m^2·Pa),可用于氢气的分离。

(3)CO_2 的分离

工业 CO_2 气体排放量增加而导致的全球温室效应和环境污染问题日益严重。而用分子筛膜分离是一种节能高效、清洁环保的新型分离技术,已经成为一种应用前景良好的 CO_2 分离方法。

Shin 等人用原位水热合成法制备了 ZSM-5 分子筛膜,为了提高分离性,在膜表面涂覆一层硅溶胶,以消除晶粒空隙。在 298 K 和 373 K 时对于等物质的量的 CO_2/N_2 混合气的分离系数分别为 54.3 和 14.9,CO_2 的渗透系数为 0.36 μmL/(s·m²·Pa)。Carreon 等人在多孔不锈钢管上采用晶种法合成了长度为 5 cm 的 SAPO-34 型分子筛膜,253 K 时对 CO_2/CH_4 的分离系数为 227,CO_2 的渗透系数大于 0.36 μmL/(s·m²·Pa)。但此研究仅限于实验室规模,为了满足商业化的需求,他们通过改变合成液浓度和晶化时间,制备了长度为 25 cm 的 SAPO-34 型分子筛膜,在 295 K 时,该膜仍具有较高的分离选择性,CO_2/CH_4 的分离系数大于 200,CO_2 渗透系数为 0.5 μmL/(s·m²·Pa)。Cui 在管状莫来石上合成出非常致密的 T 型分子筛膜,最先将其应用于 CO_2 的分离过程中,在体积比为 50/50 的混合气体分离测试中,在 308 K 下该膜对 CO_2/N_2 和 CO_2/CH_4 的分离系数分别为 107 和 400,具有很好的气体分离性能。Mirfendereski 等人同样在莫来石管状支撑体上合成出 T 型分子筛膜,测试了该膜对 CO_2 和 CH_4 单组分的渗透性能,得到两者的理想分离系数为 70.8。

9.6.2　气体分离分子筛膜的催化应用

分子筛膜由于具有良好的热稳定性、化学稳定性以及有多种不同类型、不同结构可供选择等优点,在催化方面具有十分诱人的应用前景。在化学反应中,分子筛膜可以将催化过程和吸附分离过程相结合,使反应中生成的水或其他小分子能及时地从反应体系中分离,进而突破热力学限制,最终使化学平衡向产物方向移动,提高反应的转化率。目前,分子筛膜反应器的类型主要有以下 3 种:

①在基膜上有一层有催化活性的分子筛膜反应器。
②在基膜上担载具有催化活性的催化组分反应器。
③镶嵌在基膜中的具有催化活性的分子烯的反应器。

分子筛膜在催化膜反应器中可以发挥主动或被动的作用:其被动作用表现为选择性地移走产物分子,向反应区提供活性组分;主动作用表现为催化化学反应,作为活性催化组分的载体。在很多化学平衡控制的反应中,会产生水或其他需要去除的小分子等产物,因为这些物质的存在会在热力学上限制产物的浓度。在这些反应体系中,就可以使用 A 型分子筛膜反应器来突破这些限制。Gao 等人将 NaA,CaA,KA 等分子筛填充到聚乙醇中形成填充 A 型分子筛膜,以磺化树脂为酸催化剂,进行了水杨酸和甲醇的酯化反应,发现水的去除大大地加速了反应的进行。Liu 等人通过在氧化铝载体表面合成 La$_2$NaO$_4$/NaA 膜,将其用于 CH$_4$/CO$_2$ 的重整和 CH$_4$ 和 CO$_2$ 的转化,得到的 H$_2$ 和 CO 的选择性大大高于固定床反应器,而且结炭也明显很少。分子筛膜的另一应用是向反应相有控制性地释放反应原料。在没有分子筛的情况下,连续反应是不可避免的。这一原则能够提高某些反应的选择性,例如用 CaA 担载的溴来实现从苯胺合成对溴苯胺的反应。

目前,分子筛膜在气体分离中的商业化应用还未见报道,而将分子筛膜应用于催化反应的研究成为分子筛膜发展中新的研究热点。利用高选择性的或具有催化功能的分离膜,把催化反应与后续的化工分离过程有机地结合起来,在反应的同时,通过膜连续不断地把反应产物分离出去。不仅可以克服热力学平衡限制,从而大幅度提高化学反应速度、平衡转化率及反应选择性,而且可以使某些苛刻的反应条件(如高温、高压)变得较为温和,提高催化剂的稳定性及延长催化剂的使用寿命。另外,也能省去全部或部分产物分离和未反应产物循环的工艺,从而达到高效节能的目的。在 α-Al$_2$O$_3$ 陶瓷管上制备的 Fe-MFI 分子筛膜反应器上乙苯脱氢制备苯乙烯的研究结果显示,相对于 Al-MFI 膜,转化率提高约 15%,但这可能归结于在 Fe-MFI 分子筛膜上优先吸附乙苯,且吸附量少于 Al-MFI 膜,因此能够抑制碳沉积在 Fe-MFI 膜上,从而提高了转化率。在 Al$_2$O$_3$ 陶瓷管上制备的 Al-MFI 和 MFI 分子筛膜反应器上丙烷氧化脱氢反应中,在两种膜上都有选择性为 40% 的 C$_3$H$_6$ 选择性,但在 V-MFI 分子筛膜反应器上 O$_2$ 和 C$_3$H$_8$ 的转化率较高于 Al-MFI 分子筛膜反应器。在反应温度为 550 ℃ 时,丙烷氧化脱氢的产率最高为 7.9%,与分子筛粉末相比,选择性和产率没有显著提高。在 MFI 型分子筛膜反应器上二氧化碳加氢制甲醇反应的研究结果显示,在反应温度为 210 ℃ 时,二氧化碳的转化率和甲醇的产率分别为 23% 和 13%,高于传统固定床(14% 和 5.8%)的结果。MFI 型分子筛膜上异丁烷脱氢反应中,反应温度为 457 ℃ 时,膜反应器的转化率(75%)是传统固定床(18%)的 4 倍。Hasegwaa 等人报道了离子交换(Pt,Ru,CO,Cu,Ni,Cu,Ag)NaY 分子筛膜反应器上一氧化碳氧化的反应结果。PtY 分子筛膜显示出最高的一氧化碳氧化速率,在反应温度为 200 ℃ 时的 CO/H$_2$ 的选择性为 20~60 μmol/(g·s);在低的氧含量的情况下,氧化速率显著高于传统固定床结果。而 Mgen 等人研究的在 MFI 型分子筛膜上异丁烷脱氢反应中,异丁烷的转化率较固定床提高了一倍,但实验证实,其中 2/3

是由于吹扫气稀释的结果,1/3 是由于氢气快速移除的结果。

综上所述,合成分子筛膜不能单纯地追求气体选择性,应当考虑气体渗透率是否适合实际应用的需要。高的渗透率同时保持一定的选择性的分子筛膜可能更具有应用价值。同一类型的膜可能由于膜的实际构造(如缺陷大小、晶体生长方向以及晶体连生的状态等)存在的差异导致气体分离结果差异显著。由高度自由生长的聚晶组成的分子筛膜的气体渗透率可能较低。气体渗透能力与膜的合成方法没有必然的联系,而是与膜的致密程度和厚度有密切的关系。膜缺陷的存在可能是气体分离选择性较低的一个重要原因,但一定膜缺陷的存在可能会显著提高膜的透气能力。

参考文献

[1] 徐如人,庞文琴,霍启升,等. 分子筛与多孔材料化学[M]. 2 版. 北京:科学出版社,2014.

[2] 黄仲涛,曾昭愧,钟邦克,等. 无机膜技术及其应用[M]. 北京:中国石化出版社,2002.

[3] 程志林,晁自胜,万惠霖. 微波场中 A 型分子筛及分子筛膜合成的研究[J]. 无机化学学报,2002(5):528-532.

[4] 刘云凌,王兴东,庞文琴. SAPO-34 和 SAPO-44 分子筛膜的制备与表征[J]. 高等学校化学学报,2000,21:1451-1454.

[5] XU X C,BAO Y,SONG C S,et al. Synthesis,characterization and single gas permeation properties of Na A zeolite mem-brane[J]. Journal of Membrane Science,2005,249:51-64.

[6] MOTUZAS J,HENG S,ZE LAU P P S,et al. Ultra-rapid production of MFI membranes by coupling microwave-assisted synthesis with either ozone or calcination treatment[J]. Microporous and Mesoporous Materials,2007,99:197-205.

[7] ZHOU H,LI Y S,ZHU G Q,et al. Microwave-assisted hydro-thermal synthesis of a&b-oriented zeolite T membranes and their pervaporation properties[J]. Separation and Purification Technology,2009,65:164-172.

[8] LI Y,CHEN H,LIU J,et al. Microwave synthesis of LTA zeolite membranes without seeding[J]. Journal of Membrane Science,2006,277:230-239.

[9] 王学松. 现代膜技术及其应用指南[M]. 北京: 化学工业出版社, 2005.

[10] DARAMOLA M O, BURGER A J, PERA T M, et al. Nanocomposite MFI-ceramic hollow fibre membranes via pore-plugging synthesis: prospects for xyleneisomer separation[J]. Journal of Membrane Science, 2009, 337: 106-112.

[11] LI Y, PERA T M, XIONG G, et al. Nanocomposite MFI-alumina membranes via pore-plugging synthesis: genesis of the zeolite material[J]. Journal of Membrane Science, 2008, 325: 973-981.

[12] 黄爱生, 刘杰, 李砚硕, 等. 电泳法在致密金属表面合成 A 型分子筛膜[J]. 科学通报, 2004, 49: 937-941.

[13] 孙维国, 杨建华, 王爱芳. 两步变温水热合成制备纯硅分子筛膜及其渗透性能[J]. 过程工程学报, 2008(8): 599-602.

[14] KONG C L, LU J M, YANG J H, et al. Preparation of silicalite-1 membranes on stainless steel supports by a two-stage varying temperature in situ synthesis[J]. Journal of Membrane Science, 2006, 285: 258-264.

[15] CHENG Y. Research on the formation of film mechanism of ZSM-5 zeolite membrane by varying-concentration synthesis[J]. Bulletin of the Chinese Ceramic Society, 2009, 28: 511-515.

第10章 有机–无机杂化膜

10.1 引　言

　　1999 年,Robeson 预测了聚合物膜的气体分离性能存在一个上限,即 Robeson 上限,具体表现为聚合物膜材料的渗透性高则选择性低,反之亦然。图 10.1 描绘了用于 O_2/N_2 分离的膜材料的分离性能。在图 10.1 中, O_2 的渗透系数是横坐标, O_2/N_2 的分离系数是纵坐标,二者都是对数刻度。一方面,对于聚合物材料,在渗透系数和分离系数之间平衡存在一个明显的“上限”。当聚合物材料的分离性能接近这个限制时,聚合物的气体渗透性能和选择性能沿着这个上限移动而无法超过它。另一方面,从图 10.1 中可以看出,无机材料的性能远远超出了聚合物材料的上限。虽然在过去 20 年里,为了提高气体分离性能,对各种聚合物结构的改性已经取得了巨大的进步,但是聚合物膜的性能仍然无法超过 Robeson 上限而取得进一步的进展。同样,由于制备过程中存在缺陷、生产成本高和脆性太大,无机膜的发展也受到了严重的阻碍。鉴于这种情况,这就需要一种经济实用的且分离性能够超过 Robeson 上限的替代品出现。

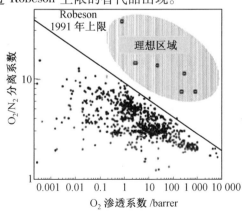

图 10.1　聚合物膜和无机膜的 O_2 渗透系数和 O_2/N_2 分离系数的关系

(●高分子材料;○无机材料)

随着对杂化膜应用潜力的发掘,很多人对杂化膜的膜形态学进行了深入的研究。杂化膜的形态包括有机聚合物和无机粒子两方面,如图10.2所示。体相(phase A)通常是一种聚合物;分散相(phase B)代表无机粒子,可能是沸石、炭分子筛或者纳米大小的微粒。与现有的聚合物膜相比,杂化膜(MMMs)有着高分离系数、高渗透系数或者二者兼得的优势。这是因为一方面加入的无机材料本身拥有优良的气体分离特性;另一方面,杂化膜混合了无机材料与弹性的聚合物,从而弥补了无机膜脆性的缺点。

A: 聚合物相

B: 无机离子相

图10.2 杂化膜(MMM)的示意图

在20世纪70年代,杂化膜在气体分离方面的研究就已经出现。研究者们将0.5 nm沸石加入到橡胶聚合物——聚二甲基硅氧烷(PDMS)中,发现了CO_2和CH_4的延迟扩散时间滞后效应。在研究工作中,Paul和Kemp发现,随着0.5 nm沸石加入到聚合物基质中,扩散时间滞后效应大大提升,同时稳定状态下的气体渗透性并没有受到影响。另外,UOP公司的研发人员发现,相比于纯聚合物膜,聚合物/无机粒子杂化膜拥有卓越的气体分离性能。他们发现,随着在聚合物-醋酸纤维素(CA)基体中的硅质岩(silicalite)添加量增加,O_2/N_2的分离系数从3.0提高到4.3。在20世纪80年代中期,VOP公司利用CA/silicalite杂化膜分离CO_2/H_2体系,提高了CO_2/H_2的分离系数。在这个过程中,CO_2/H_2混合气(摩尔比为1∶1)在压差为0.345 MPa的推动力下透过杂膜,通过计算得到的CO_2/H_2分离系数是5.15±2.2。相比之下,纯CA膜的CO_2/H_2的分离系数是0.77±0.06。这表明杂化膜中的硅质岩提高了膜的CO_2/H_2的分离系数。

10.2 有机-无机杂化膜的分类

杂化膜是一种复合材料,其根据有机相、无机相以及两相的交联形式均有不同的划分。按参加杂化的组分性质可分为有机/无机杂化膜材料、有机/生物杂化膜材料、无机/生物杂化膜材料。按参加杂化的组分数目可分为单组分(分子内)杂化膜材料(如含有机金属膜和有机硅膜等)和不同组分数目的多组分(分子间)杂化膜材料(聚酰亚胺-二氧化硅膜、聚乙烯醇-氧化锆膜等)。按杂化体系的相分离状态可分为均相杂化膜材料(无相分离现象）、纳米杂化膜材料(分散相尺寸为纳米级)。按膜的负载情况可以分为负载型杂化膜和非负载型杂化膜(如均质膜和梯度膜等)。

有机-无机杂化膜按其结构可分为以下 3 大类:

①有机相和无机相间以共价键结合的杂化膜,如图 10.3 所示。

图 10.3　有机相和无机相以共价键结合的杂化膜

②有机相和无机相以范德华力或氢键结合的杂化膜,如图 10.4 所示。膜从结构上可分为在有机基体内分散着无机纳米微粒和在无机基体中添加纳米高分子微粒,其主要问题是有机相和无机相相容性较差。

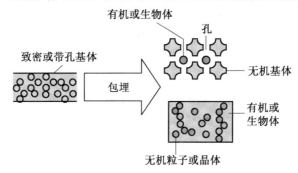

图 10.4　有机相和无机相以范德华力或氢键结合的杂化膜

③有机改性的陶瓷膜,如图 10.5 所示。

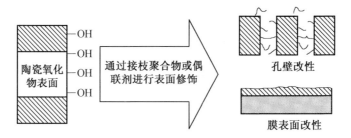

图 10.5　有机改性的陶瓷膜

10.2.1 填充型有机-无机复合膜

无机粒子填充型有机 无机复合膜是在有机网络中引入无机粒子来改善有机膜的物理化学稳定性,调整有机膜的微观结构,提高有机膜的选择性和渗透通量。目前常用的无机填充剂主要是无机多孔填充剂,如炭分子筛(CMS)、活性炭(AC)和沸石分子筛等,同时也有无孔填充剂,如蒙脱土、炭黑和硅石等。多孔填充剂的主要作用是提高聚合物膜的选择性和渗透性能,使渗透物可选择性地通过填充剂的孔道,同时也可通过填充剂与聚合物形成的界面,从而提高聚合物膜的分离性能。无孔填充剂的主要作用是提高聚合物膜的物理化学稳定性及渗透性能,选择性一般保持不变或略微下降,渗透物通过无机粒子与聚合物形成的界面或孔穴渗透,而这些孔穴一般是无选择性的,从而可提高膜的渗透性能。橡胶态主链较柔软,与无机粒子有较好的相容性,这使得无机粒子与聚合物基体能很好地相容,相间结合紧密。玻璃态聚合物链较硬,其与无机粒子相容性不理想,在无机粒子周围发生相分离,形成无选择性孔穴,降低膜的选择性。橡胶态聚合物的研究主要集中在聚二甲基硅氧烷(PDMS)、聚丙烯腈-丁二烯-苯乙烯三元共聚物(ABS)、壳聚糖(CS)、三元乙丙橡胶(EPDM)等。玻璃态聚合物的研究主要集中在聚砜(PSF)、聚酰亚胺(PI)、醋酸纤维素(CA)和聚乙酰亚胺(PEI)等。

10.2.2 离子交换膜

利用非流动的过渡金属离子与烯烃之间形成可逆 π 络合物的促进传递作用,可以大大提高分离膜对烯烃/烷烃的选择性,固体聚合物电解质膜是近年来烯烃/烷烃分离过程的主要研究方向。例如,离子交换膜 Nafion117在 Ag^+ 的作用下可分离乙烯/乙烷和丙烯/丙烷。用聚2-乙基-2-恶唑啉(POZ)/$AgBF_4$复合膜来进行丙烯/丙烷的分离时发现,当原料气中湿度达到30%时丙烯的渗透速率明显增大。

采用单侧溶液交换法,把聚醚酰亚胺(PEI)/聚醚共聚酰胺(Pebax2533)复合膜的 Pebax2533 外表面与 $AgBF_4$ 交换溶液接触,利用 Ag^+ 与 Pebax2533 分子链段中醚氧键之间的络合作用,将 Ag^+ 固定在 PEI/Pebax2533 复合膜中,从而制备了 PEI/Pebax2533/$AgBF_4$ 固体聚合物电解质复合气体分离膜。通过改变 $AgBF_4$ 交换溶液的浓度来调节复合膜表面银离子的负载量,控制复合膜对丙烯/丙烷的分离性能。随着 $AgBF_4$ 交换溶液浓度的增加,复合膜对烯烃出现明显的促进传递现象,塑性效应明显减弱。当 $AgBF_4$ 交换溶液浓度为 8.0 mol/L 时,PEI/Pebax2533/$AgBF_4$ 复合膜丙烯/丙烷的分离系数远远超过 1 000,塑性效应基本受到抑制。

10.2.3 碳纳米管/聚合物气体分离复合膜

碳纳米管(CNTs)因其力学性能良好、比表面积大、壁面光滑等特性而在制备复合膜中备受青睐。CNTs 优异的力学性能源于其石墨结构中的 C═C双键作用,将少量 CNTs 掺入聚合物基质中即可显著提高膜的力学性能。最近研究发现,质量分数为 1% 的多壁碳纳米管(MWCNTs)分散在聚乙烯膜中可以使膜的应变能密度提高 150%,延展性提高 140%。CNTs 的比表面积很大,尤其是 MWCNTs,其管内通道和层间空隙为气体分子提供了大量吸附位,具有很强的吸附选择性。CNTs 平滑的壁面还为气体分子提供了高速扩散通道。将质量分数为 2% 的 CNTs 分散在聚酰亚胺硅氧烷中,可以使气体透过性提高至少 12%,而将质量分数为 1% 的闭口 CNTs 掺杂在聚合物中时,气体透过性没有明显提高。此外,分子动力学模拟结果也表明,气体分子在 CNTs 光滑通道内的传递速率比在其他材料同尺度的孔隙中高成百上千倍。MWCNTs/聚醚砜复合膜的气体透过性研究表明,MWCNTs 在膜中呈随机分散状态,多以团聚体的形式存在,其高速扩散通道没有得到有效利用,气体主要透过聚合物与 MWCNTs 团聚体之间的界面间隙扩散,膜的选择性随着 CNTs 含量的增大而大幅降低。因此,使 CNTs 在复合膜中均匀分散并沿垂直于膜表面的方向形成定向排布,是充分利用 CNTs 的高速扩散通道并提高膜性能的关键。

在聚苯乙烯(PS)基质中掺杂 MWCNTs,采用溶剂浇铸法制备交变电场定向和非定向的复合膜。研究结果表明,定向膜中的 MWCNTs 可以形成垂直于膜表面的定向排布,而且在 PS 基质中的分散也更为均匀。两种复合膜的 CO_2 和 CH_4 透过性均随 MWCNTs 含量的增加而升高。与非定向膜相比,定向膜的 CO_2 透过性大幅提升对 CO_2 和 CH_4 的选择性也明显升高,说明电场定向是提高复合膜气体分离性能可行且有效的方法。CNTs/溴化聚苯醚(BPPO)气体分离膜与纯的 BPPO 膜比较时,此复合膜抗张强度增加的同时对 CO_2 的渗透性也增加,但对 CO_2/N_2 的选择性基本不变。对于质量分数为 5% 单壁碳纳米管(SWCNTs)和 MWCNTs 的复合膜,抗张模量分别上升 67% 和 44%,CO_2 渗透量分别增加 58% 和 91%。因此,通过引入 CNTs 增强聚合物膜的机械性能而不降低其分离性能是可行的。

CNTs 在聚合物网络中的排列状态与膜性质直接相关,CNTs 规整排列与否不仅影响膜的物理性质和机械强度,而且也会影响膜的渗透性和选择性。由于 CNTs 极强的柔韧性和大的长径比,要实现 CNTs 在聚合物中的规整排列极具挑战性,使用共混或原位聚合的方法难以达到既定目标。利用溶剂-聚合物相互作用实现了 SWCNT 在热塑性聚氨酯(TPU)的定向排列。将 SWCNT 分散于 TPU 的四氢呋喃(THF)溶液中,浇铸成膜,THF 渗入 TPU 中影响硬段之间氢键的三维结构,随着溶胀和湿气固化过程的进行,软段松弛并沿一定方向排列,进而诱导 CNTs 的定向排列。在石英表面用化学气相沉淀法生长垂直规整排列的 CNTs,之后将 PS 的甲苯溶液旋涂到石英表面,最后用等离子体氧化法除去表层的聚合物并打开 CNTs 的封端,形成 CNTs 从上到下贯通于 PS 中的复合膜,CNTs 的中空内腔作为分离孔道。用一般的物理或化学方法不易实现 CNTs 的定向排列,除了上述提到的特殊作用诱导、聚合物旋涂填充、静电纺丝等方法,利用电场、磁场、层层自组装等也可以实现 CNTs 在聚合物网络中的定向排列。

10.2.4 填充 SiO_2 无机纳米粒子的分离膜

由 TEOS 形成的气体分离膜渗透系数较低,但是由甲基三甲氧基硅烷(MTMOS)和丙基三甲氧基硅烷(PTMOS)形成的膜,相界面上流动性的增强提高了气体的渗透系数。以 1,2-二(三乙氧基硅基)乙烷(BTESE)为前驱体合成稳定的纳米复合 SiO_2 溶胶,在 N_2 气氛下烧成得到完整无缺陷的有机-无机复合 SiO_2 膜。该膜对小分子气体(He, CO_2, O_2, N_2, CH_4, SF_6)的分离表现出分子筛分效应,对 He 的渗透系数为 $(1.7 \sim 6.1) \times 10^6$ barrer,且 500 ℃烧成的膜对 He/CO_2 的理想分离系数为 47,远远高于 Knudsen 扩散时 He/CO_2 的理想分离系数。

10.3 有机-无机杂化气体分离膜制备方法

一般说来,固态形式的有机-无机材料均可制成一定形状和厚度的杂化膜。但在实际的制备路线中,杂化材料的制备和杂化膜的制备是存在一定差别的。首先,在功能方面,杂化膜是功能材料,具有特定的功能,主要用于气体或液体的选择分离,因此它的均质化是非常重要的,对于多孔杂化膜,孔道结构如孔径分布和平均孔径尺寸的控制是需要重点考虑的。杂化膜在厚度控制方面比杂化材料严格,需要在制备之前进行设计,主要在制备过程中进行控制,而制成之后一般不可进行切削和打磨等加工处理。

如果要制成负载型杂化膜还需要考虑膜层与基底膜材料的相容性和结合等问题,从而防止膜层在使用过程中剥落。由于有机物和无机物在形成温度、自由体积和玻璃化温度等方面具有悬殊的差异,相界面存在较大的自由能,难于利用传统的混合熔融、双辊开炼等常规加工方法来制备杂化膜材料,目前其常用的制备有机-无机杂化膜的方法包括溶胶-凝胶法、原位聚合法、直接分散法等。

10.3.1　溶胶-凝胶法(sol-gel method)

溶胶-凝胶法是将无机前驱体溶于水或有机溶剂中形成均匀的溶液,通过水解、缩合反应生成离子粒径为纳米级的溶胶,再经干燥转变为凝胶。通过溶胶-凝胶法制备有机-无机杂化膜具备以下独特的优点:

①制备温度较低。

②在溶胶阶段各组分以分子形式分散,杂化膜内部组分达纳米级。

③化学计量准确,易于改性。

④工艺简单。

⑤成膜方便。

王茂功等人以硅藻土-莫来石陶瓷膜管为支撑体,TiO_2 为过渡层,采用溶胶-凝胶 法利用聚酰亚胺(PI)和 TiO_2 制备了一系列不同 TiO_2 含量的 PI/TiO_2 杂化膜。结果表明,与纯聚酰亚胺膜相比,该杂化膜对 CO_2/N_2 的分离性能较高;当 TiO_2 质量分数为 25% 时,CO_2/N_2 的分离系数达到了 31.3。

然而,用溶胶-凝胶法制备的杂化膜内部有机相和无机相易发生分离,不易得到均质膜。当无机组分均匀地分散在有机网络中,且两相间存在一定的相互作用时,易得到透明均质的膜。这种相互作用可以是氢键也可以是化学键,组分间的化学键可以是 M—C,M—O—Si—C 或 M—L(L 为有机配体如多羟基配体、有机羧酸等)。引入化学键有以下两种方法:

①选用包含有功能性基团的烷氧基硅烷单体作为无机前驱体,如甲基三乙氧基硅烷、二乙氧基二甲基硅烷、苯基烷氧基硅烷、3-胺基丙基甲基二乙氧基硅烷等。

②加入偶联剂对有机高聚物进行改性,三官能团的硅氧烷更易得到均质膜。Honma 等人制备的二氧化硅(SiO_2)改性聚环氧乙烷(PEO)的杂化膜,用 3-异氰氧基丙基三乙氧基硅烷作为偶联剂与 PEO 反应,用苯基三甲氧基硅烷作为无机前驱体,再通过溶胶-凝胶反应形成杂化膜。崔冬梅等人制备的聚酰亚胺 SiO_2 杂化膜,加入偶联剂的杂化膜中 SiO_2 与聚合物形成双连续的互穿网络结,偶联剂将两者连接并固定,得到的两相既连续又分

散。对于有机 SiO_2 杂化膜，SiO_2 无机网络的结构和 pH 有很密切的关系。碱性及水含量较高的催化体系易产生带有支链的、无内部渗透结构的团簇;酸性及低含水量的催化体系易生成直链结构,最终产物是轻微支化的,且形成的 SiO_2 无机网络孔径要比碱性条件下的小。通常来说,气体分离膜、纳滤膜选择酸性条件较好。SiO_2 网络还受醇盐的种类、反应物的化学计量比、溶剂种类、催化剂种类、压力及温度等因素的影响。Cornelius 和 Hibshman 等人对杂化膜进行退火处理,促进了溶胶-凝胶化过程,也增加了两相间的交联,抑制了相分离。Zoppi 等人研究了不同溶剂对制备杂化膜的影响,这一系列杂化膜结晶度和形态结构因溶剂的不同发生了显著的变化。为了避免溶剂对环境、身体健康和安全性的影响,Tong 等人通过乳液聚合法制备高聚物,高聚物乳液经稀释混入无机前驱体,再经酸引发生溶胶-凝胶化,在此过程中不引入其他有机溶剂增加有机组分在无机相中的分散和溶解性。

10.3.2 原位聚合法(insitu polymerization)

原位聚合法是将混合聚合物与可溶性无机分子前驱体在适当的溶剂中溶解,在溶剂中无机组分和有机组分以某种力相结合,通过金属醇盐水解缩合、复分解反应、氧化还原反应等在聚合物中原位生成无机纳米粒子。该方法中聚合物特有的官能团对金属离子络合吸附、基体对反应物提供了纳米级的空间限制,聚合物具有控制纳米颗粒直径和稳定纳米颗粒防止其发生团聚的作用。由原位聚合法制得的杂化膜,无机相一般为纳米结构且分散均匀,即使没有共价键的交联,也可以得到均匀的杂化膜,特别是当高聚物上带有羰基、羟基或醚氧基时,这些基团可以和无机相未完全水解的羟基形成氢键。

Kim 等人采用原位聚合法制备出聚酰胺基-6-b-环氧乙烷(PEBAX)/SiO_2 杂化膜。结果表明,SiO_2 粒子增加了可让气体通过的无定形区,同时也提高了杂化膜的气体渗透性能。CO_2/He 和 CO_2/N_2 的气体分离系数随着 SiO_2 粒子含量的增加而提高。Nunes 等人研制了用稀盐酸催化,在聚乙醚酰亚胺(PEI)中原位生成纳米二氧化硅(SiO_2)的杂化膜。有机和无机相在二甲基乙酰胺(DMAc)和 N-甲基吡咯烷酮(NMP)中形成了均一的溶液,最后形成的膜却是非均一的。但当在 PEI TEOS 混合液中加入少量氨基硅烷(AS)时可获得均匀的膜。Marand 等人采用原位聚合法制备的二氧化钛(SiO_2)聚酰胺-酰亚胺(PAI)杂化膜相对于纯 PAI,具有较高的玻璃化温度。研究表明,快速升温、干燥和低 HCl 浓度使杂化膜易于形成微孔结构。检测发现,杂化体系中酰胺基和无机组分上的羟基形成了氢键。当 SiO_2 质量分数由 3.7% 升至 17.9% 时,SiO_2 颗粒的直径由 5 nm 增长为 50 nm。Huang 等人运用原位聚合法制备了一系列三烷氧基硅烷官能团化及羟基官能团化的丙烯酸高聚物和 SiO_2 的杂化膜。由于两相间除了存在氢键,还形成了相互交联 Si—O—Si 键,这一系列杂化膜都透明、均匀。Mauritz 等人通过碱催化原位聚合法制备了高氟树脂(Nafion) SiO_2 杂化膜。由于未缩合的 SiOH 可以和水分子形成氢键,其亲水性比用酸催化制备的杂化膜要高。实验表明,pH 越高,SiO_2 配位性能越强,越易形成互联的网络结构。

10.3.3 直接分散法(direct dispersion method)

直接分散法(共混法)是制备纳米复合材料最直接的方法,该方法的操作是直接将无机纳米粒子通过各种方法使之与高聚物混合。按照共混的方式不同可分为溶液共混与溶胶–聚合物共混。其中,溶液共混法主要是向溶剂中添加有机溶液,并加入无机纳米粒子,通过剧烈搅拌达到均匀,从而得到溶剂蒸发后的涂膜液。而溶胶–聚合物共混法首先是将无机物水解为溶胶,然后将其与有机溶液进行混合,凝胶成涂膜液。该法在制备过程中,其中的无机纳米粒子与有机聚合物的合成是分步进行的,因此能够控制纳米粒子的形态及尺寸等,从而能够更容易实现工业化。

X. D. Hu 等人用溴化聚苯醚(BPPO)制备气体分离膜,CO_2 和 N_2 的分离系数为 22,CO_2 和 CH_4 的分离系数为 15.2,CO_2 的渗透系数为 99.57 barrer,N_2 的渗透系数为 4.3 barrer,CH_4 的渗透系数为 6.55 barrer;将纳米硅直接添加到 BPPO 中制备杂化气体分离膜,但 CO_2 的渗透系数增加了 5 倍,变为 523 barrer,N_2 的渗透系数为 24.9 barrer,也提高了 5 倍,CH_4 的渗透系数为 34.87 barrer。

然而用此方法得到的杂化膜中,纳米微粒空间分布参数难以确定,纳米微粒分布不均匀,易团聚,通过对纳米微粒做表面改性或加入增溶剂进行改进。Genné 等人将粒径约为 1 μm 的二氧化锆(ZrO_2)掺入聚砜中发现,当掺入少量 ZrO_2(质量分数为 10%~20%)时,膜的表面形成小孔,渗透系数很低;当 ZrO_2 达到 40%(质量分数)时,膜的表层形成均匀且高孔隙率的结构,平均孔径约为 10 nm,但膜的渗透系数依然不高;如果进一步增加 ZrO_2,膜的表层结构和孔隙率不变,但膜的渗透系数随着无机组分含量的升高而增强。Wara 等人在醋酸纤维素膜中加入陶瓷氧化铝(Al_2O_3)颗粒,虽然 Al_2O_3 的掺杂不影响表层的孔隙率,但是对膜的微孔结构有影响:当 Al_2O_3 含量较低时,在致密高聚物膜下形成了大孔(孔径约为 15 μm);但随着 Al_2O_3 含量的增加,逐渐形成了均　的微孔网状结构。

10.4　有机–无机杂化气体分离膜材料设计

10.4.1　聚合物基质/多孔无机材料

许多关于杂化膜的研究将重点放在向聚合物基质中填充多孔无机材料。选择聚合物和无机材料时,需要同一种体系作为参照基准。在大多数情况下,无机材料对气体的分离系数远远优于纯的聚合物。

根据麦克斯韦模型的预测,在理想的情况下,微量体积分数的无机材料加入到聚合物基质中,可以带来杂化膜分离效率的显著提高。麦克斯韦模型最初的应用是预测复合材料的介电性能,现在已经成为一个简单有效的评估杂化膜性能的工具。杂化膜的麦克斯韦方程写成稀悬浮球形颗粒的形式为

$$P_{\text{eff}} = P_c \left[\frac{P_d + 2P_c - 2\varphi_d(P_c - P_d)}{P_d + 2P_c + \varphi_d(P_c - P_d)} \right] \tag{10.1}$$

式中　P_{eff}——杂化膜的有效渗透系数;

　　φ_d——体积分数;

　　P_c——分散相的单组分渗透系数;

　　P_d——连续相的单组分渗透系数。

在选择杂化膜的分散相(无机粒子)和连续相(聚合物)时,选择的标准必须符合杂化膜的传输机制(即前文的扩散系数和溶解度系数)。一方面,在很多情况下,如果杂化膜能允许尺寸更小的气体组分透过,那么它的性能就越好。因此,在制备杂化膜时,无机材料的尺寸和聚合物的链段活动性应该结合起来考虑。

另一方面,在一些工业应用上,杂化膜对易压缩气体(如二氧化碳)的分离更经济有效。为了满足这个条件,在选择杂化膜材料时,应尽可能地选择那些表面流动作用明显的无机微孔材料以及更易于气体溶解的聚合物材料。这种设计思路已经被许多研究证实。利用这种设计思路得到的杂化膜的气体分离性能远比聚合物膜本身的气体分离性能要好。最显著的就是 0.4 nm 沸石的应用。这种沸石的孔径大小是 0.38 nm,在 35 ℃时

O_2/N_2 的分离系数达到 37,这比玻璃态聚合物的 O_2/N_2 的分离系数高得多。Mahajan 等人制备了聚合物 0.4 nm 沸石杂化膜,聚合物包括聚醋酸乙烯(PVAc)、聚醚酰亚胺(PEI)、聚酰亚胺(PI)等。随着聚合物基质中沸石添加量的增加,杂化膜的 O_2/N_2 分离系数几乎达到了纯聚合物膜的 2 倍。表 10.1 为一些杂化膜的气体分离性能。从表 10.1 可以看出,麦克斯韦模型预测的分离系数和实验得到的分离系数只存在微小的区别。图 10.6 为上述杂化膜的 O_2/N_2 气体渗透性能(与 Robeson 上限比较),可以看出杂化膜的性能远远超过了传统的聚合物膜的性能,并且不受 Robeson 上限的限制,表明了杂化膜具有优良的性能以及发展潜力。

表 10.1　一些杂化膜的气体分离性能

聚合物	离子添加量 /%	膜	O_2 渗透系数 /barrer	O_2/N_2 分离系数
PVC	0	聚合物膜 混合基质膜	0.5	5.9
	15		0.45(0.53)	7.3~7.6(7.5)
	25		0.4(0.55)	8.3~8.5
	40		0.28~0.35(0.55)	9.7~10.4
2,2′-BPDA+ BPADA	0	聚合物膜 混合基质膜	0.5	7.1
	20		0.47(0.55)	9.4~9.6
	30		0.4(0.57)	10.6~10.8(10.8)
	40		0.37(0.6)	12.4~12.5(12.6)
PEI	0	聚合物膜 混合基质膜	0.38	7.8
	15		0.38(0.42)	9.7(9.7)
	35		0.28(0.49)	12.9(13.0)

注　①无机添加物是 0.4 nm 沸石;
　　②括号中的数据对应于 Maxwell 模型预测

10.4.2　聚合物基质/非孔无机材料

与上述杂化膜(由多孔无机材料和聚合物组成)相反,有研究者提出了一种使用非多孔纳米颗粒的新型设计。这种设计方法是通过系统地操纵聚合物链中的分子堆积,从而提高玻璃态聚合物膜的分离性能。这种设计一部分是出于聚 4-甲基-2-戊炔(PMP)独特的气体传输性能考虑的。因为聚 4-甲基-2-戊炔(PMP)是一种逆向选择的玻璃态聚合物,由于其本

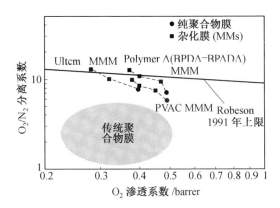

图 10.6　杂化膜相比 Robeson 上限的 O_2/N_2 气体渗透性能

身的聚合物链堆积的特点,这种材料具有内在的高自由体积。而高自由体积减小了扩散选择性在气体渗透过程中的重要性,因此溶解度选择性在整体分离过程中占主导地位。相对于扩散系数高的气体(例如空气、氮气),溶解度系数高的烃类气体更容易在 PMP 中渗透。

通常情况下,由于玻璃态聚合物链的低活动性,小的气体分子(例如 H_2)比大的气体分子(例如 O_2)传输得更快,扩散选择性在玻璃态聚合物的气体传递过程中占主导地位,然而,PMP 本身的高自由体积使得溶解度选择性在 PMP 膜的气体传递过程中占主导地位。这种分离机制的变化可以导致可凝性气体(例如 CO_2)比不可凝性气体(例如 H_2)更容易透过 PMP 膜,这种效果称为反向选择性。可以预计,随着纳米大小的粒子与聚合物之间分子级的混合,聚合物中的自由体积会进一步增加。因为在传递过程中,表面流动和溶解度选择性都起主导作用,这种杂化膜可能与微孔炭的气体分离性能非常相似。

Merkel 和 He 研究了将非多孔纳米二氧化硅粒子加入到 PMP 的基质中,制得了 PMP/二氧化硅纳米杂化膜。与纯 PMP 膜相比,正丁烷/甲烷混合气中的正丁烷在 PMP/二氧化硅纳米杂化膜中的渗透性和选择性均得到大大提高,并且测得的正丁烷的渗透系数,与麦克斯韦模型预测的结果有很大的偏差。研究结果显示,在二氧化硅的质量分数为 50% 时,PMP/二氧化硅纳米杂化膜的正丁烷渗透性能比纯 PMP 膜超出了 240%,这是因为二氧化硅粒子的加入会增加 PMP 聚合物的自由体积。而麦克斯韦方程在二氧化硅添加量相同的情况下,预测出正丁烷渗透系数比纯 PMP 膜降低 35%。这也说明了这种杂化膜的分离机制与麦克斯韦模型有所不同。图 10.7 为各种聚合物材料中正丁烷/甲烷体系的分离系数和正丁烷的渗透系数的反向平衡关系。由图 10.7 可见，PMP 中添加二氧化硅增加了 PMP 膜的渗透系数和分离系数。

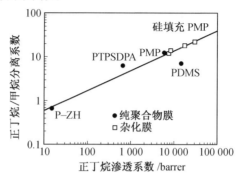

图 10.7 不同聚合物材料中正丁烷/甲烷体系的
分离系数和正丁烷的渗透系数的反向平衡关系

基于同样的分离机制，Merkel 等人提出了另一个例子。他们向聚 2,2-二三氟甲基-4,5-二氟-1,3 二氧杂环戊烯-一氧化碳-四氟乙烯（AF2400）中添加纳米二氧化硅粒子，会破坏聚合物链的堆积作用，从而提高杂化膜的气体的渗透系数。

10.5 有机-无机杂化膜在气体分离上的研究进展

对于气体分离膜，可溶性和扩散性决定了膜的渗透性能。如果膜对分离气体具有良好的溶解性，同时又具备优良的气体扩散性，这种膜一般对气体具有良好的渗透性。针对杂化膜加入无机组分有两个作用：一是高聚物和无机组分间的相互作用降低了高分子链段的流动性，抑制了链段的堆积，当高聚物具有高的玻璃化温度和大的链间空隙，膜表现出较好的分离系数和渗透系数；二是无机相上剩余的羟基与极性气体（例如 CO_2，SO_2）作用，提高了膜对气体的溶解性。

有机-无机的潜力已经在各种气体分离上体现出来，包括空气分离（例如 O_2/N_2）、天然气分离（例如 CO_2/CH_4）、氢气回收（例如 H_2/CO_2，H_2/N_2 和 H_2/CH_4）、烃类分离（例如乙烯/乙烷、顺丁烯/反丁烯、正戊烷/异戊烷和正丁烷/甲烷）。表 10.2 是一些有机-无机杂化膜的性能，表中的数据大部分是 2000 年之后的。经过这些研究的试验和比较，在选择分子筛和制备混合基质膜的过程中，如何提升分子筛的性能仍然是研究者们主要关注的问题。不过，对于 CO_2/CH_4 的分离来说，二氧化碳的高冷凝性和双键结构使得人们有可能利用其他因素来提高分离系数。

表 10.2 一些有机-无机杂化膜的主要性能

研究者（按年份排序）	主要材料		主要应用	样品性能（渗透系数和分离系数）	
	聚合物	添加物		聚合物膜	混合基质膜
Kulpathipanja Rojey	CA	硅沸石（质量分数 25%）	O_2/N_2	$\alpha_{O_2/N_2}=3.0$ $H_2=0.35$ g/h $CH_4=0.002$ g/h	$\alpha_{O_2/N_2}=4.3$ $H_2=3.1$ g/h $CH_4=0.0004$ g/h
	Ultems PEI	4A 分子筛（质量分数 19%）	H_2/CH_4	$\alpha_{CO_2/CH_4}=14$	$\alpha_{CO_2/CH_4}=35$
Moaddeb, Koros Mahajan, Koros Wang	6FDA PI	二氧化硅（106/8）	O_2/N_2	$\alpha_{O_2/N_2}=6.9$ $P_{O_2}=0.5$	$\alpha_{O_2/N_2}=9.47$ $P_{O_2}=0.28\sim0.35$
	PVAc	4A 分子筛（体积分数为 40%）	O_2/N_2	$\alpha_{O_2/N_2}=5.9$ $P_{O_2}=1.3$	$\alpha_{O_2/N_2}=9.7\sim10.4$ $P_{O_2}=1.8$
Guiver	Udcl Psf	3A 分子筛（质量分数 41%）	H_2/CO_2	$P_{H_2}=13.9$ $\alpha_{H_2/CO_2}=1.6$	$P_{H_2}=18.2$ $\alpha_{H_2/CO_2}=13$
Mahajan, Koros He Mcrkel Chung	Ultems PEI	4A 分子筛（体积分数为 35%）	O_2/N_2	$P_{O_2}=0.38$ $\alpha_{O_2/N_2}=7.8$	$P_{O_2}=0.28$ $\alpha_{O_2/N_2}=12.9$
	Matrimid PI	C60（质量分数为 10%）	He/N_2	$P_{He}=25$ $\alpha_{He/N_2}=87$	$P_{He}=17$ $\alpha_{He/N_2}=106$
Vu	Matrimid PI	CMS（体积分数为 36%）	CO_2/CH_4	$P_{CO_2}=10$ $\alpha_{CO_2/CH_4}=35.5$	$P_{CO_2}=12.6$ $\alpha_{CO_2/CH_4}=51.7$
Kulkarm	Ultems PEI	H–SSZ–13（质量分数为 14%）	O_2/N_2	$P_{O_2}=0.4$ $\alpha_{O_2/N_2}=7.8$	$P_{O_2}=10.6$ $\alpha_{O_2/N_2}=6.67$
Anson	ABS	AC（质量分数为 62.4%）	CO_2/CH_4	$P_{CO2}=2.5$ $\alpha_{CO_2/CH_4}=24$	$P_{CO_2}=6.67$ $\alpha_{CO_2/CH_4}=50$
Li	PES	5A zeolite（质量分数为 50%）	O_2/N_2	$P_{O_2}=0.47$ $\alpha_{O_2/N_2}=5.8$	$P_{O_2}=0.70$ $\alpha_{O_2/N_2}=7.4$
Li	PES	与 Ag^+ 交换的 A 型沸石（质量分数为 50%）	CO_2/CH_4	$P_{CO_2}=1.0$ $\alpha_{CO_2/CH_4}=35.3$	$P_{CO_2}=1.2$ $\alpha_{CO_2/CH_4}=44.0$

也有一些研究将丙烯腈-丁二烯-苯乙烯(ABS)共聚物基体作为活性炭颗粒的分散相。相比于纯的 ABS 膜,研究者们制得的 ABS/活性炭杂化膜,对二氧化碳的渗透系数有 40% ~ 600% 的提升,同时 CO_2/CH_4 的分离系数也有 40% ~ 100% 的提高。由于活性炭的微孔存在表面流动,而表面流动能够促进二氧化碳的选择性吸附,因此二氧化碳在这个体系中渗透系数和分离系数提高。Li 等人提出了一个新颖的方法——将沸石分子筛与重金属离子(如 Ag^+、Cu^+)进行离子交换处理,以改变沸石分子筛的物理和化学吸附性能。如图 10.8 所示,PES/NaA 沸石混合基质膜与纯 PES 膜相比,CO_2 的分离系数增加。二氧化碳可以与这些贵重金属离子形成可逆反应,形成一个 π 键复合体。在改性沸石添加量为 40%(质量分数)时,CO_2/CH_4 的分离系数达到了 70% 左右,有了显著的提高。

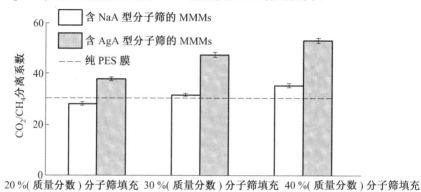

图 10.8   NaA 沸石与银离子交换处理前后的 PES/NaA 沸石杂化膜的 CO_2/CH_4 分离系数对比

Kulprathipanja 等人也研究了有机-无机杂化膜的制备和性能。在他们制备膜的过程中,首先将铸膜液部分蒸发形成硅质岩/CA 膜,然后将膜在冰水浴中浸泡。此后,膜在 90 ℃ 热水浴中处理。最后将膜置于空气中干燥。经过 O_2/N_2 体系的测试,计算得到的 O_2/N_2 分离系数分别是 3.47,3.36 和 4.06,都比纯的 CA 膜的分离系数 2.99 高。

聚酰亚胺类高聚物具有高的渗透性能和优良的选择透过性,以及良好的机械性能、化学稳定性和热稳定性,用它做原料制备的气体分离杂化膜有良好的应用前景。很多国内外研究人员对聚酰亚胺进行不同的改性,选用不同的无机前驱体,改变反应及成膜条件,制备出了一系列性能优良、适合分离不同气体的杂化膜。常用的聚酰亚胺是 6FDA-6FpDA-DABA1 聚酰胺或官能团化的 6FDA-6FpDA-DABA 聚酰胺。

Hibshman 等人制备了用 3-氨基丙基三乙氧基硅烷(APTEOS)改性的 6FDA-6FpDA-DABA 聚酰亚胺 SiO_2 杂化膜。膜经过退火处理后,对气体($H_c, O_2, N_2, CH_4, CO_2$)的渗透系数都提高了。杂化膜的选择透过性根据不同的前驱体而有所不同,膜中 DABA 含量的增大和交联度的提高抑制了对某些气体的渗透选择性。

Cornelius 等人制备了一系列聚酰亚胺 SiO_2 杂化膜。由 6FDA-6FpDA-DABA 聚酰亚胺生成的杂化膜,具有较好的气体透过性和分离系数,而由 6FDA-6FpDA 聚酰亚胺形成的杂化膜,由于醇盐形成了分散的、非渗透性的 SiO_2 结构,无机组分和有机相间几乎不交联,明显降低了膜对气体的溶解性。由 TEOS 生成的杂化膜扩散系数较低,但是由甲基三甲氧基硅烷(MTMOS)和丙基三甲氧基硅烷(PTMOS)生成的杂化膜,由于相界面上流动性增强,提高了气体的扩散系数。Kim 等人通过原位聚合法制备了聚酰胺基-6-b-环氧乙烷(PEBAX) SiO_2 杂化膜。杂化膜的有机相由可渗透的聚胺和不可渗透的聚酯组成,SiO_2 使聚酯区的结晶度明显降低,增加了可以让气体通过的无定形区,同时 SiO_2 也修饰了聚胺区使杂化膜的气体渗透系数提高。CO_2/He 和 CO_2/N_2 的气体分离系数随着 SiO_2 含量的增加而提高。

Smaihi 等人制备的聚二酰亚胺 SiO_2 杂化膜,选用氨基丙基三甲氧基硅烷(APrTMOS)和氨基丙基乙基二乙氧基硅烷(APrMDEOS)分别作为偶联剂。检测发现,用 APrMDEOS 生成的杂化膜,SiO_2 网络缩合的程度大于 APrTMOS 生成的杂化膜。这两种膜的气体渗透系数随着无机组分的加入而有所提高。Sforca 等人以 γ 缩水甘油醚基烷基三烷氧基硅烷(GPYMS)作为无机前驱体,二氨基化的带有聚酯结构的高聚物为有机相制备的杂化膜透明均质,两相高度交联。无机组分的加入不影响 CO_2 气体的渗透系数,但该杂化膜对于 CO_2/N_2 体系的分离系数可达 89。当有机组分含量较高时,获得了较高的 CO_2/N_2 和 CO_2/CH_4 体系分离系数。

Zoppi 等人分别制备了聚酰胺基-6-b-环氧乙烷(PEBAX)/TEOS,PEBAX/钛酸四异丙酯(TiOP)杂化膜。对于 PEBAX/TEOS 杂化膜,两相相容性好,可传输气体的通道减少且变得曲折,使气体不易通过,降低了杂化膜的渗透系数,随着无机组分的增加,杂化膜的渗透系数随之降低。对于 PEBAX/TiOP 杂化膜,出现了明显的相分离,虽然气体渗透系数要比纯的 PEBAX 膜低,但是当无机组分的含量由 20%(质量分数)升至 50%,气体渗透系数提高了。对于 CO_2/N_2 体系,当 TiOP 含量为 20%(质量分数)时,气体选择性有明显的提高,分离系数约为 52.9。

Moaddeb 等人针对各种杂化膜进行了气体渗透性和选择性的对比试

验。对于这一系列杂化膜,随着气体选择性的提高都伴随有渗透系数的降低。但是对于 O_2/N_2 体系,杂化膜对气体的选择性有所提高。杂化膜的高选择性是由于高聚物基体强度的提高,使得扩散系数增大的缘故;而渗透系数的提高是因为 SiO_2 打乱了有机链段的堆积。Joly 等人制备的芳香聚酰亚胺/二氧化硅杂化膜,相对于纯的高聚物膜,对于气体 H_2,O_2,N_2,CH_4,CO_2 具有较高的渗透系数,同时对 H_2 的选择性也略有提高。Zhong 等人制备的聚酰亚胺/SiO_2 杂化膜,具有突出的亲水性和高的气体渗透性能,对于硅由 TEOS 水解而制得的 T 系杂化膜,H_2O/N_2 的分离系数可达 27.86,H_2O/CH_4 的分离系数为 16.77。对于硅来自工业溶胶的 S 系杂化膜,H_2O/N_2 体系的分离系数可达 25.85,H_2O/CH_4 的分离系数为 15.57。同时他们制备的聚酰亚胺/二氧化钛杂化膜对 H_2O/N_2 双组分气体体系的分离系数也较高。

张国昌等人制备的硅系杂化膜,当 PTMOS 和 TEOS 的摩尔比为 1.16 时,膜对 O_2/N_2,CO_2/N_2,CO_2/O_2 的分离系数分别为 2.3,4.31 和 1.17,渗透系数为 7.58×10^6 barrer,7.53×10^6 barrer,7.28×10^6 barrer。

自从 20 世纪 80 年代 UOP 公司提出杂化膜的概念以来,它的研究一直在发展着。在一些混合气体的分离中,大量的实验结果已经证实,相比于纯态聚合物膜,杂化膜的气体分离性能更好。显然,杂化膜很有希望成为下一代气体分离膜的主流。从前面的讨论可以知道,与纯态聚合物膜相比较,杂化膜由于要将无机粒子相完整地包囊在聚合物相中,因此需要很高的制备水平。现阶段杂化膜的制备和应用水平依然很低,需要我们不断改进。另一方面,研究者们已经对杂化膜的理论进行了研究,例如为了增强在气体分离领域的适用性,杂化膜的理论模型——麦克斯韦方程已经得到修正和改进,同时,需要在前人的基础上进行更深入的探讨。此外,工业上应用的杂化膜(例如非对称膜、薄层复合膜)的研究也很少。这主要是缺乏两方面的信息,一方面是各种杂化膜材料的分离性能的数据;另一方面是杂化膜的制备技术,而这两方面是杂化膜得以应用的基础。

下一代杂化膜的发展核心可能是生产出尺寸小于 20 nm 的无结块的纳米级颗粒,并且获得它们的气体分离性能数据。对于一个给定的分离,要制备出一个稳定、可靠且工业合格的杂化膜,需要对杂化材料的分离特性有深入的了解。随着有机材料的成熟使用,人们已经很好地认知和理解了聚合物膜中气体的分离特性。然而现阶段,研究者们对无机材料认识的进展仍远远落后于聚合物膜。这使得杂化膜材料的选择成为一个困扰许多人的大问题。因此,现阶段需要一个可靠且准确的方法来帮助我们深入了解无机材料的气体分离特性。

由于杂化膜中聚合物和无机颗粒的相界面上存在缺陷,杂化膜难以达到预期的气体分离性能。相界面上的这些缺陷使无机粒子在气体传递过程中被孤立起来,起不到分离效果。另外,这两相界面之间的缺陷不但会降低聚合物链段的活动性,而且使无机颗粒的孔道被堵塞,降低了杂化膜的渗透系数。我们需要对现象背后的机理进行更深入的研究。最近的杂化材料的分子动态模拟表明,在这个界面附近,高分子链的活动性和气体渗透系数均下降。此外,以微小体积的渗透气体对存在相界面孔穴的杂化膜进行分子动态模拟的实验也在进行中,以研究这些界面缺陷对杂化膜渗透性和选择性的影响。研究者们已经观察了这些孔穴在微观结构和动态方面的变化。随着这些工作的进一步进展,我们应该对无机粒子的大小和几何形状、无机粒子中孔径的几何形状以及聚合物/无机粒子相界面这3方面进行更深入的研究。

目前,杂化膜用于气体分离主要应用在空气分离和天然气分离上。在一些特殊的高附加值体系的分离上,杂化膜的应用仍然有一定的限制。已经有人研究了杂化膜用于异戊烷/正戊烷分离、H_2/CO_2分离、正丁烷/甲烷分离,这些研究为杂化膜的未来应用打下了坚实的基础。不过,相比于在气体分离领域广泛应用的聚合物膜,杂化膜的应用仍然很少。为了充分发挥杂化膜内在的潜力,我们仍然有很长的路要走。

参考文献

[1] ROBESON L M. Correlation of separation factor versus permeability for polymeric membranes[J]. J. Membr. Sci. ,1991,62: 165-185.

[2] 王茂功,钟顺和. 6FDA-TMPDA-DABA/TiO_2杂化膜的制备、表征和气体渗透性能功能材料[J]. 2006(10): 1609-1616.

[3] 艾晓丽,胡晓玲. 有机无机杂化膜的研究进展[J]. 化学进展,2004, 16: 654-659.

[4] CORNELIUS C,HIBSHMAN C,MARAND E. Hybrid organic-inorganic membranes[J]. Sep. Purif. Technol. ,2001,25: 181-193.

[5] HIBSHMAN C,CORNELIUSC J,MARAND E. The gas separation effects of annealing polyimide-organosilicate hybrid membranes[J]. J. Membr. Sci. , 2003,211: 25-40.

[6] ZOPPI R A,NEVES S,NUNES S P. Hybrid films of poly(ethylene oxide–b–amide–6) containing sol–gel silicon or titanium oxide as inorganic fillers: effect of morphology and mechanical properties on gas permeability [J]. Polymer: 2000,41: 5461-5470.

[7] TONG X,TANG T,ZHANG Q I,et al. Polymer/silica nanoscale hybrids through sol–gel method involving emulsion polymers. I. Morphology of poly(butyl methacrylate) /SiO$_2$ [J]. J. Appl. Polym. Sci, 2002,83: 446-453.

[8] KIM J H,LEE Y M. Gas permeation properties of poly(amide–6–b–ethylene oxide)–silica hybrid membranes[J]. J. Membr. Sci. , 2001,193: 209-225.

[9] NUNES S P,PEINEMANN K V,OHLROGGEETC K. Membranes of poly (ether imide) and nanodispersed silica[J]. J. Membr. Sci. , 1999,157: 219-226.

[10] HU Q,MARAND E. In situ formation of nanosized TiO$_2$ domains within poly(amide–imide) by a sol–gel process[J]. Polymer, 1999,40: 4833-4843.

[11] HUANG Z H,QIU K Y. The effects of interactions on the properties of acrylic polymers/silica hybrid materials prepared by the in situ sol–gel process[J]. Polymer,1997,38: 521-526.

[12] GENNÉ I,KUYPERS S,LEYSEN R. Effect of the addition of ZrO$_2$ to polysulfone based UF membranes[J]. J. Membr. Sci. ,1996,113: 343–350.

[13] WARA N M,FRANCIS L F,VELAMA K B V. Addition of alumina to cellulose acetate membranes[J].J. Membr. Sci. ,1995,104: 43-49.

[14] MERKEL T C,FREEMAN B D,SPONTAK R J. Ultrapermeable,reverse–selective nanocomposite membranes macromolecules[J]. Science,2002, 296: 519-522.

[15] HE Z,PINNAU I,MORISATO A. Nanostructured poly (4 – methyl – 2 – pentyne)/silica hybrid membranes for gas separation[J]. Desalination, 2002,146: 11-15.

[16] MOADDEB M,KOROS W J. Gas transport properties of thin polymeric membranes in the presence of silicon dioxide particles[J]. J. Membr. Sci. ,1997,125:143-163.

[17] CORNELIUS C J, MARAND E. Hybrid inorganic – organic materials based on a 6FDA–6FpDA–DABA polyimide and silica: physical characterization studies[J]. Polymer, 2002, 43:2385-2400.

[18] CORNELIUSC J, MARAND E. Hybrid silica–polyimide composite membranes: gas transport properties[J]. J. Membr. Sci., 2001, 202: 97-118.

[19] KIM J H, LEE Y M. Gas permeation properties of poly(amide–6–b–ethylene oxide)–silica hybrid membranes[J]. J. Membr. Sci., 2001, 193: 209-225.

[20] SMAIHI M, SCHROTTER J C, LESIMPLE C, et al. Gas separation properties of hybrid imide – siloxane copolymers with various silica contents [J]. J. Membr. Sci., 1999, 161: 157-170.

[21] SFORCA M L, YOSHIDA I V P, NUNES S P. Organic–inorganic membranes prepared from polyether diamine and epoxy silane[J]. J. Membr. Sci., 1999, 159: 197-207.

[22] ZOPPI R A, DECASTRO C R, YOSHIDAETC I V P. Hybrids of SiO$_2$ and poly(amide 6–b–ethylene oxide)[J]. Polymerpapers, 1997, 38(23): 5705-5712.

[23] JOLY C, GOIZET S, SCHROTTER J C, et al. Sol–gel polyimide–silica composite membrane: gas transport properties [J]. J. Membr. Sci., 1997, 130: 63-74.

[24] ZHONG S H, LI C F, XIAO X F. Preparation and characterization of polyimide – silica hybrid membranes on kieselguhr – mullite supports [J]. J. Membr. Sci., 2002, 199: 53-58

[25] 李传峰,钟顺和. 聚酰亚胺-二氧化硅杂化膜的制备及表征[J]. 催化学报,2001,22(5): 449-452.

[26] 张国昌,陈运法,无镇江,等. 溶胶-凝胶法制备硅系有机-无机杂化分离膜[J]. 高等学校化学学报,2001,22(5): 713-716.

第 11 章　促进传递膜

11.1 引　言

　　膜分离过程由于具有操作简单、能耗低等优点而受到重视。现有的膜分离过程大都通过扩散、溶解、筛分等物理过程实现分离，往往很难实现高渗透性和高选择性。人们通过研究生物膜内的传递过程得到启示，在膜内引入活性载体可以促进某种物质通过膜的传递过程，从而改善膜的分离性能。这种促进传递现象是通过待分离组分与活性载体发生可逆化学作用而实现的。

　　促进传递膜是在膜内引入载体(carrier)，通过待分离组分与载体之间发生可逆化学反应而实现对待分离组分传递的强化，因而其选择透过性能可以不受 Robeson 上限的限制。促进传递膜可分为 3 类：液膜、离子交换膜和固定载体膜。根据所引入的活性载体的迁移性，可将其分为移动载体(mobile carrier)和固定载体(fixed carrier 或 chained carrier)，如图 11.1 所示。图中 A 为待分离组分，B 为活性载体，它能与 A 发生可逆化学反应形成中间物 AB：

$$A+B \Longrightarrow AB$$

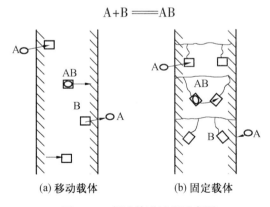

(a) 移动载体　　　　(b) 固定载体

图 11.1　促进传递过程示意图

　　对于移动载体，待分离组分 A、载体 B 及中间物 AB 均可以在膜内扩散传递。对于固定载体，载体 B 以某种方式与基膜联结在一起，因此它不能在膜内迁移。无论是移动载体还是固定载体均不能离开膜。在膜内引入化学反应的根本目的在于强化待分离组分在膜内的传递速率，一般定义促进因子(facilitated factor)以表征活性载体的促进作用：

通过选择适当的载体，有可能使待分离组分通过膜的速率大幅度增加，促进因子可达几十甚至几百，而且由于可逆化学反应的存在可以使膜具有很好的选择性。已有许多有关促进传递实验研究报道，如 Noble 等人将乙二胺交换到全氟磺酸离子交换膜上，用于 CO_2/CH_4 分离。由于乙二胺的存在促进了 CO_2 通过膜的传递，促进因子达 26.7，分离因子达 551。类似的膜用于 H_2S/CH_4 分离，对 H_2S 的促进因子达 26.4，分离系数达到 1 200。Tsuchida 等人采用钴卟啉络合物及钴席夫碱络合物作为固定载体，用于 N_2/O_2 分离，分离系数可达 12，远高于一般硅橡胶膜。除上述气体分离外，促进传递也用于液体分离过程。如 Koval 等人将银离子交换到全氟磺酸膜内，用于乙苯和苯乙烯的分离，对苯乙烯的促进因子高达 590，分离系数可达 36。

有关促进传递的研究最早起源于液膜分离过程。尽管液膜具有许多优势，但也存在两个主要缺陷：一方面是稳定性差，活性组分及溶剂易流失；另一方面是很难制备很薄的液膜。由于这些缺陷限制了液膜在工业实际中的应用，因此人们逐渐尝试采用适当的方法使活性载体固定化，研究固膜内的促进传递。如何实现活性组分的固载化并使其具有较长的寿命是研究促进传递所需解决的重要问题。目前文献报道的活性膜制备方法主要有：

①采用微孔膜作为基膜，利用毛细压力使活性组分停留在膜的微孔内。如采用两张疏水微孔膜，使含有活性组分的水溶液夹在两张膜之间。很显然，这种方法制成的膜所能承受的压差有限，而且活性组分易流失，寿命有限，难以适应工业应用的要求。

②使用离子交换膜作为基膜，采用离子交换的方法使活性组分交换到膜内，利用静电力使活性组分得以固定化。采用这种方法制备的膜一般具有较长的寿命。近年来，将离子交换膜用于促进传递研究已受到各国学者的重视。

③利用接枝或共聚等手段使活性组分固定在膜内。这种方法比较彻底地解决了活性组分的固载化问题，如 Tsushida 等人及 Ballobono 等人研究的含有钴络合物的 N_2/O_2 分离膜。Leo 等人曾制备了含有 Ru 和 Rh 的醋酸纤维素膜，可以用于 CO 和 H_2 的分离。

总的来看，活性膜的制备方法还在不断摸索之中，有关研究报道基本上属于实验室规模的平板膜。为拓宽促进传递研究领域并使之能应用于工业实践,还需探索分离性能好、寿命长的膜的制备方法,而且需要进一步研究适于大规模应用的膜器,如中空纤维膜、卷式膜等。另外,目前有关促进传递研究均使用有机膜,随着无机膜制备方法的不断完善,无机膜的使用可能为促进传递过程提供更广阔的应用前景。无机膜一般具有较好的强度,而且可以适用于高温过程。如 Uhlhorn 等人,用 Ag, Mg 等对 $\gamma-Al_2O_3$ 膜进行表面改性,用于 N_2/H_2 分离。

11.2　支撑液膜内的流动载体促进传递

11.2.1　液膜分离

液膜分离是将第 3 种液体展成膜状以便隔开两个液相,利用液膜的选择透过性,使料液中的某些组分透过液膜进入接受液,然后将三者各自分开,从而实现料液组分的分离。液膜分离技术是一种模拟生物膜传质功能的新型分离方法,解决了选择性问题。它与固体膜分离技术相比,具有高效、快速、选择性强和省能等优越性;与液-液萃取相比具有萃取与反萃取同时进行、分离和浓缩因数高、萃取剂用量少和溶剂流失量少等特点。液膜分离法不仅促进了环境分析、石油化工、医药、卫生等各不同领域分离问题的研究,也使分离科学上升到一个新水平。

液膜(liquid membrane)作为一项分离技术被广泛研究始于 20 世纪 60 年代,而有关液膜的早期报道则可追溯到 20 世纪初生物学家们所从事的工作。早在 20 世纪 30 年代,Osterbout 用一种弱有机酸(quiacol)作为载体,发现了钠与钾透过含有该载体的"油性桥"的现象。根据溶质与"流动载体"(mobile carrier)之间的可逆化学反应,提出了促进传递(facilitated transport)概念。进入 20 世纪 50 年代后,这一传递现象被许多实验研究进一步证实,例如,对于膜相中仅含 6 ~ 10 mol/L 氨霉素(valinomycin)的液膜,可使钾的传质渗透率提高 5 个数量级。生物学家们在液膜促进传递方面取得的成就引起了化学工程师们的注意。20 世纪 60 年代中期,Bloch 等人采用支撑液膜(supported liquid membrane, SLM)研究了金属提取过程,Ward 与 Robb 研究了 CO_2 与 O_2 的液膜分离,他们将支撑液膜称为固定化液膜(immobilized liquid membrane, ILM)。黎念之在用 duNuoy 环法测定含表面活性剂水溶液与油溶液之间的界面张力时,观察到了相当稳定的界面膜,由此开创了研究液体表面活性剂膜(liquid surfactant membrane, LSM)或乳化液膜(emulsion liquid membrane,ELM)的历史。黎念之对于乳化液膜的发明,引起了全世界范围内膜学术界人士的高度兴趣,由此推演出了促进传递膜(facilitated transport membranes)的新概念,并导致了后来各种新型液膜的发明。在过去的 30 多年里,液膜一直是一个十分活跃的研究课题。液膜传质速率高与选择性好等特点,使之成为分离、纯化与浓缩溶质的有效手段,其潜在的应用领域包括湿法冶金、废水处理、核化工、气体分离、有机物分离、生物制品分离与生物医学分离、化学传感器与离子选择性电极等。在推进液膜工业应用的研究过程中,发展出了众多的新型液膜,其中何文寿发明的伴有反萃分散的支撑液膜技术已经在从被污染地下水中除铬方面获得工业应用。

液膜分离按组成和操作方式分为乳化液膜和支撑液膜两类。

(1)乳化液膜

乳化液膜实际上可以看成一种"水-油-水"型或"油-水-油"型的双重乳液高分散体系。将两个相互不互溶的液相通过高速搅拌,然后将其分散到第 3 种液相中,就形成了乳化液膜体系。乳化液膜是一个高分散体系,提供了很大的传质比表面积。待分离物质由连续相经膜相向内包相传递。在传质过程结束后,乳状液通常采用静电凝聚等方法破乳,膜相可重复使用,内包相经进一步处理后回收浓缩的溶质。

(2)支撑液膜

支撑液膜体系由料液相、膜相和反萃取相 3 个相以及支撑体组成。支撑液膜是借助微孔的毛细管力将膜相牢固地吸附在多孔支撑体的微孔之中,在膜的两侧是与膜相相互不互溶的料液相和反萃取相,待分离物质自料液相经多孔支撑体中的膜相向反萃取相传递。支撑体应能承受较大的压力。目前,常用的多孔支撑材料有聚砜、聚四氟乙烯、聚丙烯和醋酸纤维素等。支撑液膜的体系图如图 11.2 所示。

11.2.2　载体传递分离的机理

载体传递分离即支撑液膜中通常含有载体,它可与欲分离的物质发生可逆反应,其作用是"促进传递",将欲分离的物质从料液侧传输到反萃取液侧,这是一个反应-扩散过程。含流动载体的液膜分离实质是通过化学反应给流动载体不断提供能量,使其可能从低浓度向高浓度输送溶质。根据载体是离子型和非离子型,或者说给流动载体提供化学能的方式,可将支撑液膜分为同向迁移和逆向迁移两种。

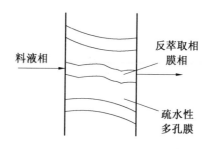

图 11.2　支撑液膜体系图

（1）逆向迁移

逆向迁移是溶液中含离子型载体时溶质的迁移过程。以分离去除金属离子为例，逆向迁移机理图如图 11.3 所示。

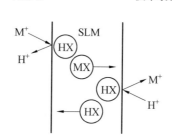

图 11.3　逆向迁移机理图

载体首先在膜内一侧与欲分离的金属离子形成离子络合物（MX）从膜的料液相侧向反萃取相侧扩散，并与同性离子进行交换；当到达膜相与反萃取相侧界面时，发生解络反应；解络反应后生成的金属离子（M^+）进入反萃取相。而载体（HX）则反扩散到料液相侧，继续与欲分离的金属离子络合。只要反萃取相侧有 H^+ 存在，这样的循环就一直进行下去，因此，M^+就不断发生迁移，从而达到了分离或浓缩的目的。

（2）同向迁移

同向迁移是支撑液膜中含有非离子型载体时溶质的迁移过程，其机理图如图 11.4 所示。

非离子载体（如冠醚）首先选择性地络合 M^+，同时 X^- 迅速与络合物缔合成离子对；然后，络合物离子对在膜内扩散，当扩散到膜相与反萃取相界面时，M^+ 和 X^- 被释放出来，解络后的 E 重新返回料液相侧，继续与 M^+ 和 X^- 络合。这样的过程不断重复进行，就可达到从混合物中分离某种物质的目的。

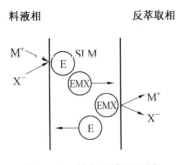

图 11.4　同向迁移机理图

11.2.3　液膜分离的基础理论

（1）热力学

在化学热力学上，支撑液膜萃取研究的问题是萃取平衡的性质，选择合适的萃取剂和溶剂，测定金属离子在油水两相中的分配比及膜两侧水溶液的组分对耦合传输驱动力的影响等。这些问题与液液萃取是相似的。由于膜两侧电解质水溶液组分的不同，膜内带电粒子的扩散和迁移作用可能产生膜电位，膜电位对于萃取平衡，甚至对于渗透系数都有影响。

（2）动力学

在动力学方面，N. N. Li 提出液膜分离之后，许多学者在研究分离金属离子、气体、有机物及无机物过程中提出各种数学模型。1971 年，E. L. Cussler 首先严格推导了迁移速率方程；1977 年，E. D. Baker 等人认为 Cussler 的方程式中有许多参数意义不明，难由实验测定，因此他们应用平衡方程及分配平衡，简化了推导过程，提出对一价金属离子的耦合迁移速率方程。

Ward 用 $FeCl_2$ 作为载体络合脱除 NO，提出稳态条件下的液膜反应传递模型，并在扩散控制和反应控制假设条件下得到解析。Krenzer 和 Hoofd 假设在膜边界瞬间达到平衡，利用反应边界层的概念解释液膜过程。Goddard，Smith 等人也证实了这一点。Yung 等人用相似变换方法，建立了各组成的浓度分布的简单方程，方程表达的是稳态条件下平板支撑液膜模型，用数值方法计算得到促进传递在整个操作范围内的通量，并且在一定限定条件下得到简化。Donaldson 和 Quinn 用示踪的方法在稳态条件下获得平板膜液膜促进传递处理气体的模型，而 Hoofd 和 Krenzer 建立了稳态条件下液膜促进传递的模型，他们将通量视为两个变量的方程：一个是基于化学接近平衡的假设，是载体浓度函数；另一个是考虑化学平衡常数的变化,认为只是位置的函数。Olabder 描述了带有化学平衡的瞬时传质速率方程,验证了化学反应对总传质系数的影响。Friedlander 和 Keller 假设反应接近平衡状态,可逆反应为一级,并描述了带有可逆反应的渗透系数,其表达式较为简单。Noble 研究了各种形状(如平板、圆柱形等)的支撑液膜,分析了在限定条件下反应控制或扩散控制的通量表达式,并引入了形状因素的影响;Noble 之后又提出二维的促进传递模型,通量可描述为物性和操作条件的函数,并提出相应的模型解法;结果表明,轴向渗透不可忽略。我国天津大学石油工业技术开发中心的邱立勤等人基于载体 Ag^+ 与丙烯发生瞬间可逆反应的事实,根据传质理论,提出简化的促进传递液膜分离丙烯的传质模型,并通过实验数据回归,得出两种不同支撑体的模型参数,并验证了模型的正确性。Denesi 研究铜离子在络合反应作用下通过中空纤维支撑液膜体系的过程,基于活塞流假设建立了一种简化的数学模型。N. S. Rathore 等人用支撑液膜法处理钚,用进料相扩散、膜相快速界面反应及膜相扩散、反萃取相扩散分步来描述整个支撑液膜过程。

11.2.4　支撑液膜的应用

自支撑液膜在 20 世纪 80 年代出现以来,特别是近 10 年来,大量的支撑液膜体系不断出现,支撑液膜体系已被用于分离有毒金属离子、放射性离子、稀土元素、有机酸、生物活性物质、药物、气体和手性物质。支撑液膜也成功地应用于分析过程中的样品预处理。

(1)金属离子

废水的处理,尤其是对含有金属离子的工业废水的处理,在环保事业中占有较大的比例,因为这类废水不仅量大,而且对生态环境污染十分严重。固体支撑液膜处理这类工业废水有其独特优势。

透过支撑液膜的受促迁移已被国内外专家推荐作为从溶液中选择性分离、浓缩和回收金属的一种新技术。在这类迁移中,金属离子可以"爬坡"透过液膜,即逆浓度梯度进行迁移。将可以流动的载体溶于同水不相容的有机稀释剂中并吸附于微孔聚丙烯薄膜上,该载体可以同水溶液中的金属离子(或工业废液中的金属离子)如 Zn^{2+},Cd^{2+} 等形成膜的可溶性金属络合物,从而实现膜的受促迁移分离过程。特别是从含铜 640 mg/L 的废水中脱除回收铜,去除率可达 97%,浓缩比约为 40。原则上讲,利用不同的载体可实现浓缩周期表中所有元素的目的,这又为微量元素的提取开辟了崭新的途径。在一些稀土元素的分离中,由于它们具有相似的性质,所以很难用一般的方法进行分离,支撑液膜技术则提供了有效的分离方法。

（2）有机酸

用支撑液膜分离有机酸与分离金属离子具有相似的机理。G. Aroca 等人采用了二辛胺（TOA）作为载体制成的支撑液膜体系，采用 Na_2CO_3 作为解析试剂，对废水中的有机酸进行迁移并建立了定量的迁移模型。Molinari Raffacle 利用支撑液膜体系提取氨基酸，对应用条件进行了广泛研究，所建立的体系使用寿命长，温度范围宽，效果良好。Bryjak Marek 建立了聚乙烯多孔膜作为支撑体的支撑液膜，该体系对不同立体结构的氨基酸进行分离，效果良好。

（3）手性物质

由于手性化合物的性质极为相似，很难进行外消旋混合物的分离。但在制药工业上分离和提纯这些物质至为重要。在许多情况下，只有一种异构体是有效的，其他的是无效的或是有副作用的。例如，镇静剂的一种异构体是有效的，但另一种却是毒性很强的物质。因此，完全分离这样的异构体非常重要，这用一般的分离很难进行，但是用支撑液膜却可以得到很好的分离效果。

（4）其他物质

一些气体，如 NH_3，CO_2，NO，CO，H_2S，O_2，烯烃，炔烃等，都可以成功地用支撑液膜进行分离。据报道用 $AgNO_3$ 作为载体可以从含 33%（质量分数，下同）乙烷、34% 乙烯和 33% 丙烯混合物中分离得到 99% ~ 99.9% 的乙烯。支撑液膜法现在逐渐开始应用于分析化学中，它主要是用在分析试样前期处理，即分析成分的浓缩过程。支撑液膜技术已开始应用于无机酸溶液的处理过程，为其应用拓宽了前景。

高质量的支撑液膜应该具备好的稳定性、长寿命、足够的离子液体负载量以及分布均匀性，这是决定其技术经济性乃至能否大规模推广应用的关键。从现有报道看，支撑液膜技术在 CO_2 捕捉、酸性气体脱除以及石油化工烟道气净化等方面显示出良好的发展潜质，已成为该领域的研究热点。理想基膜、功能化离子液体以及科学制备方法是促进其技术发展和进步的关键，3 方面工作同等重要、相辅相成，且彼此关联。相比基膜和离子液体方面研究工作而言，对制备方法的研究和开发工作尚需加强和重视。深入认识 CO_2 与离子液体混合物性质调控的科学基础，以及 CO_2 与离子液体混合液在多孔材料中的渗透扩散规律，有助于促进 CO_2 辅助制备支撑液膜技术的发展和应用。

11.3 离子交换膜内的促进传递

由于载体易流失限制了液膜在实际工业中的应用,因此人们逐渐采用适当的方法使活性载体固定化,并将促进传递原理引申到固膜中。如何实现活性载体的固定化并使其具有较长的寿命是研究固定载体促进传递需要解决的重要问题。目前文献报道制备固定载体膜主要有离子交换法和共混法以及采用接枝、共聚等手段将载体固定在膜内。离子交换法是以离子交换膜作为基膜,采用离子交换的方法,使活性组分交换到膜内,利用静电力使活性组分得以固定化,采用这种方法制备的膜一般具有较长的寿命。不同类型的离子交换膜、支撑膜的离子交换当量、离子分布状态、溶胀状态等对膜的透过性能有很大影响。

11.3.1 乙二胺为固载基团

Leblnac 等人首次报道了将离子交换膜用于 CO_2 气体的促进传递分离。单质子化的乙二胺($EDAH^+$)靠静电引力被固定于磺酸离子交换膜内,一定程度上阻止了膜的降解。结果表明,阴离子交换膜(含有碳酸盐和离子化的甘氨酸)对于 CO_2 的分离是有效的。含有单质子化的乙二胺阳离子交换膜对于 CO_2/O_2 有高选择性。Leblnac 的工作引起了膜学界的关注,相关的文章已报道了许多。Mastuyama 等人用等离子技术将丙烯酸接枝在聚乙烯多孔基膜上,得到高度溶胀的亲水性弱酸离子交换膜并结合乙二胺作为载体,用于 CO_2/O_2 分离,系统地研究了一元胺、二元胺、三元胺、四元胺等功能单体作为载体和不同链长的二元胺功能单体作为载体时固载促进传递膜的分离性能。研究发现,多元胺固载促进传递膜的 CO_2 渗透性明显优于一元胺固载促进传递膜;链较短的二元胺固载促进传递膜具有更高的 CO_2 渗透性和选择性,低压下(0.004 7 MPa)表现出极高的 CO_2/O_2 分离系数(4 700)。表 11.1 为以单质子化 $EDAH^+$ 交换膜的特性为载体的离子交换膜的物理化学性能和 CO_2 分离性能。

阳离子交换膜的 CO_2 促进传递机理可从以下方面描述:

$$CO_2 + 2NH_2(CH_2)_2NH_3^+ \Longrightarrow NH_3^+(CH_2)_2NH_3^+ + NH_3^+(CH_2)_2NHCOO^-$$

$$EDAH^+ \qquad\qquad EDAH_2^{++} \qquad\qquad EDACO_2 \qquad (11.1)$$

①在膜的高压侧,CO_2 同 $EDAH^+$ 生成氨基甲酸复合物。

②在膜中 CO_2、$EDACO_2$ 以及自由 CO_2 向低压侧扩散。

③在膜的低压侧,复合物又分解成 EDAH⁺ 和 CO_2,EDAH⁺ 在膜内继续从事"运载"工作。

表 11.1 单质了化 EDAH⁺ 交换膜的特性

离子交换膜	离子交换力/$(g \cdot cm^{-3})$	厚度/μm	水的质量分数/%	P_{CO_2}/barrer	α
磺化聚苯乙烯接枝聚四氟乙烯（R—SO_3H）	5	110	11	20	250
全氟磺酸离子（R—SO_3H）	0.91	200	11	9	700
磺化苯乙烯-二乙烯苯氟化物（R—SO_3H）	2.2	100	47	40	310
羧酸接枝聚乙烯（R—COOH）	8.0	35	80	38	2 100

11.3.2 氟离子为固载基团

Quinn 等人制备了聚苯乙烯三甲基氟化季铵盐（PVBATF）聚电解质、聚电解质-盐共混以及聚电解质/聚电解质酸气分离膜,由于聚电解质 PVTBAF 分子中有高含量的功能胺基团和氟,可以提高膜的极性,有效地降低了非极性气体在膜中的溶解度,所以 PVBTAF 膜不仅具有很高的 CO_2 透气速率,而且具有很好的分离性能（如在 23℃,CO_2压力为32 cmHg 时,$P_{CO_2} = 2.6 \times 10^5$ barrer,$\alpha_{CO_2/CH_4} = 1 000$,$\alpha_{CO_2/H_2} = 87$）,在适宜的条件下具有良好的稳定性。但缺点是 PVBTAF 的成膜性较差,且价格昂贵。PVBTAF 也是采用离子交换的方法将活性载体 F 引入其中的。若将氟化铯（CsF）和氟化胆碱（CHF）分别掺入 PVBTAF 溶液中进行铸膜,PVBTAF-4CsF（4 molCsF/1 molPVBTAF 重复结构单元）膜的 CO_2 渗透速率是纯 PVBTAF 膜的 4 倍,PVBTAF-ChF 膜的 CO_2 透过性也有较大改善。另外,原料气体和吹扫气体的湿度对膜的透气性有显著影响,合适的相对湿度为30% ~ 50%。

为了减小膜的缺陷,在 PVBTAF 聚电解质膜上又铺上一层另外一种聚电解质 PDADMAF,得到多层聚电解质膜。得到的结果与单一的 PDADMAF 膜相比,CO_2/H_2 的分离系数和 CO_2 的渗透速率分别高 2 ~ 18 和1.3 ~ 2.3倍。

这样高的 CO_2 渗透速率可能是与界面处两种聚电解质相互溶解有关。虽然离子交换膜能在一定程度上阻止载体流失,但实际上离子载体在膜内是可以自由移动的,并不是真正意义上的固定载体膜。

11.4　固定载体促进传递膜

固定载体(简称固载)促进传递膜是将活性载体通过某种方式直接固定在基膜材料上或基膜的表面所形成的分离膜,在其分离过程中,载体是关键。载体的选择主要取决于被分离体系的性质及其膜材料,其选择原则应遵循适宜的活性和易于固定化两点。

载体的活性就是载体与分离组分之间进行的可逆化学反应,其反应强度必须适中,同时又没有副反应。若化学反应强度太弱,则促进传递效果不明显,反之太强,则形成较稳定的络合物,使待分离组分在膜下游侧释放太慢,反而不利分离。载体的固定化就是载体与基膜材料之间通过配位健、共价键等方式得以固载。目前作为固载促进传递膜的载体主要有金属离子含胺基团的功能单体、大环受体及蛋白质 3 大类。

11.4.1　固载促进传递膜的制备方法

(1)聚合或共聚合法

带有活性基因的功能单体通过聚合或共聚合直接制备固载促进传递膜。这类方法非常适合胺基固载促进传递膜的制备,其优点是简便、易于放大及规模生产,是最有前途的方法之一;不足之处是功能单体的选择范围较窄。

(2)化学接枝改性法

基膜材料或基膜通过化学接枝改性,然后再将载体通过共价或配位键合方式固载在接枝膜上制备固载促进传递膜。这类方法适合大环受体和胺基固载促进传递膜的制备;但此类制膜方法的缺点是成膜工艺过长、条件苛刻、不易放大和不易规模化生产。

(3)共混法

载体和基膜材料通过溶液或机械共混后直接制备固载促进传递膜。这类方法非常适合金属离子固载促进传递膜的制备,简单方便,可以制成有超薄皮层的复合膜,是最具应用潜力的方法之一;但目前存在的主要问题是金属离子在高分子中的不稳定性(失活)。

11.4.2 金属离子固载促进传递膜

某些金属离子(如 Ag^+, Co^{2+} 等)能与烯烃、芳烃等有机物之间形成电子给体-受体络合物。据此,很多学者进行了金属离子固载促进传递膜分离烯烃/烷烃、芳烃/烷烃的研究,其中以韩国科学技术院促进传递膜中心 Kang 教授的研究工作最具特色。Kang 等人利用一些水溶性高分子如 PVP,POZ,POE 等在水溶液中可与银盐如 $AgBF_4$, $AgClO_4$, $AgCF_3CO_2$, $AgCF_3SO_3$ 作用形成聚电解质,Ag 与 PVP,POZ,PEO 等中的碳基氧作用得以固载,Ag^+ 因为高分子链的柔韧性和宽松的电子环境可以充分发挥其烯烃络合载体的作用,制备 Ag^+ 固载促进传递膜用于烯烃/烷烃的分离。国内目前对金属离子固载促进传递膜的研究还不多,国家海洋局杭州水处理中心和浙江大学在国家自然科学基金的资助下,对 Ag^+, Co^{2+} 固载 PVA 促进传递膜分离环己烯/环己烷、苯/环己烷等进行了研究,也获得了一些有意义的成果。

11.4.3 胺基固载促进传递膜

含胺基团的功能单体和酸性气体之间具有酸碱亲和作用,通过聚合、共聚合、共混、接枝改性或静电力等方式将其固载在高分子膜中制成固载促进传递膜(简称胺基固载促进传递膜),用于酸性气体的分离,也是目前促进传递膜分离技术的研究热点之一。表 11.2 为胺基固载促进传递膜对 CO_2 的透过选择性。

表 11.2 胺基固载促进传递膜对 CO_2 的透过选择性

膜	分离因数	R_{CO_2}	体系	P_{CO_2}/MPa
二异丙胺聚合膜	17	4.5×10^{-4}	CO_2/CH_4 $v_{CO_2} = 3.5\%$	0.002 3
聚乙烯/聚乙烯醇	230	10^{-6}	CO_2/N_2 $v_{CO_2} = 5.8\% \sim 34.4\%$	0.006 5
聚 2-(N,N-二甲基)氨基乙基甲基丙烯酸酯	130	$10^{-6} \sim 10^{-5}$	CO_2/N_2 $v_{CO_2} = 2.7\% \sim 58\%$	0.004 7

续表 11.2

膜	分离因数	R_{CO_2}	体系	P_{CO_2}/MPa
聚 2-(N,N-二甲基)氨基乙基-1-甲基丙烯酸酯-共-丙烯腈	60~90	10^{-9}~10^{-8}	纯 CO_2 和 N_2	0.003~0.006
聚(N-乙烯基-Y-氨基丁酸钠)	212.1	7.93×10^{-4}	纯 CO_2 和 N_2	0.001 3
聚(N-乙烯基-Y-氨基丁酸钠)	155.9	1.94×10^{-4}	纯 CO_2 和 N_2	0.006 7
聚(N-乙烯基-Y-丙烯酸钠氨基丁-共-钠)	48.1	1.69×10^{-4}	CO_2/CH_4 $v_{CO_2} = 50\%$	0.001 6

天津大学的王志等人制得了聚乙烯胺/聚砜复合膜,在 25 ℃,75 cmHg 时,$P_{CO_2} = 7.5 \times 10^{-5}$ cm³/(cm²·s·cmHg),$\alpha_{CO_2/CH_4} = 430$。该膜具有优异的 CO_2 选择透过性,且随气体压力的增加,透过率明显增大,这与其他促进传递膜随压力增大,透过率明显降低不同;同时他们还考察了 PVA_m 中胺含量对复合膜性能的影响,结果发现随 PVA_m 中伯胺含量的增加,使复合膜进一步致密化,从而减弱了 CO_2,CH_4 在膜中的自由扩散,复合膜的透过系数逐渐减小,但由于对 CO_2 促进传递效应的增加和膜极性的提高,透过选择性迅速增大。近期他们又合成了 N-乙烯基吡咯烷酮和丙烯酰胺的共聚物,水解后得到含有仲胺和羧基两种对 CO_2 起促进传递作用的膜材料,再将其作为活性层涂覆在聚砜支撑层上制成复合膜用于 CO_2/CH_4 分离。测试结果表明,此复合膜性能优异,研究工作目前还处于实验室小试阶段,并且通过溶液共混法分别制备了聚乙烯胺/聚乙二醇、聚乙烯胺/聚 N-乙烯基-γ-氨基丁酸钠共混聚合物膜,分别以两种共混聚合物为分离层,以聚砜超滤膜为支撑层制备了用于 CO_2 分离的固定载体复合膜,结果表明共混可以改善固定载体膜的分离性能。Yoshikawa 等人通过自由基共聚法合成了含吡啶基团的高分子化合物,该聚合物膜具有较高的 CO_2 渗透系数。CO_2 同吡啶之间的弱酸碱作用对 CO_2 的透过分离起了促进传递作用。他们还制备了含叔胺基团的 DMAEMA/AN 和 DMAEMA/2HEMA 共聚高分子膜。CO_2/N_2 的理论分离系数可达到 90。叔胺基团与 CO_2 的酸碱作用是该膜具

有良好分离能力的重要原因。

Matsuyama 等人利用等离子聚合的方法将二异丙烷基胺在基膜(聚硅氧烷涂覆的多孔聚酰亚胺膜)的表层上形成一超薄的沉积层。利用 CO_2 与胺基的酸碱反应,在较低压力下,CO_2/CH_4 的分离系数达 17,CO_2 的渗透速率为 4.5×10^6 barrer。并且用低温等离子技术将 2-(N,N-二甲基)胺乙基丙烯酸接枝到 EP 多孔基质膜上制得叔胺 CO_2 促进传递膜,并发现湿态溶胀膜的分离透过性能高于干态膜。Matsuyama 也制成了 PEI/PVA 共混膜,PEI(聚乙烯亚胺)含有胺基可与 CO_2 反应形成氨基甲酸酯,对 CO_2 具有促进传递作用,通过聚合物载体与 PVA 链相互缠绕使载体固定在膜内,共混膜经 160 ℃热处理后,CO_2/CH_4 的分离系数最高可到 230。

11.4.4　大环受体作为固载促进传递膜

大环受体作为固载促进传递膜的载体,目前研究多集中在冠醚类和 β-环糊精(β-CD)上。冠醚类分子和 β-CD 均是四面体结构,其配位点的孔穴具有分子识别功能。Elliott 和 Thunhorst 等人通过 PEG200DA 的环化聚合制备冠醚,并将其固载在聚乙烯微孔膜上得到固载促进传递膜,用于酸性硫尿介质中碱金属和镧系元素的分离。实验结果表明,该膜具有很好的分离效果,K^+/Na^+ 的分离系数为 1.5,K^+/Nd^+ 的分离系数高达 3 700。

Barboiu 等人也采用冠醚作为载体选择性分离 Ag^+ 和 Cu^{2+},Ag^+/Cu^{2+} 的分离因子为 10 ~ 50,24 h 的通量 $J_{Ag^+} = 10^{-4} \sim 10^{-3}$ mol/cm^2。

Yamaguchi 和 Chen 等人将 β-CD 填充固载到交联的 PVA 中制得促进传递膜,用于乙醇/水和二甲苯异构体的分离,均取得了较好的成果。另外 Barboiu 等人将冠醚接枝到杂硅氧烷膜内制得固载促进传递膜成功地分离了氨基酸、有机酸等混合物,促进传递因子可达 10。在蛋白质固载促进传递膜方面,张国亮等人将牛血清蛋白固载在非对称微孔聚偏氟乙烯膜上,用于血液中亲脂性毒物的透析,也获得了较好效果。相对于金属离子和胺基固载促进传递膜的研究来说,目前对大环受体或蛋白质固载促进传递膜的研究要少得多,还处于起步阶段。

11.4.5　传递机理及模型

(1)Terran 摆动模型

Cussler 等人在忽略了待分离组分在基膜内扩散的基础上建立了一种描述固载促进传递膜内传递机理的"Terran 摆动模型"。该模型假设载体以某种方式被固定在高分子膜内,载体在膜内不能扩散,但可以在平衡位置上摆动,固载膜内的传递是一个基于链式的载体"Terran 摆动模型",只有当载体间距离足够近时才能发生传递,其传递示意图如图 11.5 所示。根据该模型固载膜内应存在一个临界载体浓度(渗透阀),低于此浓度时膜不发生传递现象,事实上许多体系并不存在这一临界载体浓度(渗透阀)。

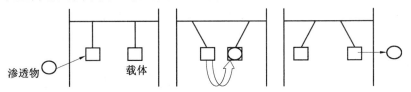

渗透物　　　　载体

图 11.5　Terran 摆动模型传递示意图

（2）Noble 模型

Noble 等人在双方式吸附模型基础上,提出了一个不需要渗透阀的传递机理:他认为待分离组分 A 在膜中的渗透受两种模式控制,一种是物理的 Henry 模式,另一是化学的 Langmuir 模式。整个过程包括:待分离组分 A 在聚合物膜中的扩散,A 从聚合物向载体 B 的扩散,A 在载体 B 间的扩散和 A 从载体向聚合物的扩散,如图 11.6 所示。该模型引入络合物 AB 的有效扩散系数,有效扩散系数可通过实验测定。然而实验表明,当进料侧 A 的浓度升高时,模型的预测值与实验值相背离。

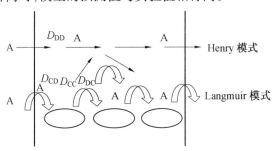

图 11.6　双重吸附模型示意图

（3）RC 回路模型

最近 Kang 利用固载促进传递膜内的传递过程与 RC 振荡回路中电子传递过程的相似性,建立了 RC 回路模型。他们认为由于待分离组分与载体之间持续的可逆反应,在固载膜内存在浓度瞬间波动,这种浓度波动引起自由能升高,从而导致促进传递现象的发生。该模型在建立时将大量的载体视为一个电容器,基膜视为电阻,这样就构成了一个简单的电容电阻并联回路。由于模型假设的局限性,不可避免地导致待分离组分在固载膜内的扩散只有两种方式,即在基膜内的正常扩散和可逆络合反应扩散,而溶解在膜内的待分离组分不能传递到载体上,反之与载体络合的待分离组分也不能溶解于基膜内。为此,Kang 等人又对简单 RC 回路模型进行了修正,提出了 4 种扩散方式 RC 回路模型。修正的 RC 回路模型的敏感性分析结果表明,膜表面处待分离组分的浓度波动,膜中载体的初始浓度和可逆反应的逆反应速率常数对促进传递的影响最为显著。模型的预测值与实验结果较为吻合。

Noble 模型和 Terran 摆动模型均是在液膜促进传递模型的基础上发展起来的,局限于一步反应机理,并做了过多的假设,今后在其应用和发展方面应更多地考虑多步反应机理和动力学。

RC 回路模型虽然十分形象地描述了固载膜内的促进传递过程,但该模型缺乏严格的理论推导,且模型中参数的求取也存在问题,今后在这些方面应做进一步的研究和改进。

膜分离技术已成为解决当代人类所面临的能源危机、资源匮乏、环境污染等重大问题的新技术,被视为 21 世纪最有发展前途的高新技术之一。作为新兴的膜分离技术——固定载体促进传递,虽然发展较缓,但有着其独特的优点。困扰着固定载体促进传递的进一步发展有以下几方面的问题:

①制备的固定载体膜不尽如人意,例如活性组分的失活与流失、膜的寿命短以及膜的机械强度有限等。通常的制膜方法如交联、共价结合法等对固定载体的活性有一定的破坏,而且膜多限于有机膜。通过对膜材质的改进和更多地引入无机膜,也有可能为研究找到新的突破口。

②固定载体膜内促进传递过程的传质机理研究得还不够,已建立的模型由于假设过多,导致适用性不强。

③研究主要集中于气体分离领域也限制了固定载体促进传递的进一步发展。应将其应用于医学、环保、食品工业等各个领域中。

参考文献

[1] ROBESON L M. Correlation of separation factor versus permeability for polymeric membranes[J]. J. Membr. Sci. ,1991,52:165-185.

[2] ROBESON L M. High performance polymers for membrane separation[J]. Polymer,1994,35,4970-4978.

[3] UHLHORN R J R,KEIZER K, BUGGRAAF A J. Gas and surface diffu-

sion in modified γ−alumina systems[J]. J. Membr. Sci. ,1989,46:225-241.

[4] STARK G, BENZ R. The transport of potassium through lipid bilayer membranes by the neutral carriers valinomycin and monactin: experimental studies to a previously proposed model[J]. J. Membr. Biol. ,1971 (5):133-142.

[5] LEBLANE O H,WARD W J,MATSON S L, et al. ,Facilitated transport in ion−exchange membranes[J]. J. Memb. rSci. ,1980(6):339-343.

[6] HONG J M,KANG Y S,JANG J,Analysis of facilitated transport in polymeric membrane with fixed site carrier 2. Series RC circuit model[J] ,J. Membr. Sci. , 1996,109:159-163.

[7] GUHA A K,MAJUMDAR S,SIKRAR K K. A lagre−seale study of gas separation by hollow-fiber-contained liguid membrane permeator[J]. J. Membr. Sci. ,1992,62:293-307.

[8] QUINN R,PEZ G R. New facilitated transport membranes for the separation of carbon dioxide from hydrogen and methane[J]. J. Membr. Sci. , 1995,104:139-146.

[9] MATSUYAMA H,TERMAOTO M,IWAI K. Development of a new functional cation−exchange membrane and its application to facilitated transport of CO_2[J]. J. Membr. Sci. ,1994,93:237-244.

[10] QUINN R,LACIAK D V. Polyelectrolyte membranes for acid gas separations[J]. J. Membr. Sci. ,1997,131:49-60.

[11] QUINN R,LACIAK D V,PEZ G P. Polyelectrolyte−salt blend membranes for acid gas separations[J]. J. Membr. Sci,1997,131:61-69.

[12] QUINN R. A repair technique for acid gas selective polyelectrolyte membranes[J]. J. Membr. Sci. ,1998,139:97-102.

[13] JEMAAN N, NOBLE R D. Improved analytical prediction of facilitation factors in facilitated transport[J]. J. Membr. Sci. ,1992,70:289-293.

[14] KANG Y S,HONG J M,KIM U Y. Analysis of facilitated transport in solid membranes with fixed site carriers 1. Single RC circuit model[J]. J. Membr. Sci. , 1996,109:149-157.

第 12 章　气体分离膜组件

膜分离技术由于具有能耗低、分离效率高、装置简单紧凑、适用范围广且可在常温下进行等优点,自 20 世纪 60 年代问世以来受到科技领域的广泛关注,已广泛应用于石油化工、医药、食品、电子、生化、环境和人民生活等领域,在各方面取得了显著的经济效益和社会效益。然而膜分离技术的核心是膜组件,膜组件的性能决定着整个膜分离过程的效率。

12.1　膜组件的定义

气体分离装置或者称为气体分离设备是由膜器件与泵、过滤器、阀、仪表及管路等装配在一起所构成的。其中的膜器件是一种将膜以某种形式组装在一个基本单元设备内,在一定的驱动力作用下能实现混合物中各组分分离的装置,又被称为膜组件或膜分离器或简称为组件(module)。在气体膜分离的过程中,根据生产需要,一般可设置若干个膜组件。在气体分离中,除了要选择适用的膜,膜组件的类型选择、组件的设计以及质量的好坏,也将直接影响到气体分离的最终效果。

12.2　膜组件的分类及制备工艺

膜组件通常是由膜元件(芯子)和外壳(容器)组成。有的膜组件中只装一个元件,但大多数膜组件中装有多个元件。

不同构型膜组件的膜主要取决于其注塑成形的方法,因此在下面对各种构型膜组件进行介绍时,会对相关的各种膜的制法进行简单介绍。气体分离用的膜组件,很大一部分是沿用水膜的制作工艺。因此在介绍中个别地方将借鉴对水膜的描述。

目前,工业上常用的膜组件形式主要有板框式、圆管式、螺旋卷式和中空纤维式。用于气体分离的膜组件主要有板框式、螺旋卷式及中空纤维式。

12.2.1　板框式膜组件

板框式是最早使用的一种膜组件,其设计类似于常规的板框过滤装置,由于它是由许多板和框堆积组装在一起,组成一个膜单元,单元与单元之间可并联或串联连接,也称为平板式膜组件。它也是膜分离历史上最早出现的膜组件形式。其分离机理如图 12.1 所示。

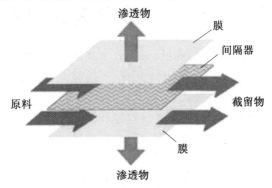

图 12.1　平板膜组件分离机理

在制膜时常见的方法有流延制膜法、水上展开法、平板刮膜机法等。

(1)流延制膜法

流延制膜法是一种较为经典的方法,通常可以分为手工方式和机械制膜两种。前者主要是将注膜液置于平板玻璃和其他各种光滑平整的衬板上,然后用特制的刮刀使注膜均匀地展开,流延成具有一定速率和厚度的薄膜(图 12.2)。后者则通过流延嘴,使注膜液以一定速率和厚度铺展在不断转动的圆鼓或不锈钢带上机械制膜。图 12.3 为美国 UOP 公司的连续制模装置。

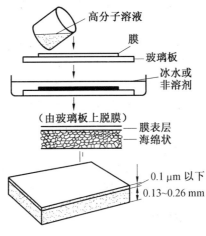

图 12.2　简易平板膜制法示意图

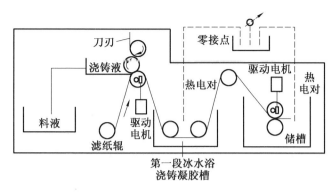

图 12.3 美国 UPO 公司的连续制模装置

（2）水上展开法

美国通用电气公司首先开发出了将聚硅氧烷-聚碳酸酯共聚体溶液在水面上展开而制得超薄膜的方法，即水上展开法。

该方法的原理是把少量聚合物溶液倒在水面上，由于表面张力作用其铺展成薄膜层，待溶剂蒸发后就可以得到固体薄膜。

水上展开法制膜工艺可以分为间歇法和连续法两种，如图 12.4 和图 12.5 所示。

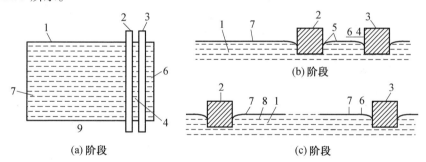

图 12.4 间歇式水上展开法示意图

1—水;2,3—聚四氟乙烯隔离棒;4—聚合物槽;5—聚合物溶液;
6,8—水面;7—薄膜;9—水槽

（3）平板刮膜机

刮膜机是由平台、刮刀、刮刀导轨、铸膜液槽、铸膜开关、膜厚微调旋钮、凝胶介质槽、升降架、转架、密封圈、驱动组件以及温控组件等组成。与中空纤维式及螺旋式等膜组件相比，板框式具有结构紧凑、简单、牢固、抗污染能力强、性能稳定、工艺简便的特点。

较为典型的代表如 Union Carbide 公司早期的一种板框式分离器（图

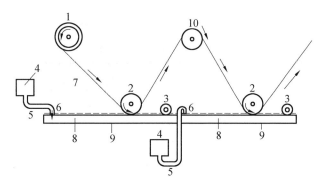

图 12.5　多层连续式水上展开法示意图

1—多孔膜供给辊;2—多孔膜驱送辊;3,10—辊筒;4—高分子溶液储槽;
5—导管;6—液滴放出口;7—多孔膜;8—水;9—水槽

12.6)。它是将多层平板膜组成板框式膜元件后,密封固定在圆柱形钢外壳中。

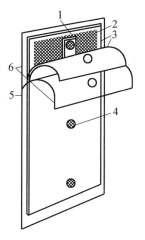

图 12.6　Union Carbide 板框式分离器示意图

1—金属间隔;2—网;3—纸;4—渗透物出口;
5—热密封;6—渗透膜

德国 GKSS 研究中心开发的另一种板框式膜分离器(图 12.7),用于从空气中脱除有机蒸汽。它具有中间孔的两张椭圆形平板膜之间夹有间隔层,周边经热压密封后组成信封状膜叶的结构特点。多个膜叶由多孔中心管链接组成膜堆,固定于外壳中成为分离器。分离器内设有多重挡板以增大气流速度并改变流动方向,使气流和膜有所接触。

由于板框式膜分离器的装填密度比较低(为螺旋式的 1/5,为中空式

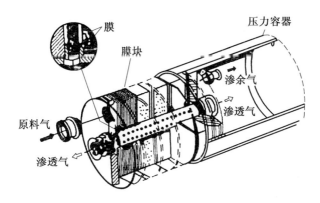

图 12.7 板框式相关分离器

的 1/15)、装置成本高、流动状态差、高压下操作也比较困难,因此这种组件在气体分离中使用得较少。

12.2.2 螺旋卷式膜组件

螺旋卷式膜组件的结构为:中间为多孔支撑材料,两边是膜,其中 3 边被密封而粘贴成膜袋,另一个开放边与一根多孔中心产品收集管密封连接,在膜袋的外部原料液侧再垫一层网眼型间隔材料,也就是把"膜-多孔支撑体-膜-间隔材料"依次叠合,形成多层膜叶(图 12.8)。绕中心产品收集管紧密地卷起来形成一个膜卷,再装入圆柱形压力容器内,就成为一个完整的卷式膜组件(图 12.9)。

图 12.8 螺旋卷式膜组件膜叶结构意图

使用时,高压侧原料气流过膜叶的外表面,渗透组分透过膜,流过膜叶内部并经多孔管流出分离器。膜叶越长,渗透气侧压降也越大。膜叶的长度由渗透气侧允许压降所决定。我国自行研发并用于生产富氧空气的膜组件就属于这种类型,空气经加压后,从膜叶的外表面上流过,其中渗透较

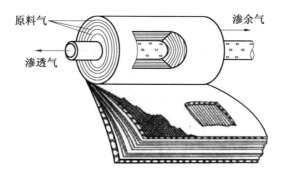

图 12.9　螺旋卷式分离器

快的氧气优先透过膜,进入膜叶的内部,最后会集于中心管流出,使空气成为富氧空气(含氧 28% ~ 30%),其流程如图 12.10 所示。

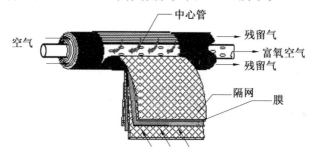

图 12.10　螺旋卷式富氧膜组件结构

　　螺旋卷式膜装置具有结构紧凑、单位体积内的有效膜面积大的特点,但当原液中含有悬浮固体时使用困难;此外,透过侧的支撑材料较难满足要求,不易密封,同时膜组件的制作工艺复杂、要求高,高压下进行操作难度比较大。

12.2.3　中空纤维式膜组件

　　鉴于中空纤维膜组件在气体分离中与其他构型的膜组件相比应用更广泛,下面将更为详细地对它进行介绍。

　　中空纤维膜(hollow fiber membrane)外形像纤维状,具有自支撑作用的膜。它是非对称膜的一种,其致密层可位于纤维的外表面,如反渗透膜,也可位于纤维的内表面(如微滤膜、纳滤膜和超滤膜)。对气体分离膜来说,致密层位于内表面或外表面均可。

　　中空纤维膜组件是不对称(非均向)的自身支撑的滤膜,它是把大量的中空纤维膜固定在圆形容器内(其中内径为 40 ~ 80 μm 的膜称中空纤维膜,内径为 0.25 ~ 2.5 mm 的膜称毛细管膜)。中空纤维膜耐压,常用于反渗透。毛细管膜用于微滤、超滤。原料气从中空纤维管组件的一端流入,沿纤维外侧平行于纤维束流动,透过气则渗透通过中空纤维壁进入内腔,然后从纤维束在环氧树脂的固封头的开端引出,被浓缩了的原料气则从膜组件的另一端流出(图 12.11)。

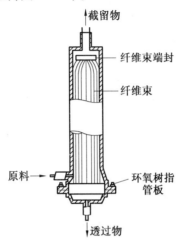

图 12.11 中空纤维式膜组件结构

中空纤维的此种几何形态使滤膜表面积在最小的空间中最大化。中空纤维膜分为内压式和外压式两种滤膜形式。其膜组件包括微滤膜组件、超滤膜组件和纳滤膜组件。

中空纤维式膜组件具有装填密度大、装置占地面积小、自支撑型组件可节约成本等优点。在气体分离中与其他构型的膜组件相比应用广泛。而在中空纤维式膜组件的结构中,中空纤维式膜正是核心所在。支撑层和分离层均会对膜组件的分离性能产生至关重要的影响。目前产业化较好的中空纤维膜制备技术主要有溶液纺丝法、熔融纺丝法和热致相分离法。

(1)溶液纺丝法

溶液纺丝法(solution spinning method)是一种较成熟和常用的中空纤维膜成形方法。常用的溶液纺丝工艺主要是干-湿法纺丝工艺。其成孔原理主要是在丝条凝固过程中,溶剂与非溶剂发生双扩散,使聚合物溶液变为热力学不稳定状态,既而发生液-液或固-液相分离,聚合物富相固化构成膜的主体,而聚合物贫相则形成所谓的孔结构,形成的纤维膜常具有如图 12.12 所示的结构特征。由膜的截面形貌可清晰地看到膜内外表面为致密层,内部有指状孔结构作为支撑层。

液-液分相是溶液法制膜成孔的基础。根据液-液分相过程中体系是

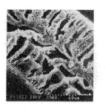

图 12.12　溶液纺丝法中空纤维膜形貌图

否经过临界点,可以将液-液分相过程分为成核生长分相(不经过临界点)及旋节线分相(经过临界点)。而根据体系组成变化从临界点侧进入分相区又可将成核生长分相分为以下两种情况。通常体系的临界点处于较低的聚合物浓度处,如果体系组成变化从临界点上方进入亚稳区时,体系将发生贫聚合物相成核的液-液分相;当体系组成变化从位于临界点下侧进入亚稳区时,将发生富聚合物相成核的液-液分相,最终得到的是力学强度较低的乳胶粒结构。对于旋节线液-液分相,所得膜为双连续结构。当然,在实际成膜过程中,聚合物可能在发生凝胶化或玻璃化,对于结晶聚合物而言,还可能出现因结晶而发生的固-液相分离,但在对图 12.13 所示相图进行适当修正后,其基本分析方法是类似的。

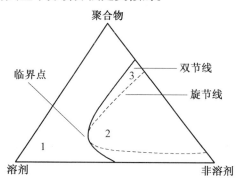

图 12.13　聚合物-溶剂-非溶剂三元相图
1—均相区;2—分相区;3—亚稳区

(2)熔融纺丝-拉伸法

熔融纺丝-拉伸法(melt-spinning/cold-stretching,MSCS)是指将聚合物在高应力下熔融挤出,在后拉伸过程中,使聚合物材料垂直于挤出方向,平行排列的片晶结构被拉开形成微孔,然后通过热定型工艺使孔结构得以固定。通常这种纺丝制膜方法主要与聚合物材料的硬弹性有关。因此,与溶液纺丝法赋予中空纤维膜双扩散的指状孔结构不同,熔融纺丝-拉伸法中空纤维膜主要含有结构孔,即片晶之间的非晶区发生应力集中形成微孔结构。

(3)热致相分离法

热致相分离法(thermally induced phase separation,TIPS)制备中空纤维膜就纺丝工艺而言也属于熔融纺丝,但其致孔机理与 MSCS 法有较大区别。采用热致相分离法制备微孔材料最早是由美国 Akzona 公司的 Castro 提出的,其过程是将聚合物与一些高沸点的小分子化合物(也称为稀释剂)在高温下(一般高于结晶聚合物的熔点)形成均相液态,在降低温度过程中,成膜体系发生固-液或液-液相分离,然后通过萃取等方式脱除稀释剂,从而得到具备微孔结构的聚合物材料。由于相分离致孔过程是因温度的改变而驱动的,故称这种方法为热致相分离法。将 TIPS 法用于中空纤维膜制备的主要工艺流程如图 12.14 所示。对 TIPS 法制膜成孔机理研究的理论基础是聚合物/溶剂二元体系的相分离热力学。聚合物/溶剂二元体系相容的必要条件为二者的混合 Gibbs 自由能 $\Delta G_{m}<0$,而充分条件 ΔG_{m} 为对聚合物体积分数 φ 的二阶导数在恒温恒压的条件下大于零,即 $(\partial^{2}\Delta G_{m}/\partial \varphi^{2})_{T,P}>0$。将 ΔG_{m} 随组成变化曲线的最低点随温度变化作曲线可得到双节线,而将其拐点随温度变化作曲线可得旋节线,具体而言,双节线上的点应满足 $(\partial \Delta G_{m}/\partial \varphi)=0$,旋节线上的点应满足 $(\partial^{2}\Delta G_{m}/\partial \varphi^{2})=0$。结合聚合物/溶剂二元体系相容的必要和充分条件,可以根据双节线与旋节线的变化将二元体系分为两种情况,即具有上临界互溶温度的情况如图 12.15(a)所示和具有下临界互溶温度的情况如图 12.15(b)所示。对于前者,当温度高于上临界互溶温度时,二元体系可形成均相溶液;而对于后

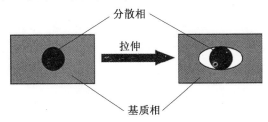

图 12.14 TIPS 法用于中空纤维膜制备的主要工艺流程

者,当温度低于下临界互溶温度时可形成均相溶液。若在二元体系相变化过程中伴随着由于结晶引起的固-液相分离,则需对相图进行修正,引入熔点变化曲线,如图 12.16 所示。其中在点 K 右侧熔点变化曲线及点 K 左侧虚线以下区域,聚合物与稀释剂体系形成固-液两相区;在点 K 左侧虚线

与旋节线之间的区域为聚合物与稀释剂形成的液-液两相区;双节线与旋节线之间为亚稳区,而双节线与熔点变化曲线以上为均相区。因此,可通过改变体系温度控制不同聚合物/稀释剂体系发生相分离,从而达到形成微孔结构的目的,这就是 TIPS 法制膜成孔的主要思路。

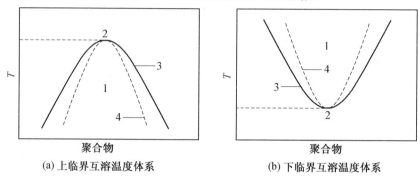

图 12.15　典型的聚合物/稀释剂体系相图
1—分相区;2—均相区;3—双节线;4—旋节线

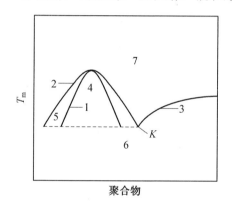

图 12.16　聚合物/稀释剂体系相图
1—旋节线;2—双节线;3—熔点变化线;4—液-液分相区;
5—亚稳区;6—固-液分相区;7—均相区

综上所述,可以看出中空纤维膜最大的特点是由于本身呈圆筒状,有极高的耐压强度,因此不需要任何的支撑体就可以直接使用。但是,其膜组件的制作工艺却特别复杂,其最关键的难点是如何将数以万计直径为数百微米的中空纤维规整地组装到管板上而保证不泄露。

其全部的制造过程共分为排列、黏结密封、形成端板、切割、安装等多部工序。由于各步骤根据不同情况又分为多种方法,在此不做详细介绍。

12.2.4 管式膜组件

管式膜是在圆筒状支撑体的内侧或外侧刮制上一层半透膜而得的圆管形分离膜。其支撑体的构造或半透膜的刮制方法随处理原料气的输入法及透过气的导出法而异。管式膜组件有外压管式和内压管式(图12.17)、单管式和管束式几种。

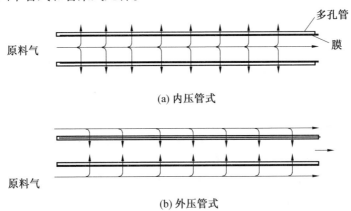

(a) 内压管式

(b) 外压管式

图 12.17 管式膜组件结构图

对内压管式膜组件,膜被直接浇铸在多孔的不锈钢管内或用玻璃纤维增强的塑胶管内。加压的原料气从管内流过,透过膜的渗透气在管外侧被收集(图12.18)。

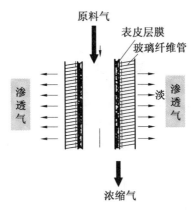

图 12.18 内压管式膜组件的内部结构示意图

对外压管式膜组件,膜则被浇铸在多孔支撑管外侧面。加压的原料气从管外侧流过,渗透气在管外侧渗透通过膜进入多孔支撑管内。

无论是内压管式还是外压管式,都可以根据需要设计成串联或并联装置,其分离原理如图 12.19 所示。

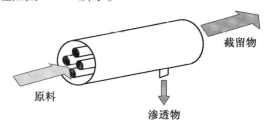

图 12.19 管式膜组件分离原理

管式膜流动状态好、流速易控制、结构简单、适应性强、清洗方便、耐高压,但是装载密度较小、单位体积内有效膜面积少、保留体积大,因此更适宜于处理高黏度及固体含量较高的料液,在气体分离方面应用并不是太多。

一般来说,一种性能良好的膜组件应该达到以下要求:

①膜面切线方向速度快,有高剪切率,以减少浓差极化。

②膜的装载密度(单位体积中所含膜面积)比较大。

③拆洗和膜的更换比较方便。

④保留体积小,且无死角。

⑤具有可靠的膜支撑装置,能够使高压原料气和低压透过气严格分开。

⑥装置牢固、安全可靠、价格低廉、容易维护

各种膜组件的主要特征比较见表 12.1。

表 12.1 各种膜组件的主要特征比较

膜组件类型	优 点	缺 点
板框式	结构紧凑、简单、牢固,抗污染能力强,性能稳定,工艺简便	膜的装填密度低,装置成本高,流动状态差,高压操作比较困难
螺旋卷式	可使用强度好的平板膜,膜的装填密度大、结构紧凑、价格低廉	易堵塞,不易清洗,制作工艺和技术较复杂
中空纤维式	价格低廉,膜的装填密度大,适合高压操作	制作工艺和技术较为复杂,易堵塞,不易清洗
圆管式	抗污染能力强,易清洗和更换,适合高压操作	管口密封较为困难,装置成本高,膜的装填密度小
板框式	抗污染能力强,性能稳定	结构紧凑、简单、牢固,膜的装填密度低,装置成本高,流动状态差,高压操作比较困难

参考文献

［1］刘茉娥.膜分离技术［M］.北京:化学工业出版社,1998.

［2］陈勇,王从厚,吴鸣.气体分离膜技术与应用［M］.北京:化学工业出版社,2004.

［3］王学松.气体膜技术［M］.北京:化学工业出版社,2009.

［4］华耀组.超滤技术与应用［M］.北京:化学工业出版社,2004.

［5］王乃鑫,张国俊.中空纤维渗透汽化复合膜及组件研究进展［J］.化工进展,2013(2):264-267.

第13章 气体膜分离技术的应用及发展趋势

13.1 气体膜分离技术的应用及市场展望

13.1.1 氢气的分离回收

膜分离回收氢气是当前应用最广、装置销售量最大的一个领域,它已广泛用于合成氨工业、合成甲醇工业、炼油工业和石油化工等方面。目前最常用的是从合成氨驰与合成甲醇驰放气中回收氢气。在工业生产中,含氢气体很多,由于缺少合适的回收方法,一般都把它作为燃气烧掉。例如合成氨生产中,为了不损失驰放气中的氢气,可以采用气体膜分离技术得到氢气。氢气和氮气在高温、高压和催化剂的作用下合成氨,由于受化学平衡的限制,氨的转化率只有 1/3 左右。为了提高回收率,就必须把未反应的气体进行循环。在循环过程中,一些不参与反应的惰性气体会逐渐积累,从而降低了氢气和氮气的烃分压,使转化率下降。为此,要不定时地排放一部分循环气来降低惰性气的含量,但在排放的循环气中氢含量高达 50%(体积分数),所以也损失大量的氢气。采用传统的方法回收氢气,生产成本较高。现选用膜分离方法从合成氨驰放气中回收氢,实现能耗低、投用后经济效益显著等目标。我国自 20 世纪 80 年代初,也先后引进了 14 套膜分离装置。从 1988 年起,中国科学院大连化学物理研究所所用自己生产研制的膜分离器,先后为国内外近百家化肥厂提供了膜分离氢回收装置(图 13.1)。统计结果表明,它不但增产氨 3% ~ 4%,而且使吨氨电耗下降了 50 度以上。

从合成氨驰放气中回收氢气是 H_2/N_2 分离,而从甲醇驰放气中回收氢气是 H_2/CO 分离。不同点是:前者压力高,后者压力低;前者氢回收率高,后者从调节 H_2/CO 摩尔比例着想,氢回收率低。此外,由于甲醇在水中的溶解度比氨大。因此水洗塔的尺寸和水耗、电耗都可以减少,其流程示意图如图 13.2 所示。

从炼厂气中回收氢气的三大技术——深冷法、变压吸附法和膜分离法进行了比较,见表 13.1。从表 13.1 可以看出,深冷法氢回收率较高,但纯

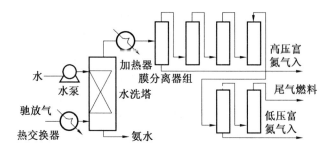

图 13.1 膜分离氢回收装置

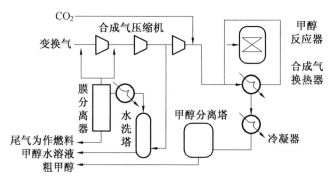

图 13.2 甲醇驰放气中回收氢气的流程示意图

度不高;变压吸附法氢回收率较低,但纯度较高。膜分离法的明显优点是无转动设备,利用驰放气的压力,完成渗透过程,产品氢可利用余压送回合成系统,因此不需要动力消耗。但利用膜分离法回收储罐气中的氢较困难,而且产品氢中含少量氮气,对某些应用(如用于环己酮生产)受到限制。从比较结果可知膜分离能耗最低,其投资费用可节省 50% 以上。

表 13.1 几种氢气回收方法的比较

方　法	氢气摩尔分数/%	氢回收率/%	投资比	装置
膜分离法	$85.0 \sim 90.0$	90	1.0	简单
深冷法	79	$90 \sim 92$	2.4	复杂
变压吸附法	$89.0. \sim 99.9$	80	1.7	庞大

13.1.2 二氧化碳的分离回收

二氧化碳是一种有一定特性的气体,其主要工业用途除合成尿素和甲醇、生产碳酸盐及脂肪酸外,在合成乙烯等高分子单体及食品工业等领域中的应用也日益扩大。应当指出的是，近年来，国外在二氧化碳的应用中占总量 35% 左右是用于油田的 3 次采油工艺。为了强化原油回收，可利用二氧化碳在超临界状态下，对原油具有高溶解能力的特性，将其以 13.73 MPa 的压力诸如贫油的油井中以增高原油的产量。原油被送出油井后，强化原油回收伴生气中含有的 80%（体积分数）二氧化碳必须分离回收并浓缩至 95% 以上再重新注入油井并反复使用。迄今为止，工业上分离回收二氧化碳的方法主要有低温分馏法、三乙醇胺法和薄膜分离法。其中三者各有优缺点，但从应用实效和发展前途来看，膜法具有明显优势。文献报道，膜法对高二氧化碳体积分数（80%）的原料气处理在经济上最为有利，而对低二氧化碳浓度则吸收法居上。近期报道表明，当采用二级膜分离体系分离二氧化碳时，即使低体积分数（8%）的二氧化碳，其成本也能低于二乙醇胺（DEA）法。一般来说，膜法的投资费用比吸收法低 25% 左右，然而前者不足之处是若想得到浓度极高的产品十分困难。由成本和质量的综合估算表明，当使膜法和氨吸收法综合起来，即以前者做粗分离而以后者做精分离，将取得二者单独操作时所得不到的最佳效果。

13.1.3　空气分离

膜分离技术在空气分离上应用也比较广泛，空气取之不尽，从空气中得到含量较低的富氧气体（O_2 摩尔分数为 28% ~ 30%），可用于助燃，大大提高燃料的利用率，含量较高的富氧气体（O_2 摩尔分数为 45% ~ 50%），可用于富氧造气。膜分离法与深冷法和变压吸附法相比具有设备简单、操作方便、安全、启动快等特点。当氧的摩尔分数在 30% 左右，规模小于 15 000 m^3/h 时，膜法的投资、维修及操作费用之和仅为深冷法和变压吸附法的 $\frac{2}{3}$ ~ $\frac{3}{4}$，能耗比它们低 30% 以上，并且规模越小、越经济。膜法富氧装置用于传统制氧机改造，可提高制氧能力 25% ~ 50%，氧浓度提高，综合投资下降 2% ~ 3%。

（1）富氮

从空气中制取氮气，一直是人们得到高氮气的生产方法。含量较低的富氮气体（N_2 摩尔分数为 95% ~ 97%），可用于食品保鲜、医药工业的充氮包装。含量较高的富氮气体（N_2 摩尔分数为 98%）已广泛用于海上钻井平台、煤井、油船、油田 3 次采油、食品保鲜、医药工业、化工厂等易燃易爆场合的惰性气体保护等。相同产能下，制备 95%（体积分数）的富氮，膜法与变压吸附法（PSA）法费用大致相等，但前者设备投资费用比后者低 25%。

在制备超纯氮气方面,膜法不如其他分离技术(如 PSA 法),如图 13.3 所示。

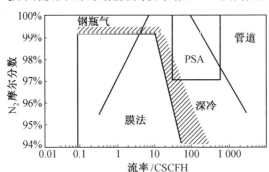

图 13.3 空气分离富氮的各种技术比较图

(2)富氧

相对富氮来说近年来富氧的应用比较广泛,一般情况下,凡需空气之处,均可用富氧来替代。多用于高温燃烧节能和医疗保健目的,前者富氧摩尔分数为 26% ~30%,后者富氧摩尔分数可达 40% 。在高温燃烧节能方面,华北制药股份有限公司玻璃分公司采用富氧燃烧技术后,火焰燃烧状况有较大改善,火焰底部明显发白、发亮,火焰强度增加,火焰尾梢减小,碹顶温度下降 20 ℃,火焰底部温度提高 60 ℃,从而既延长炉龄,又提高产品的产量和质量。山东某玻璃纤维有限公司的 1 号单元窑上应用膜法富氧局部增氧助燃集成技术,使用后温度平均下降 35.4 ℃,玻璃液温度上升 11.2 ℃,助燃风量下降了近 1/4,风压降低 60%,排烟温度降低 60 ℃,节油率为 15% ~17%,而且最佳节能率并不是在刚验收时达到,而是在使用一段时间后达到。这是由于玻璃炉里的料量比较大,一般在几十吨到几百吨,炉内各种系数的系统优化和最佳匹配需要比较长的时间,而且操作人员也需要时间来掌握和熟悉该高新技术。富氧装置一直连续运行,至今非常稳定,直接投资回收期不到 4 个月。所以该单位又建设了第二套膜法富氧装置,而且第二套的富氧量是第一套的 3 倍多,为 650 m³/h,使用后综合效益每天达 1 万多元。故该公司正投资 1 亿多元将本部的 8 座单元窑全部改成全氧燃烧。国内首次将局部增氧对称燃烧技术用于辽河油田曙光采油厂热注一区某台 23 t 燃油注汽炉,富氧量大约为 200 m³/h。根据辽河油田曙光采油厂生产技术管理科应用 1 年多的统计,平均节能 8.5%,即 1 天节约 2 t 多原油,意义非常重大。2003 年,该高新技术又用于胜利油田孤岛采油厂孤四站的 23 t 燃油样板注汽炉。该炉当时已经采用了多项先进的节能技术,如风机调频、红外高温涂料等。经该油田能源监测站测试,富氧使用前热效率为 87.68%,使用后达 92.28%,相当于 200 t 锅炉的正常热效率,平均节能 5.0%;蒸汽温度提高 15 ℃,蒸汽压力提高 0.8 MPa,蒸汽干度提高 12.15%;排烟温度下降 21.5 ℃,烟气中一氧化碳含量下降 89.9%,空气过剩系数从 1.28 下降到 1.19。

在医疗保健方面,富氧技术主要应用于氧疗。氧疗虽不能治百病,但对部分疾病确有明显疗效。它不仅可以给缺氧组织供氧,而且对溶解血液中的气泡、刺激创伤愈合以及气泡栓塞、一氧化碳中毒、氰化物中毒、创伤不愈、骨骼坏死、软组织感染和脑水肿等疾病均有使用价值。在常压下对早产儿以及有严重疾病或创伤的人供氧,也是挽救生命的重要措施。可以这么认为,不仅缺氧的病人需要吸氧,正常人在自然环境下也需要补充一定的氧。所以,以富氧膜组件为核心的氧吧空调、富氧医疗保健器等在国内越来越红火。例如海尔在国内最早推出氧吧空调,随后新飞和新科等也相继推出。氧吧,即富氧室,将是人们保健的理想环境。美国富氧(OE)公司采用 GE 公司开发的膜研制成功一种医用富氧器,其形状与大小宛如一个家用床头柜。它可以连续不断地提供氧摩尔分数为 40% 的空气,既方便又安全。

13.1.4　天然气净化和空气除湿

天然气的组成随产地不同差异很大,但是甲烷都是主要成分,为 75% ~ 90%(质量分数),其次是乙烷、丙烷和丁烷等,还存在 1% ~ 3%(质量分数)的其他高级烃类。另外,天然气中还含有一些杂质,如水、二氧化碳、硫化氢等。膜分离应用于天然气中二氧化碳与甲烷的分离,同时可将硫化氢脱除,油田二氧化碳回收利用,从天然气中提浓氦气。可利用天然气井的压力在井口先经膜分离把氦气提浓 10 倍,在天然气处理量不变的条件下,粗氦产量几乎增加 10 倍。而膜分离后的尾气,由于压力几乎没有损失,仍可并入天然气管网输送给用户。因此,在天然气净化方面的市场很广阔,在管输天然气中,在它送入管道前,处理天然气就要花费约 20%,这对膜分离应用来说市场前景广阔。通常,天然气中含水 0.2%(质量分数),为防止天气寒冷时结冰,必须将天然气中水的质量浓度降至 6 mg/L 以下。在应用膜分离从天然气中脱除酸性气体时,同时也会除去水分,所以不需要另增脱水设备。其原理就是以天然气自身的压力作为分离动力,这样节约能源,这种去湿过程不会添加分离剂,容易操作和控制。传统的空气脱湿的投资大,操作复杂。用膜来进行空气脱湿,设备简单、操作方便。脱湿后,空气露点温度可达 40 ~ 60 ℃,达到标准要求。

13.1.5 有机蒸汽的净化与回收

石油、化工、喷涂等行业的生产过程中气体分离膜的应用也比较广泛,主要原因是这些行业在生产经营过程中,每天都在释放出大量的有机蒸汽(如 VOC)。石油工业的排放气中也含有许多有机化合物,如氯乙烯、苯、多环芳烃等毒性大,而且易燃易爆,如果不对它们进行合理的处理和净化,整个企业的安全就存在着较大的威胁,正因为如此,才需要将这些蒸汽进行较好的分离,保证环境不被污染。但排放气中也含有烃类气体如烯烃等,为了净化有机蒸汽并回收有经济价值的烃类气体,可以采用气体膜分离技术。我国自 1989 年采用了第一套膜法有机蒸汽回收装置以来(主要用于汽油灌区的排放气的回收),经过了多次改良,目前已经能够较好的运行,一套膜的使用寿命长达 4 年之久,这充分表明了气体分离技术的进步和发展。将无机光催化膜用于光催化反应器,除去挥发性有机物质(地下水中的三氯乙烯),以及应用于微电子产品中超纯水中总有机化学物质的去除,还可用于分离石油提炼厂残留氢蒸汽中的碳氢化合物,使纯化后的氢气可在高压下循环使用。将疏水性的聚丙烯中空纤维膜涂上超薄的硅橡胶,组成 100 cm 的小型纤膜组件可以除去甲醇、苯、丙酮、二氯甲烷等,采用 2 537 cm^2 的中型纤维膜组件可除去制药厂反应器中的排出废气中的甲醇和苯,Majumda 等人研究了涂硅橡胶的聚合物膜组件,原料在常压下走管程,被分离的气体从抽真空的管外流出,在原料气中有机物质量分数为 14% 的情况下,可除去 98%(质量分数)的有机物,在有机物含量较低的废气中,可达到 95% 的回收率。

早在 20 世纪 90 年代,美国蒸汽/气体分离用于从冷冻剂制造厂排放的全氯氟烃(CFC)和氢氯氟烃(HCFC)中回收卤代烃;同时期在欧洲,大量的此类装置用于从空气中回收碳氢化合物。这些装置主要是以环境净化为目的,而不是以营利为目的。近年来,这些回收系统用于石油化工和炼厂的排放气以回收高价值的 VOCs。典型的应用是从聚烯烃脱气操作的排放气中回收氯乙烯、丙烯或乙烯单体。在大多数的蒸汽/气体分离装置中,常常连带着第 2 个过程如冷凝或吸收分离。图 13.4 为从氮气中分离丙烯过程示意图。压缩的原料气送至冷凝分离器,部分丙烯作为冷凝液除去,截留的未冷凝的丙烯用膜分离回收,并产生质量分数为 99% 的氮气。膜分离富集丙烯的渗透气循环至压缩机的原料气入口。丙烯凝液中含有一些溶解氮,所以丙烯凝液用降低压力方法闪蒸除去氮(这部分气体也可返回原料气入口),得到的丙烯质量分数大于 99.5%。第一套丙烯回收商业装置（VaporSep）由 MTR 提供，于 1996 年 10 月在荷兰 Gelean 运行。回收的丙烯单体和减少的氮气消耗，估计 1 年节约百万美元，1～2 年返回投资费用。

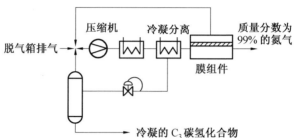

图 13.4　从氮气中分离丙烯过程示意图

通过气体膜分离技术对有机蒸汽的净化与回收，不但会给企业带来更多的具有经济价值的气体，为企业增加额外的经济效益，从而为企业的进一步发展准备了条件，还能对周围的环境进行保护，适应国家低碳经济、技能减排的大方向要求。

13.1.6　蒸汽/蒸汽分离

蒸汽/蒸汽分离特别是烯烃/烷烃分离，是石化工业中一个重要加工过程。由于这类混合物的沸点相近，为了达到好的分离效果，需要高的精馏塔和大的回流比。因此，这类加工过程需要极大的投资和能量消耗。在今后一段时间内，这对膜分离来说是一个主要开发应用领域。

许多研究用由银作为络合剂的液膜促进传递分离烯烃/烷烃，并进行了小规模的工业试验。这类膜显示了合适的传递性质，但是由于膜稳定性差而告终。最近报道了一种固体聚合物电解质膜在乙烯/乙烷混合物分离中持续一个多月的试验后，试验结果达到了好的选择性和稳定性。乙烯通过膜的渗透率比乙烷快 100 倍，所以分离性能非常好。

13.1.7　控制油田伴生气中的甲烷

用天然气作为燃料的 Otto carburetor 内燃机的平稳操作依赖于天然气的甲烷值。对气体内燃机来说，以燃料的甲烷值表征它的抗击行为，相似于汽油辛烷值。纯甲烷值为 100，操作 Carluretor 丙烯机燃料气甲烷值只需 50。天然气中的 C_1 以上的化合物的存在对甲烷值有负的影响。伴生气常常用作油田内燃机的燃料。因此，需要除去高碳烃以使伴生气的甲烷值在 50 左右。用复合硅橡胶膜组件进行了 670 h 的现场试验,膜性能没有明显下降。新的膜基伴生气甲烷值控制系统可为内燃机提供平稳和可靠的操作,并增加效率。与其竞争的技术如低温、吸附相比,膜法具有操作简单、维持费用低和投资费用小的优点。图 13.5 为膜分离法控制伴生气中的甲烷值的加工流程。

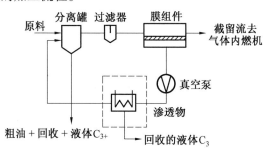

图 13.5 膜分离法控制伴生气中甲烷值的加工流程

13.2 气体膜分离技术的期盼与展望

膜科学技术是材料科学和过程工程科学等诸多学科交叉结合、相互渗透而产生的新领域。膜与膜过程是当代新型高效的共性技术,特别适合于现代工业对节能、低品位原材料再利用和消除环境污染的需要,成为实现经济可持续发展战略的重要组成部分。膜科学技术在人类的水资源、能源、环境、健康和传统技术改造等领域发挥关键性作用,成为推动国家支柱产业发展、改善人类生存环境、提高人们生活质量的共性技术。在 21 世纪的多数工业中,膜分离技术将扮演着战略性的角色。

在这个过程中,气体分离技术的科研工作也取得了重大成绩,气体膜分离方法在工业产品气的制取、废气的综合利用及环境保护方面等应用,都展示出了巨大的潜力和前景。但是应当指出的是,膜法目前在工业上大规模地推广应用还存在一定困难,主要问题是气体膜的渗透系数与分离系数不够高。从发展这个角度来看,单纯地强化高分子膜的溶解和扩散过程使膜的性能获得大的提高有一定的困难,难点主要在于以下 3 个问题:

第一个问题是膜材料设计:功能与结构之间的关系。这一科学问题实际上来自一个膜领域普遍存在的实际问题,即面对一个具体的应用过程,不能够根据应用过程的需要进行膜的设计,只能通过实验的方法在商品膜中进行筛选,这种运作模式导致如下的现状:现有的膜过程均没有采用最合适的膜,很多应用过程由于没有选择到合适的膜而放弃。因此,成本高、应用领域受到限制是必然的。解决这一问题的根本措施是建立面向应用过程的膜材料设计理论,这就可以按应用体系性质与需求来设计膜材料。其科学问题就是膜的功能与结构的定量关系。膜的功能主要指膜透过率和分离系数,其微结构是指孔径、厚度、孔隙率、材料特性等,它们的定量关系实质上就是膜的传质模型。对于多孔膜,由于其孔径介于微米与纳米之间,实质上就是纳、微尺度孔结构中的传质;而对于致密膜,实际上就是膜材料中的扩散传质。传质模型目前由过程科学家在研究,采用的是经验和半经验的方法,所建立的模型与膜材料的结构无关,因此只能用于过程工艺条件的优化,而不能用于膜结构的设计。如果在半经验模型中引入结构参数,建立的传质结构模型就可以用于膜结构设计了。另外一个思路就是从理论出发,借助分子模拟手段来建立传质结构模型。从以上分析可以看出,在传质模型研究中有两点启示:其一是目前过程科学家的研究忽视了膜材料结构的影响;其二就是分子模拟是建立结构模型的有效手段。

第二个问题是膜材料制备:膜材料的微结构形成机理与控制方法。这一科学问题同样来自膜领域一个普遍存在的实际现象,即实验室制备的膜性能与工业产品性能差别很大,导致一些关键膜材料一直没有实现产业化,膜的制备存在放大问题。以分子筛膜为例,实验室制备的片状分子筛膜的性能非常好,H_2/N_2 的分离系数达 1 000,但如果将其放大到工业应用的管式或多通道形式,则分离系数几乎趋于 1。这表明膜制备的现状是以经验为主,达不到定量控制的程度,存在放大效应。其科学问题就是要建立膜的结构参数与膜制备过程控制参数的定量关系,实现膜的制备从目前以经验为主向定量控制的转变。膜制备的复杂性是由膜结构的特点决定的。膜是由致密的或者微孔的分离层支撑在多孔材料上组成的,其复杂性表现在微结构的控制和分离层的薄膜化,既要薄,又要完整,其难度是很大的。以相转化法(最重要的有机膜制备方法)为例,通过相图不同区域的操作,可以得到不同微结构的膜材料。很显然,相变规律的研究是相转化成膜的基础。目前的研究思路主要是通过相变热力学和相变动力学的研究来建立复杂溶液相转化理论,但相变规律十分复杂,现有的理论尚不能够对复杂的实际体系建立定量的关系,这也是目前膜材料的制备不能定量控制的根本原因。要建立定量的控制方法,必须将理论与实验研究和模型化方法相结合。因此,在膜材料制备研究中,结合现有理论基础,引入化学工程学科的实验与模型化方法,是建立定量控制理论与方法的重要发展方向。

　　第三个问题是气体膜应用:应用过程中的功能演变。这是膜领域的一个普遍存在的问题,即膜在应用过程中其功能(通量和分离性能)随时间不断下降。这导致了膜的应用寿命比较短,成本比较高。目前的解决方法是通过过程工艺参数的优化而缓解膜功能的下降,许多过程科学的专家正在进行这方面的研究。但我们从材料结构角度研究发现,膜在使用前与使用后,其微结构(形貌及孔径分布等)均发生了明显的改变,表明膜功能的失效与膜结构的演变密切相关。目前仅从过程工艺角度进行研究,不能完全解释膜功能失效的机理,需要材料科学家来参与这个问题的研究。因此,要克服制约气体膜领域发展的技术瓶颈,必须突破传统模式,顺应学科发展规律,多学科、多层次地开展以膜材料为核心的基础创新研究。理论创新方面应围绕功能结构制备关系,建立面向应用过程的膜材料设计与制备的理论,即将化工与材料学科的交叉建立传质结构模型,材料与化工的交叉建立结构与制备参数的定量关系,并揭示应用过程中膜及膜材料微结构的演变规律。

　　为了解决这些气体膜分离技术上的问题,许多学者提出了一些改进膜分离过程的新概念,并取得了阶段性的成果。下面就简单介绍今后对气体膜分离技术的期盼和展望。

13.2.1　气体分离膜材料的改进

　　气体分离膜材料的发展方向是制备开发高透气性、高选择性、耐高温、抗化学腐蚀性的膜材料。由于目前气体分离膜分离技术在含有二氧化碳、水蒸气及有机蒸汽等可凝性气体组分的物系分离领域应用越来越多,因而膜材料的选择和制备也将从扩散选择性逐步向溶解选择性发展,主要还是体现在新型高分子膜材料和无机膜创新制备技术方面。

　　高分子膜材料依然会是今后一段时间内气体分离膜过程的主要膜材料。由于目前开发的性能优异的新型膜材料不多,因而通过对现有高分子膜材质进行改性或制备高分子合金,是开发新型气体分离膜的重要手段。首先通过对高分子膜表面进行物理或化学改性,结合光、电、磁、等离子体等技术,根据不同的分离对象引入不同的活化基团,通过改变高分子材料的自由体积和分子链的柔软性使膜的表面"活化"。其次,通过制备高分子合金使膜具有性能不同的基团,在较大范围内调节其分离性能和渗透性能。

　　大多数聚合物的渗透性和选择性呈相反的趋势变化。聚合物的选择性增加,渗透通量就减少。因此,很多研究工作者正在从事新的聚合物材料研究,开发渗透量大、选择性又较大的新型膜材料,这已经成为研究的重点。目前,用于气体分离的新型材料的研制,主要是依靠膜材质的实验来估计这些材料的性能,膜的改进主要依靠直觉和反复试验,大量时间浪费在最终并不理想的材料合成和表征上。随着分子科学的发展,分子模拟已应用于许多重要问题的研究,其在化学工程领域的应用也日益增多。学者们已在考虑从气体透过膜传递的基本原理上来设计加工膜材料,且从分子结构来预测膜分离性质。据此可大大减少实验的盲目性和重复实验的耗时性,弥补实验设备、条件和资金的不足,实现根据特定分离体系的需要,设计适合的膜材料和规格。

而在材料研发方面的主要方向是提高多孔膜的选择性、开发耐热高分子膜、发展有机-无机复合膜、对现有的高分子聚合物膜进行改性等几个方面。

高分子聚合物膜应用虽广泛,但由于其气体透过性差、热稳定性及化学稳定性不好,因此,作为稳定性和气体透过性优良的无机非聚合物膜的炭分子筛膜越来越得到关注。九州大学工业研究所已将这种膜用于烷烃/链稀烃的分离。在美国,这种膜也应用于烃类直链分子与支链分子的分离。

无机膜常用的制备方法主要是化学提取法(刻蚀法)、溶胶-凝胶法、固态粒子膜烧结法、化学相沉积法和阳极氧化法。近年来随着无机应用领域的不断扩大,发展了一些新的制备方法,体现了致密化、超薄化和复合化的特点。由于无机膜耐高温特性,在气体分离中受到高度重视,因此形成了一些具有分子分离级别的无机膜制备方法,主要有原位水热合成法、非原位水热合成法、高温分解法、气相法、直接加热载体法、脉冲激光蒸镀法等。随着研究的不断深入,新的膜制备方法还会不断涌现,这对增大膜的应用范围具有极大的推动作用。

目前在无机膜材料中,具有较大潜力及发展前景的主要是炭分子筛膜、分子筛膜、钯膜及其复合膜。

由于分子筛膜具有较好的化学稳定性、热稳定性和机械稳定性,已得到研究人员的广泛关注。虽然在分子筛膜的合成方法和应用方面都取得了很多成果,但目前还仅停留在实验室和小规模的工业应用阶段。因此,制备性能良好的、具有更大规模工业应用前景的分子筛膜是目前乃至今后较长时间内的努力方向。高选择性、高渗透通量、无缺陷、大面积和可再生性是评价分子筛膜性能的重要指标。今后分子筛膜研究的发展趋势为:

①适合分子筛膜合成的新载体的制备和原有载体制备方法的改进。

②分子筛膜原有合成方法的改进和开发新的合成方法。

③分子筛成膜机理的基础研究。

④分了筛膜的改性,制备具有高催化性能、高选择性和高渗透通量的分子筛膜。

⑤气体渗透分离机理、混合气体分离的选择性以及分子筛膜在催化反应中的应用研究。

⑥拓展分子筛膜的应用领域,制备具有实际工业用途的分子筛膜产品。

钯膜由于其特有的透氢性能,多年来得到了广泛的研究,但要实现工业化主要障碍是其成本太高、渗透率低,易发生氢脆等。钯合金膜的采用虽然可降低成本,缓解氢脆现象的出现,但合金的加入使钯的催化活性有显著的变化。目前,对钯合金膜的中毒机理以及对引起中毒机理的研究还不够完备。复合钯膜结合了钯膜的高选择性和多孔支撑体高透量的优点,并且也降低了金属钯的用量,目前研究较多的是以多孔陶瓷或金属为支撑体,既减少了钯的用量、降低了成本,又提高了膜的渗透量,还可以提高复合膜的稳定性,但要制备无裂缝、不脱落、均匀的致密复合膜在工艺上难度较大。多孔金属基复合钯膜用于工业生产仍有极大的挑战性,这也是复合钯膜的一个发展方向。进一步开发机械强度和耐热性更高的膜支撑体,确立钯基膜更廉价的制备方法,深入探索高使用寿命、高透过速度的新型复合膜等,这都是今后钯膜的发展方向。

13.2.2 拓展应用领域和加快集成技术开发

气体膜分离技术由于具有投资省、能耗低、操作方便等优点,已广泛应用于天然气的分离净化,空气中富氧、浓氮,有机气体分离等石油、化工领域,并取得了良好的经济效益,是一种高效且经济的分离方法。目前,我国在气体分离膜方面的研究主要偏重于膜材料和膜,对组件、装置及过程优化等方面的研究较少,传统的膜组件主要有中空纤维膜组件、螺旋卷式膜组件及平板膜组件等,这几种膜组件各有优点,但同时又存在弊端,就螺旋卷绕式膜组件来说,其黏合技术较低,且黏合宽度减少,这就需要在今后的科研中不断改进,以加强膜分离技术的发展。这对促进气体分离技术在我国的应用及发展具有较大的意义。

无论哪种技术,都具有技术边界和经济边界,膜分离技术也是如此,正因为这样,在特定的条件下,膜分离技术才能发挥出最佳的效果。于是,在实践中,需要将膜分离技术与其他技术结合起来,这样就会实现最优的工艺组合和最低的经济投资,同时也扩大了气体膜分离技术应用的领域和适用范围,例如采用固体脱硫和膜法脱水相结合,进行天然气外输前的净化处理。此外,在净化和回收卤代烃上也研究出了新方法,就是采用膜分离和冷凝法两者相结合的方法。

气体膜分离技术应在提氢、膜法富氧、膜法富氮等技术已成功实施工业化应用的基础上,加强天然气净化、水蒸气分离、二氧化碳分离和有机蒸汽分离方面的发展,并应从已有的处理高压、高浓度、简单组分向低压、微量、高温、复杂组分的方向发展,将应用领域从目前的废旧资源的回收利用扩展至环境保护、工业制气及净化等领域。

13.2.3 医疗卫生用气体膜的前景展望

在医疗卫生方面,气体分离膜的前景主要在于人工合成生物体器官上。典型的如作为肺移植过渡时期的胸腔内植入型人工肺(thoracic/total artificial lung,TAL)正逐渐成为研究热点。TAL 是将氧合器植入胸腔内,将心脏与人工肺相连,并在心脏动力的作用下部分或者全部代替人肺的功能。由于不需要过多的辅助设施,TAL 可以长期植入体内,赋予患者更多的自由,称得上真正意义的人工肺。

由于 TAL 是无泵的人工肺,由右心室驱动,它必须模仿自然肺循环的高柔量和低阻力。以避免右心房遭受过量压力,因此如何减小血流阻力成为研究的关键问题。理想的植入型人工肺应具备如下特点:柔软,能置入胸腔;血液灌注压小于 1.999 8 kPa(15 mmHg);以空气做气源也能有良好的交换功能;膜材质生物相容性好;提供大于 200 mL/min 的 O_2 和 CO_2 交换功能。无泵和生物相容的可植入人工肺依然保持在实验室阶段,但随着临床和经济因素的进一步驱动,人工肺必将得到优化和发展。

13.2.4 对燃料电池质子交换膜的展望

质子交换膜燃料电池(PEMFC)已成为先进燃料电器汽车动力的主要发展方向,丰田、通用等世界知名汽车公司都在积极开发以 PEMFC 系统为动力源的 PEMFC 电动车。此外,在航空航天特别是无人飞行器领域,以及家庭电源、分散电站、移动电子设备电源、水下机器人等方面有着广泛的应用。寻找合适的催化剂并提高催化剂的利用率,廉价的 Nafion 替代材料的开发、优化电极结构、双极板的选材以及批量化生产和发展大规模使用的储氢技术,使其实现商业化和普遍化是 PEMFC 燃料电池研究的重点和方向。

13.2.5 促进膜反应器的创新研究

膜反应器可以同时具有反应、催化和分离的功能,反应效率高、条件温和,具备其他反应器无可比拟的优点,几乎可以应用到化学反应和生物反应的各个领域,特别适合于平衡转化率低的可逆反应和产物抑制的生化反应过程,也可在一个反应器中同时进行两个反应。

但在工业化过程中,在理论和实践等方面尚有许多需要解决的问题,如膜性能,膜污染,膜反应器的设计、密封、成本等问题,如何经济而有效解决这些难题将是研究人员未来的重点研究课题之一。

随着材料科学和膜制备技术的发展,以及计算机技术在分子模拟和反应器设计方面的应用,这些问题将得到解决。膜反应器必将会在化工、环保、生物和食品等工业领域应用得越来越广泛。

13.3 气体分离膜市场展望

近几十年来,膜分离技术在能源、电子、石油、化工、医药卫生、重工、轻工、食品、饮料行业和人民日常生活及环保等领域均获得广泛应用。社会的需求促使膜技术发展迅速,使膜技术不断创新、进步、完善,成为集成过程中的关键。气体膜技术已初具规模,以美国、日本、西欧为主,膜工业产值1999年为47亿美元,2004为100亿美元,2010年为135亿美元,年平均增长速率为10%左右,由此推测,到2020年将达到165～180亿美元。

按照我国当前的膜技术水平和市场开拓情况,我国膜工业产值每年按10%～15%的增长速率发展完全是可能的。到2020年我国膜工业产值将达到90亿元人民币左右,其中液体分离膜市场为40亿元人民币左右,气体分离膜30亿元人民币左右,生物医学和其他市场20亿元人民币。

在1980年,Permea(现在的Air Products公司分部)开发出用于氢分离的Prism膜。从那时起,膜基气体分离技术的交易额已增长到现在的每年1.5亿美元,在不久的将来,会有更大的增长。表13.2为2000年主要气体分离膜的市场、生产厂商和膜系统。其中列于表中的聚合物膜材料只有8种,在已装配的全部气体分离膜装置中,90%以上是采用这些膜材料制造的。在过去的几年间,已报道过数百种新聚合物材料,但是,真正制造成工业上可使用的膜却很少,这是难以置信的。因此,在新世纪对膜材料的改进和修饰,提高膜的渗透性和选择性仍将成为工作的重点。另外,提高膜的稳定性和薄层化及组装成具有高表面积和低成本的组件也是今后工作的重点,否则膜法很难与其他方法相竞争。

表 13.2　2000 年主要气体分离膜的市场、生产厂商和膜系统

公　司	所用主要膜材料	组件类型	主要市场/估计销售额
Permea(Air Produces)	聚砜	中空纤维	均是大的气体公司, 氮/空气:0.75 美元/年, 氢分离:0.25 亿美元/年
Medal(AIR Liquide)	聚酰亚胺/聚芳酰胺	中空纤维	
Generon(MG Industries)	四溴聚碳酸酯	中空纤维	
IMS(Praxair)	聚酰亚胺	中空纤维	
Kvarner	乙酸纤维素	螺旋卷式	大都是天然气分离 0.30亿美元/年
Separex(U O P)	乙酸纤维素	螺旋卷式	
Cynara(Natco)	乙酸纤维素	螺旋卷式	
Parker-Hannifin	聚苯醚	中空纤维	蒸汽/气体分离、空气 脱湿及其他 0.25 美元/ 年
Ube	聚酰亚胺	中空纤维	
GKSS　Licensees	硅橡胶	板框式	
M T R	硅橡胶	螺旋卷式	

　　表 13.2 还表明,迄今总的气体膜分离市场的 2/3 是属于从空气中分离氮,以及从合成氨驰放气或合成气中提氢。这些气流是干净的,一般没有使膜沾污或塑化的组分。但是,今后气体膜分离市场将面向天然气的处理,以及石油炼制和石油化学装置方面。因为在这些气流中常常含有高的塑化剂、可冷凝的蒸汽,这些物质会降低膜的性能。另外,这些气流在组分和流量上也是变化的,所以需要能够处理"失常状态"的耐用膜组件,其中螺旋卷式膜组件有利于满足这些要求。

　　下面重点介绍气体膜分离技术在提氢、制氮、富氧、天然气净化、蒸汽/气体分离及蒸汽/蒸汽分离方面的进展和市场展望。

13.3.1　氢气的分离回收(膜法提氢)

　　在氢气回收方面,回收炼油厂中的氢气,将是一个巨大的市场。因为在炼油厂中,对氢的需求正在增加。最便宜的氢气新来源就是在化工过程中产生的可燃气体、流化床催化裂化装置尾气和加氢裂化器/加氢处理器的尾气。在用膜法回收氢时,随着氢气的透过,剩下的气体富含烃类,并由此使露点提高。为了避免烃在膜上凝结,必须把气体加热。通常加热到残留气体预计的露点以上 15 ~ 20 ℃。这样操作温度可能高达 80 ℃,在该温度下,膜和组件的性能可能都会受到影响。另外进气组分随时改变,也将给操作带来不少麻烦。在炼油厂用设备中,目前膜法氢回收装置已在炼油厂安装了 100 多台,但其市场远没有饱和。在美国就有 150 个大型炼油厂,世界其他地区有 300 ~ 400 个,另外还有许多小的炼油厂。因此,在所有这些炼油厂中安装多级氢回收装置将是一个很大的潜在市场。不过,上面提到的问题,如操作温度、塑化和原料气组成不稳定等都必须认真解决,否则无法广泛应用。

解决上述问题的一种方法是开发可渗透氢的膜,使它能够在高的烃分压和高温下操作。第二种途径是把原料气进行更好的预处理,例如用烃可渗透膜来降低原料气的露点,以减少对氢可渗透膜的影响。

13.3.2 空气分离(膜法制氮和富氧)

在氮气分离方面,目前大约总费用组成的 2/3 是与压缩原料空气有关,1/3 或不小于 1/3 是与膜组件有关。因此,减少压缩机的大小是降低制氮成本的关键。传统的、从空气中分离氮的膜,例如 Generon 生产因素,其氧/氮的选择性为 4。用这类膜,压缩空气中氮含量的 75% 就会在生产纯度达到 99% 的氮气时损失掉。因此,需要大的空气压缩机,其能耗将大量增加而无法采用。目前可采用具有氧/氮选择性为 7 ~ 8 的膜,空气压缩机的大小几乎可以减半。氮气的生产成本将大幅度下降,这对每天需氮气不到 28 300 m^3 的小用户在成本上就会很有吸引力。若能将氧/氮的选择性在相同的渗透速率下从 8 增加到 12,则压缩机的大小可减少大约 20%,这样或许可以降低氮气的生产成本达 10% ~ 15%。

在氧气分离方面,已经证明在进气端加压的方法在经济上是不可行的,而在"渗透气一边"抽真空的能耗大约是压缩进料空气能耗的一半,但是要比生产同样的气量需要大约一倍的膜面积,要使这种操作方式可行,也需要高通量和低成本的膜。由于膜法空气分离只能生产富氧,而不是纯氧,这对大多数需要纯氧的用户可采用外加二级分离方法来生产。要生产与现行深冷技术相比在成本价格上有竞争力的氧气,也需要膜具有对氧的选择性大大超过对氮的(即良好的分离性能),以及具有高的膜渗透率(以控制成本)两方面的性能。促进传递膜正在受到重视,在这些化合物中,含氧的载体化合物起"慢慢迁移"的作用,选择性地使氧传递透过膜。但是仍存在许多问题,如化学和物理稳定性都很差。在膜法提氢方面这是一个有待研究领域,因为一旦突破,就会带来明显的市场效果。

13.3.3 天然气净化

目前,全世界每年大约生产 1.42×10^{12} m^3 天然气,美国每年大约生产

0.566×10^{12} m³天然气。粗天然气的组成随产地不同差别很大,但是甲烷总是主要成分,一般为75%~90%(体积分数),其次是乙烷以及某些丙烷和丁烷,还存在1%~3%(质量分数)的其他高级烃类。天然气中还含有一些杂质,如水、二氧化碳、氮和硫化氢。因此,在天然气净化方面的市场是很广阔的,如在管输天然气中,在送入管道前就需要大约20%的费用在处理上。

目前,天然气新加工方法用设备的总市场每年20~50亿美元。不过,膜法只占该市场的1%,而且几乎都是用于除去二氧化碳的。目前,除二氧化碳的装置已经安装了数百套,不过许多装置是很小的,每天加工气体只有5.66×10^{5}~5.66×10^{6} m³。通常使用乙酸纤维素膜,其二氧化碳/甲烷的选择性约为15%。

另外,聚酰亚胺膜正在替代醋酸纤维素膜,其二氧化碳/甲烷的选择性为20%~25%。此外,还在开发选择性为30%~40%的稳定膜,这将改进膜的竞争地位,而且这些改进会在今后的几年间实现。另外,脱除天然气凝析液是天然气处理中不可缺少的。通常粗天然气中的C+3烃接近饱和,它们在管道系统局部受冷就会凝结出来。为了避免这种问题出现,通常需要在气体送入主管道前,把较高的烃类除掉,使气体的露点降到大约-20 ℃。此外,在天然气脱湿方面,美国就有42 000个乙醇脱水装置,这是膜法的竞争对手,也是膜法的潜在市场。膜法要与其竞争,必须减少甲烷随水的脱除而流失。总之,膜法在天然气脱湿和除掉凝析液方面会有许多市场开发的空间和机遇。

13.3.4 蒸汽/气体分离

蒸汽/气体混合物可以用橡胶状材料如硅酮橡胶来分离,使更多可冷凝的蒸汽透过,也可用玻璃状聚合物使"更小的"气体优先透过。

目前,大多数装置采用蒸汽可渗透膜。例如在从氮气分离丙烯的一般过程设计中,先把压缩过的原料气送入冷凝器。在气体冷却情况下,有一部分丙烯作为冷凝液排出,剩下未冷凝的丙烯通过膜系统除掉,得到纯度99%的氮气。富丙烯的渗透气循环到进来的原料气中。在丙烯冷凝液中还含有一些溶解的氮气,所以要把液体进行低压闪蒸去掉氮气。这样产生的丙烯纯度可在99.5%以上。在过去的几年间,已经安装了上百套蒸汽回收装置。通常与其竞争的技术有低温冷凝法或变压吸附法。膜法的特点是比较适合处理较小的气量,如范围在113.2~1 132 m³/min。目前这类装置已用于从罐装置场回收车用汽油、从聚烯烃装置的排出口回收丙烯和乙烯以及从聚氯乙烯装置中回收氯乙烯单体,而且市场看好,呈上升趋势。

13.3.5 蒸汽/蒸汽分离

蒸汽/蒸汽分离可能会成为今后膜技术开发进入的主要应用领域,特别是从乙烷(−88.9 ℃)中分离乙烯(−103.9 ℃),从丙烷(−42.8 ℃)中分离丙烯(−47.2 ℃)和从异丁烷(−10 ℃)中分离正丁烷(−0.6 ℃)。乙烯和丙烯是两种体积最大的有机化工原料,因此,其潜在的市场很大。不过,在实际的工业装置中,进气压一般为 0.705 ~ 1.06 MPa,温度足以保持其处于气相。透过气压将为 0.070 5 ~ 0.14 MPa。在这些条件下,大多数膜会被塑化,选择性下降。这些问题应该认真考虑,或许可以采用成本较高的陶瓷膜来解决。最近报道,在实现烯烃/石蜡分离中采用固态聚电解质膜可以获得良好的选择性,并在用于乙烯/乙烷混合物的分离中,分离性能和稳定性均良好,乙烯通过这些膜的渗透性是乙烷的 100 倍。

总之,在新世纪气体膜分离技术市场广阔,前景看好。表 13.3 为膜法气体分离主要目标市场的预测。从表 13.3 中可以看出,总的市场是呈上升趋势的,但是正如在表中所示的那样,所有领域的增长不可能是均一的。

表 13.3　膜法气体分离主要目标市场的预测　单位:百万美元

分离物系	2000 年	2010 年	2020 年
氮气(来自空气)	75	100	125
氧气(来自空气)	<1	10	30
氢气	25	60	100
天然气凝析油	<1	20	50
N_2/H_2O	0	10	25
蒸汽/氮气	10	30	60
蒸汽/氮气	0	20	100
空气脱湿	15	30	100
合计	155	360	740

目前,膜法在天然气方面的销售额每年大约 3 千万美元,而且增长最快。在炼油厂和烯烃的应用中,应重点开发更加耐沾污和耐塑化的膜,这样,膜在氢回收系统的应用也会快速增长。最终,假若能够开发出选择性

好、足以有效分离沸点接近的气相混合物的膜,则蒸汽/蒸汽分离方面的应用也会增长,到 2020 年销售额有可能达到 1 亿美元。

在国家大力提倡节能减排的形势下,我国大力发展气体膜分离技术的趋势对于化工行业,乃至各行各业的节能减排工作均具有重要而深远的意义,有着广阔良好的市场前景。

参考文献

[1] 马卫星.气体分离膜分离技术的应用及发展前景[J].中国石油和化工标准与质量,2013(3):84.

[2] 王学松.气体膜技术[M].北京:化工出版社,2009.

[3] 谭婷婷,展侠,冯旭东,等.高分子基气体分离膜材料研究进展[J].化工进展,2012(10):4-5.

[4] 徐仁贤.气体分离膜应用的现状和未来[J].膜科学与技术,2003(4):126.

[5] 曹明.气体膜分离技术及应用[J].广州化工,2011(11):31.

[6] 张菀乔,张雷,廖礼,等.气体膜分离技术的应用[J].天津化工,2008(3):21-22.

[7] 凌长杰.气体膜分离[J].化学工业,2012(1):119.

[8] 沈光林.膜法富氧在国内应用新进展[J].深冷技术,2006(1):3-5.

[9] 徐南平,时均.我国膜领域的重大需求与关键问题[J].中国有色金属学报,2004(5):329-330.

[10] 徐海全,刘家棋,姜忠义.炭分子筛膜的研究进展[J].综述与进展,200(4):17.

[11] 郭杨龙,邓志勇,卢冠忠.分子筛膜的研究进展[J].石油与化工,2008(9):865-866.

[12] 谈萍,葛渊,汤慧萍,等.国外氢分离及净化用钯膜的研究进展[J].稀有金属材料与工程,2007(9):569

[13] 王从厚,陈勇,吴鸣.新世纪膜分离技术市场展望[J].膜科学与技术,2003(4):57-59.

名词索引